물리학이
잃어버린
여성

마거릿 워트하임 지음　**최애리** 옮김

물리학이 잃어버린 여성

신, 물리학, 젠더 전쟁

Pythagoras' Trousers   Margaret Wertheim

마거릿 워트하임 지음   **최애리** 옮김

 신사책방

내 친구들을 위해 이 책을 썼다.

가장 친한 친구 캐머런 앨런에게 이 책을 바친다.

차례

감사의 말

이것은 내가 본래 쓰려던 책이 아니다. 과학 전공자로서, 나는 누구나 쉽게 접할 수 있는 물리학 역사를 쓸 생각이었다. 그러나 과학의 역사 및 사회적 연구들을 읽어가는 동안, 쓰려던 책도, 물리학에 대한 내 생각도 완전히 바뀌고 말았다. 내가 물리학을 새로운 견지에서 보는 데에 도움을 준 사람은 일일이 이름을 들 수 없을 만큼 많다. 그들의 완전한 명단은 책 뒤의 서지에나 실어야 할 것이다. 하지만 특별히 내게 영감을 주었던 과학사가와 과학철학자 들의 이름은 여기에서 밝히고 싶다. 그들은 에드윈 버트, 에뒤아르트 데이크스테르하위스, 에벌린 폭스 켈러, 론다 시빙어, 데이비드 노블, 데이비드 린드버그와 『신과 자연』의 저자 모두, 페르낭 알랭, 프랜시스 예이츠, 아서 케스틀러, 메리 미즐리, 마거릿 로시터 등이다. 페미니스트 역사가 거다 러너도 빼놓을 수 없다.

피타고라스 이래 수학에 기초한 과학mathematically based science의 역사 전체를 380쪽짜리 책에서 제대로 풀어내기란 불가능한 일이다. 그러나 이상하게도 물리학을 과학의 역사 및 사회적 연구들과 결합한 종합적 시각의 책은 없는 형편이다. 이 책이 그 공백을 메우는 데 도움이 되었으면 한다. 2500년에 걸친 여러 방면의 연구를 겨우 열 개의 장章에서 기술하느라 불가피했던 단순화에 대해 전문가들의 양해를 바란다.

이 책의 의의를 믿어주고 내가 하려는 일을 명민하게 이해해줌으로써 책을 쓰는 내내 큰 도움을 준 에이전트 베스 베셀에게 감사하고 싶다. 또한, 누구도 예상치 못하게 길어진 집필 과정 동안 나와 내 책을 후원한 타임스 북스의 편집자 배시 라포포트와 리처드 거버, 세부적인 문법 사항들을 가르쳐준 원고 편집자 수전 M. S. 브라운에게도 감사한다. 그리고 이 책을 쓰기 위한 연구를 계속할 수 있도록 1991년의 작가 연구 지원금을 대준 오스트레일리아 카운슬 문학 위원회에도 감사하며, 펭귄 카페 오케스트라의 사이먼 제프, 북 수프, 카렌 로브슨 등에게도 긴한 도움을 준 것에 고마움을 전한다.

어느 책이든 그렇겠지만, 이 책이 나오는 데도 귀중한 시간을 내어 원고를 읽고 더 나아지도록 조언한 여러 동료와 내가 모르는 사람들의 공이 있었다. 이 점에서 나는 에벌린 폭스 켈러, 폴라 핀들런, 섀런 트래윅, 바버라 워트하임, 크리스틴 워트하임, 드니스 비지오, 에드워드 골럽, 브루스 웨스턴, 로지 메스텔, 제니퍼 스틸, 아린 미샨, 로빈 파월 등에게 감사하고 싶다. 특히 켈러와 핀들런은 예리하고 풍부한 논평들로 큰 도움을 주었고, 크리스틴은 글이 철학적으로 좀 더 섬세해지도록 도왔으며, 어머니 바버라는 이상적이고 인내심 많은 비전문가 독자가 되어주었다. 인간에게는 "이기적" 유전자만 있지 않다는 것에 오로지 감사할 뿐이다.

끝으로, 남편 캐머런 앨런에게 감사하고 싶다. 그의 배려와 지원(문자 그대로)이 없었더라면 어떻게 이 책을 완성할 수 있었을지 모르겠다. 이 작업에 쏟은 그의 헌신은 과학 분야에서 여성의 입장을 적극적으로 지원한 남성의 명단에 이름을 올릴 만했다.

이 책은 오스트레일리아 연방정부의 예술 지원 및 자문 기구인 오스트레일리아 카운슬의 작가 지원금의 보조를 받았다.

서문

대부분의 문화는 신화나 종교를 통해 세계상을 표현한다. 그러나 17세기 이후 서구는 과학으로, 그중에서도 물리학으로 세계상을 표현해왔다. 좋든 나쁘든, 물리학은 우리 문화가 "현실"을 묘사하는 수단으로 삼아온 학문이다. 전통 사회에서 아이들은 자신이 속한 집단의 핵심 지식을 이루는 신화적이고 종교적인 이야기들을 듣고 자라면서 세계상을 알아간다. 그런데 근대 과학은 항상 전문가들의 영역이었고, 우리 대다수는 어려서나 어른이 되어서나 그 "이야기들"에 제대로 입문하지 못한다. 물론 다른 문화들에도 전문가와 엘리트 지식 영역이 있겠지만, "과학의 시대"에 이런 경향은 전에 없이 심해졌다.

자신이 속한 문화의 세계상에 대한 분명한 이해는 확실히 인간의 기본적 필요이다. 왜냐하면 근본적으로, 이는 자신이 이 우주 안에서 어떤 존재인가를 아는 일이기 때문이다. 실로, 한 사회의 세계상을 아는 것은 그 사회 내에서 심리적 온전함을 누리는 데 필수적이다. 그런 이해가 없다면, 개인은 아주 깊은 차원에서 아웃사이더가 된다. 우리 문화가 과학의 렌즈를 거쳐 현실을 바라보기를 계속하는 한, 과학을 누구나 접할 수 있는 것으로 만들 의무가 있다. 여기서 문제가 되는 것은 개인의 온전

함만이 아니라 궁극적으로는 사회적인 결속이다. 사람들을 똑같은 우주론적 틀 안에 묶음으로써, 공유된 세계상은 공동체를 한데 붙들어주는 원초적 유대 중 하나가 된다.

오늘날 대다수는 과학적 세계상을 명확히 알지 못한다. 우리는 과학 출판물이 급증한 시대에 살지만, 어느 정도 배경지식이 없는 사람들이 접근할 수 있는 물리학책은 거의 없다. 그 주제에 관한 탁월한 책은 많지만, 대부분이 과학 사상이나 사고방식에 관해 상당한 사전 지식을(실제와는 거리가 먼데도) 전제로 한다. 과학 공동체뿐 아니라 나 같은 과학 저자의 공동체도 일을 좀 더 잘해야 할 책임이 있다. 그 책임감이 갈수록 커진 끝에 이 책을 쓰게 되었다. 물리학에 대해 이해할 수 없는 점들을 물어오는 친구들이 너무나 많았기 때문이다.

이 목표를 어떻게 달성할 것인가? 이성에 관한 관심이 시작될 무렵이면 "단단한" 과학에 대한 흥미를 잃어버리는 일반 대중에게, 어떻게 하면 물리학을 친근하게 만들 수 있을까? 물리학이라고는 생판 모르는 이들을 위해 어떤 글을 쓸 수 있을까? 여기서 주요 장애물은 물리학에 대한 글 대부분이 단지 답에만 초점을 맞추기 때문이라고 생각하게 되었다. 먼저 질문을 이해하지 못하고는 답을 이해할 수 없다. 애초에 질문을, 왜 그런 문제가 중요한가를 확실히 이해한 다음에야 해답의 의미를 파악할 수 있는 것이다.

가령, 지구가 태양 둘레를 도는지 태양이 지구 둘레를 도는지가 도대체 왜 문제인가? 물리학책 대다수에서, 교실 대다수에서, 이는 그저 중심에 있는 것이 푸른 점이냐 노란 점이냐 하는 천체 기하의 문제로 제출될 뿐이다. 그리고 사실상 아무런 맥락 없이 우리는 코페르니쿠스가 마침내 노란 점을 중심에 둠으로써 이 문제를 "해결했다"라고 배운다. 대다수 학생에게, 이 모든 것은 추상적인 수학적 게임으로만 보인다.

하지만 이 문제는 대단히 중요하다. 우주 체제의 중심이 태양인지 지구인지는 천체 기하만의 문제가 아니라(물론 그 문제이기도 하지만) 인간의 문화에 대한 심오한 문제이다. 중세의 지구 중심적 우주론과 17세기 말의 태양 중심적 우주론 사이의 선택은 우주적 체제 안에서 인간의 위치를 근본적으로 다르게 보는 견해 사이의 선택이다. 우리는 자신을 천사들로 가득 찬 우주, 모든 것이 신과 관련된 우주의 중심으로 볼 것인가, 아니면 광막한 유클리드 공간 안에서 목적 없이 회전하는 거대한 암석의 주민으로 볼 것인가? 지구중심설에서 태양중심설로 이행하는 과정은 경험적 천문학의 승리만이 아니라 서구 문화사의 전환점이었다.

근대 물리학의 해답들(그 이론 및 법칙)을 이해하려면 우리는 먼저 제출된 문제들로 눈길을 돌려야 한다. 도대체 그런 문제들이 왜 중요했는지를 이해하고 나서야 우리는 과학적 질문들에 관심을 기울일 수 있다. 과학을 이해하는 관건은 과학 이론들이 우리 문화 전반의 맥락 속에서 어떻게 생겨나는가를 아는 것에 달려 있다고 생각한다. 과학은 사회 전반과 동떨어진 곳에서 일어나는 고립된 활동이 아니라, 근본적으로 인간적이고 문화에 기반을 둔 연구라고 보아야 한다. 그 점을 염두에 두고서, 내가 이 책을 쓴 애초의 목표는 과학적이지 않은 독자에게도 접근할 수 있는 물리학의 문화사를, 한마디로 친구들을 위한 책을 쓰는 것이었다.

그런데 도중에 예기치 않았던 일이 일어났다. 2년 반가량 피타고라스에서 스티븐 호킹에 이르기까지 물리학의 역사를 폭넓게 읽어나가던 끝에, 나는 물리학을 공부하는 동안 전혀 예상하지 못했던 하나의 패턴에 주목하게 되었다. 즉, 과학사가들이 다룬 모든 시대에, 신과 종교의 문제가 계속 고개를 드는 것이 눈에 띄었던 것이다. 나는 오늘날 물리학자들이 "신학적" 고찰들을 쏟아내는 것("신의 마음"이니 뭐니 하는 그 모든 담론)이 전혀 새로운 일이 아니며, 해묵은 전통의 최신판일 뿐이라는 사실을 깨달았다. 물리학은 항상 준準종교적 활동이었다.

이 발견은 내게 충격이었다. 오늘날 대다수가 그렇듯, 나 또한 과학과 종교는 적대적이라고 믿도록 배웠기 때문이다. 갈릴레이 재판이 바로 그 증거가 아닌가? 종교적 믿음은 항상 과학적 이성의 장애물이 아니었던가? 항상 그랬던 것 아닌가? 반대로, 물리학은 분명 "사제司祭적" 과학이라고 보아야 한다. 그것은 애초부터, 내내 과학적 영감 못지않게 신학적 영감의 영향을 받아온 분야였다. 이 사실을 깨닫기 시작하면서 나는 거의 완성했던 원고를 포기하고 이런 시각에서 다시 책을 썼다.

게다가, 또다시 놀랍게도, 물리학과 종교 사이의 깊은 연관을 발견하면서 나는 또 다른 문제에 관심을 두게 되었다. 왜 모든 과학 분야에서도 물리학이 여성이 참여하기 가장 어려운 분야였던가? 왜 교육에서 적극적 우대가 시행된 지 한 세대가 지난 후에도, 여성이 다른 과학 분야에서는 상당히 두각을 나타냈는데도 물리학에서는 그토록 활동이 미미한가? 최근 몇 년 사이에 페미니스트 과학학자scholar of science*들은 이 질문을 해왔고, 여러 이슈를 그 요인으로 지적해왔지만, 근본적 딜레마는 남아 있었다. 내 눈에 들어오기 시작한 것은 여성이 과학의 전 분야에서 거대한 투쟁에 직면해 있던 동안, 물리학의 "사제적" 문화는 점점 더 강력한 장벽이었다는 사실이다. 이 문제 또한 책의 일부가 되어, 내가 처음에는 예견하지 못했고 의도하지도 않았던 요소를 더하게 되었다.

물리학의 종교적 차원이란 내가 처음부터 다루려던 주제가 아니라 여러 해 동안 집중적인 독서 끝에야 발견한 사실이기 때문에, 나는 그 타당성을 한층 더 확신하고 있다. 기쁘게도, 이 책은 역사학 및 과학사회사 분야의 사람들에게 큰 지지를 받았다. 하지만, 어쩌면 놀랄 일도 아니겠지만, 내 주장은 상당한 반발도 불러일으켰다. 어떤 사람은 물리학이라는, 가장 실제적으로 보이는 학문에 신학적인 이면이 있을 수 있다는 암시에 모욕을 받은 듯 반응했고, 또 어떤 사람은 어쩌면 과거에는 그랬을지도 모르지만 오늘날의 물리학에까지 종교와 겹치는 부분이 남아 있다는 것을 받아들이지 못했다.

* 과학자scientist보다 더 포괄적으로 과학사가, 과학철학자, 이론가 등을 포함한다.

사람들이 왜 그런 식으로 생각하는지 알기는 어렵지 않다. 어떤 의미에서 물리학은 구체적이고 실제적인 지식, "실제로 작동하는" 지식의 정수로 여겨져 왔기 때문이다. 우리 세기 물리학의 괄목할 만한 기술적 파급효과 때문에, 이 학문의 배후에는 항상 유용한 부산물에 대한 욕망이 있었으리라고 추정하는 경향이 있다. 그리고 그런 생각도 아주 틀린 것은 아니다. 좀 더 나은 기계와 무기에 대한 욕망이 물리학 발전의 한 요인이기는 했다. 그러나 비록 그런 욕망이 중요할 수는 있다고 해도, 그것이 근대 물리학의 발전 뒤에 있는 이야기의 전부일 수는 없다.

그 이유는 단순하다. 19세기까지는 물리학이 실제적 기술의 원천으로서 전혀 중요하지 않았다. 그 방면에서 최초의 중요한 성취는 열역학이 증기기관의 설계를 개선하는 데 중요하게 기여하고, 그럼으로써 산업혁명 제2기를 가능케 한 것이었다. 그 시기 이전에는, 물리학자들이 그 자체로 유용할 수도 있을 지식을 생산하기는 했지만(가령 중력의 법칙은 행성들의 운동을 예측하게 해주었고 포탄의 탄도 계산도 가능하게 해주었다) 구체적인 기술적 부산물은 이렇다 할 것이 없었다. 하지만 수리 물리학은 그보다 2세기 전인 17세기에 성숙한 과학으로 부상한 터였다. 기술적 부산물이 없는 상태에서 물리학이 발전했다는 사실은 실제적 유용성이 과학 발전의 유일한 요인이 아니라는 것을 말해준다.

과학은 실제적인 필요와 욕망뿐 아니라 심리적 필요와 욕망으로도 움직인다. 만일 우리가 물리학의 발전을 이해하고자 한다면, 그 이론의 역사만을 보아서는 안 된다. 우리는 과학자들의 심리도 보아야 한다. 지성사를 넘어 물리학자 공동체에 영향을 미치는 정서적 힘들도 탐구해보아야 한다.

이 책의 논지는 물리학 발전의 배후에 있는 주요한 심리적 힘이 '자연 세계의 구조는 일련의 초월적인 수학적 관계들에 따라 결정된다'라는 선험적 믿음이었다는 것이다. 이는 이른바 플라톤주의의 과학적인 변형이다. 이 책에서 보게 되겠지만, 그런 플라톤주의는 아무런 실제적 근거를 얻기 전에도, 종교적 관념들에 대한 호소로 정당화되었다. 심리적으로, 수리 물리학의 부상은 신 자신이 수학자라는 개념과 연관되어 있었다. 물리학자는 항상 일종의 사제였다. 이 종교적인 충동이 물리학의 발전 뒤에 있는 유일한 요인이라고 주장하는 것은 어리석은 일이 되겠지만, 그 요인이 강력한 역할을 한 것은 사실이다. 그 점을 인정한다고 해서 물리학에 누가 되지도 않을 것이다. 실로, 이 책을 다 읽고 나면 독자가 동의해주기를 바라지만, 물리학에서 이 심리적-사회적 차원을 파고듦으로써, 우리는 물리학이라는 학문 자체에 대한 이해를 풍부하게 할 수 있다.

나는 종교적 충동이 물리학의 배후에 있는 존재 이유의 전부라고 주장하지 않듯이, 그것이 그 분야에서 젠더 불평등에 대한 충분한 설명이라고 주장하지도 않는다. 모든 과학에서 그렇듯이, 여성은 물리학을 연구하는 데서도 많은 장벽을 만나며, 그 문제는 어느 한 가지 원인으로 돌릴 수 없다. 내가 주장하는 바는 물리학과 종교 사이의 해묵은 유대가 우리 사회 안에서 여전히 여성에게 장벽으로 작용하는 심리적·문화적 공명을 만들어 냈다는 것이다. 이 장벽을 인정하는 것은 사소한 일이 아니다. 만일 심리적-사회적 힘의 역사적 관성을 이해하지 못한다면, 우리는 결코 그것들을 극복하지 못할 것이다. 적극적 우대를 아무리 강화하더라도, 여성을 배척하는 뿌리 깊은 문화 적응 패턴 자체를 문제 삼지 않는다면 물리학에서 여성 참여를 평등화할 수 없을 것이다. 물리학의 사제적 문화에 대해 말하면서, 물리학 분야에서 여성의 진입이 저조하다는 문제 전체를 그 발밑에 놓을 생각은 없다. 다만, 과학에서 평등에 신경을 쓰는 이들이 우리의 시급한 주의를 요하는 문제에 경각심을 갖기를 바랄 따름이다.

물리학의 사제적 문화는 여성뿐 아니라 과학을 소중히 여기는 모든 사람에게 우려되는 문제이다. 수많은 물리학자가 신에 대해 말하고 있는, 입자가속기나 심深우주망원경 같은 고비용 물리학 프로젝트에 필요한 자금을 모집하는 데 준종교적 논거들이 갈수록 많이 동원되고 있는 때에, 물리학과 종교의 관계를 좀 더 분명히 하는 것은 시급한 과제이다. 이 주제에 관한 대중적 담론은 대부분 물리학자들 자신이 주도해왔는데, 이들은 종교에 대해 거의 알지 못하며 과학사에 대해서도 잘 알지 못하는 사람이 적지 않다. 물리학과 종교의 역사적 관계에 대한 일관된 설명을 제출함으로써, 나는 오늘날 물리학에서의 "신학화"를 이해하고 비판할 수 있는 좀 더 굳건한 토대를 마련하는 데 기여하기를 바란다.

2500년 역사를 380쪽의 책에 담으려다 보면, 많은 세부 사항들을 어쩔 수 없이 대충 넘어가게 된다. 이 책을 구성하는 작은 부분들은 제각기 독립된 책이 될 만한 것들이고, 마땅히 그래야 할 것이다. 나는 각 시대를 자세히 연구하는 데 긴 세월을 바친 여러 역사가에게 깊이 빚지고 있다. 나는 어떤 시대도 제대로 다루었다고 감히 말할 수 없으며, 이 책에서 다루지 못한 것들을 통렬하게 의식하고 있다. 그럼에도, 이 책의 목적은 폭넓은 역사적 개관을 제시하려는 데 있으며, 이는 전혀 다른 목표라는 점을 강조하고 싶다. 어떤 일반적인 설명에서든 전문가들은 쉽게 허점을 찾아낼 수 있겠지만, 갈수록 전문화되어가는 시대에 과학에 대한 종합적 개관은 너무나도 부족한 것이 현실이다. 이 책은 물리학에 관해 어떤 확정적인 결론을 내려는 것이 아니며, 단지 너무나 자주 해독할 수 없는 전문성을 특징으로 하는 주제에 관해서 일반 대중이 접근할 수 있으면서도 뻔하지 않게 설명하려는 것뿐이다. 물리학은 내가 어린 시절부터 가장 좋아하는 지적 활동이었다. 이 책을 쓴 내 목표는 무엇보다도 내가 좋아하는 주제를 좀 더 많은 사람이 이해할 수 있게 하는 것이다.

"물리학"이라는 전문용어에 관하여

이 책에서 나는 "물리학"이라는 용어를 어떤 전문가들이 좋아하리라고 생각되는 것보다 더 넓은 의미로 썼다. 즉, 흔히 별개의 분야로 여겨지는 물리학과 천문학을 그 용어 안에 포함했다. 이렇게 한 이유는 이 책의 주안점이 서구 문화가 세계를 수학적으로 묘사하려는 시도를 역사적으로 추적하는 데 있기 때문이다. 수학적 세계상이야말로 17세기 이래로 "물리학"이라는 학문의 특징이었다. 역사적으로 보아 천구天球는 세계에서 가장 먼저 수학적으로 다루어졌으며, 수학적 방식이 지상의 영역에까지 확장된 것은 과학혁명 시대에 이르러서이다. 17세기 이전까지 "물리학"이라는 학문은 수학과 무관했고 아리스토텔레스 철학에 기초해 있었다. 오늘날 많은 대학이 물리학과와 천문학과를 따로 두고 있는 것이 사실이지만, 뉴턴 이래로 우주론은 대개 물리학자들의 소관이었던 것 또한 사실이다. 오늘날 물리학의 비공식적 목표가 우주를 원자 이하의 세계와 통일시키는 보편 공식들을 발견하는 것이라고 할 때, 이 책의 맥락에서 천문학을 우리가 "물리학"이라고 부르는 좀 더 광범한 활동의 특수한 분야로 다루는 것도 정당한 일이라는 의견을 제출하는 바이다.

서론

열 살 때, 나는 신비체험이라고밖에 할 수 없는 일을 겪었다. 수학 시간에 우리는 원圓에 대해 배우고 있었는데, 마셜 선생님은 우리 힘으로 이 독특한 도형의 비밀을 알아내게 하셨다. 그 비밀은 바로 파이π라는 수였다. 원에 대해 말하고 싶은 거의 모든 것을 π로 나타낼 수 있다는 사실을 알게 되자, 어린 나로서는 마치 우주의 크나큰 보물이 막 계시된 것처럼 느껴졌다. 원은 어디에나 있었고, 각각의 중심에는 그 신비한 수 π가 있었다. 해와 달과 지구의 모양에도, 버섯과 해바라기와 오렌지와 진주에도, 시계의 문자판과 단지와 전화 다이얼에도. 그 모든 것은 π를 공유하고 있었지만, π는 또한 그 모든 것 너머에 있었다. 나는 매혹되었다. 마치 누군가가 베일을 들쳐, 내게 감각 세계 너머의 경이로운 나라를 흘긋 엿보게 해준 것만 같았다. 그날부터 나는 내 주위 세계에 감추어져 있는 수학적 비밀들에 관해 더 많은 것을 알고 싶어졌다.

이런 경험을 나만 하지는 않았을 것이다. 지난 400년 동안에, 물리학자들은 우리 주위 세계에서 수학적 관계들을 탐색하는 일에 몰두해왔다. 그들의 노고는 서구 문화를 유례없는 지식과 힘이라는 빛 가운데로 이끄는 동시에, 우리를 어둠의 가장자리로 내몰았다. 과학의 결실들은 우리가 개인으로서나 사회로서 살아가는 방식을 돌이킬 수 없이 바꿔놓았고, 현대의 수리물리학은 일상생활의 구조 자체를 바꿔놓는 기술들을 낳았다. 전기, 라디오, 텔레비전, 내연기관, 비행기, 전화, 실리콘 칩, 레이저, 광섬유 등이 모두 이 과학의 부산물이다. 지난 세기 동안, 물리학에 기초한 기술들은 우리가 일하고 놀고 즐기고 소통하는 방식을 바꾸어왔다. 한편, 이런 기술들은 우리에게 미증유의 파괴력도 주었는데, 레이저 총, 유도미사일, 초음속 전투기, 핵 잠수함, 물론 핵폭탄도 빼놓을 수 없다. 물리학자들의 발견들은 정치, 경제, 종교의 힘 못지않게 우리의 생활에 강력한 변화를 가져왔다. 보통선거 및 의회 민주주의와 나란히, 물리학은 근현대 서구 문화를 형성해온 주요한 힘의 하나이다.

무엇보다도, 물리학은 우리에게 새로운 세계상을 제시했다. 우리는 물리학을 통해 우리가 광대하고 아마도 무한한 우주 전역에 흩어져 있는 수백만 은하계의 하나인 나선형 은하계의 바깥쪽 가장자리에 있는 장년기 항성의 세 번째 행성에 살고 있다고 믿게 되었다. 우리는 이 우주가 약 150억 년 전에 이른바 빅뱅Big Bang이라는 대대적 폭발에서 시작했고, 언젠가 역逆의 빅뱅 즉 빅크런치Big Crunch가 일어나 내파內破되리라고 믿는다. 마찬가지로, 현대물리학은 우리에게 우주에 있는 모든 것은 양성자, 전자, 중성자 등 그 존재 자체가 순전히 수학적으로만 정의되는 실체인 입자particle들로 이루어져 있다고 "가르쳐"왔다. 오늘날 물리학자들이 인간을 포함하는 모든 생명의 기초라고 주장하는 것은 바로 이런 수리-물질적 입자들이다. 현대 서구에서는 물질과 공간과 시간이 모두 수학적으로 정의되며, 우리는 이런 틀 속에 놓여 있다. 우리는 신화적 영웅, 신, 종교적 법칙 들보다는 원자, 별, 과학 법칙 가운데서 살아간다.

그렇다고 해서 모든 사람이 물리학자들의 세계상을 분명히 이해한다는 것은 아니다. 천만의 말씀이다. 그러나 설령, 어떤 연구들이 보여주는 것처럼, 미국인 상당수가 여전히 지구는 평평하다고 믿더라도, 우리는 모두 물리학자들이 정립한 수학적 세계상의 무시할 수 없는 영향을 받아왔다. 개개인의 신념이 어떻든, 교육기관이 가르치고 백과사전이나 지도책, 과학 잡지, 텔레비전 프로그램, 신문 등이 한결같이 인정하는 것은 이러한 세계상이다. 요는, 개인에게 어떤 세계상이 있든, 우리 사회의 공공 기관들이 인정하는 것은 물리학자들의 수학적 세계상이라는 것이다. 게다가, 20세기 말에는, 자연과학뿐 아니라 사회과학 분야의 학자들도 세계를 묘사할 때 점차 수학적 언어를 활용하고 있다. 우리가 어떤 사적私的 우주론들을 구상하든, 인식 능력의 권부權府에서는 수학이 왕인 것이다.

게다가, 우리의 희망과 욕망과 기대 또한 물리학자들의 실재 개념에 따라 형성되고 있다. 인조인간 로봇, 손에 쥘 만한 크기의 다목적 통신 장비, 핵융합 발전소, 먼 은하계에 사는 외계인과의 대화 등등을 꿈꾸는 사람이 점점 더 많아진다. 세계 전역의 물리학자 팀들은 태양 환경을 재현하려 노력하면서 별들의 에너지를 통제하게 될 날을 꿈꾸고 있으며, 나사NASA는 우주에서 오는 "지적" 신호를 탐지하고자 수백만 달러짜리 연구를 진행하고 있다. 현대물리학은 이런 일들이 언젠가는 가능하리라고 주장한다. 수학적 "자연법칙들"이 그런 일들을 가능하게 한다는 것이다. 그와 동시에, 물리학자들은 비물질적인 영혼이나 혼백 같은 개념은 척결되어야 한다고 말해왔다. 마찬가지로, 그들은 체내의 기氣의 흐름을 교정함으로써 병을 고친다거나 죽은 조상과 의사소통하는 일이 불가능하다고 말한다. 이런 일들은, 다른 문화권에서는 아주 중요한 것이지만, 물리학자들이 정립한 현 세계상에 따르면 불가능한 것으로 치부된다. 우리에게는 외계인, 로봇, 로켓 동력 같은 것들은 유효하지만, 조상, 영혼, 기의 흐름 같은 것은 공식적으로 무효이다. 서구 물리학은 새로운 지평을 열었을 뿐만 아니라 다른 많은 것의 문을 닫기도 했다. 이제 우리의 우주관 및 인간관은 이처럼 광범한 영향력을 행사하는 과학의 틀로 여과되고 있다. 물리학은 우리 삶의 물질적 기초에 영향을 미칠 뿐 아니라 현대적 상상력의 사회적으로 용인된 영역을 형성하는 데도 강력한 힘을 발휘한다.

하지만 400년 전만 해도 이런 과학은 존재하지 않았다. 17세기까지도, 서구의 세계상은 과학이 아니라 종교, 수리물리학자들이 아니라 그리스도교 신학자들이 결정했다. 이 그리스도교적 우주는 오늘날 물리학이 그려 보이는 것과 사뭇 다르다. 우리가 당연시하는 무한에 가까운 공간 대신, 우리 선조의 우주는 퍽 작았다. 한복판에는 요지부동의 지구가 있고, 그 주위에는 수정 같은 천구天球들이 해와 달과 행성들과 별들을 싣고 운행하고 있었다. 이 천구들에는 천사, 대천사, 지품천사cherubim 등 천상의 존재들이 각 계급대로 배치되어 있었고, 이 밀봉된 우주 너머에는 신이 사는 청화천淸火天이 있었다. 거기 사는 영혼과 혼백 들로 생동하던 이런 그리스도교적 우주는 17세기의 새로운 물리학자들이 무너뜨렸다. 물리학자들은 그 대신에 뉴턴적 우주를 구축했고, 오늘날 우리는 사실상 그 안에서 살고 있다.

근대과학과 그리스도교는 둘 다 본질상 인류를 더 큰 우주 체계 안에 두려 한다. 둘의 차이는 그 체계가 무엇이라고 생각하느냐에 있다. 중세 그리스도교에서는 우주 체계가 주로 영적인 spiritual 것이었던 반면, 근현대 물리학에서는 그것이 순전히 물리적인physical 것이 되었다. 영적 우주론에서 물리적 우주론으로의 변화는 단순히 논리적이라고만은 할 수 없다. 오히려, 이는 서구 무의식의 심령적psychic 기반에 일어난 거대한 변화를 나타낸다. 우리가 직면한 문제는 왜 이런 변화가 일어났는가 하는 것이다. 무엇 때문에 17세기 서구 문화는 전적으로 새로운 세계상을 수립하게 되었는가?

앞서 간략히 묘사했던 그리스도교적 세계상은 약 천 년 동안이나 이어졌으나, 17세기부터는 신빙성을 잃기 시작했다. 우주 그 자체가 변한 것이 아니라 사람들이 변한 것이었다. 몇백 년 동안 사람들이 만족해왔던 설명이 더는 충분하지 않았다. 무엇 때문인가? 왜 서구 정신은 주변 세계를 설명해온 방향에서 새로운 방향으로 돌아섰는가? 그리고 왜 수학에 기초한 과학이 종교를 대신하여 우리의 세계상의 원천이 되었는가? 또는 문제를 달리 제기할 수도 있다. 어찌하여 물리학자가 신학자를 대신하여 인식 능력의 키를 잡았는가? 수학이 세계상의 기초가 되어야 한다는 것은 결코 자명한 일이 아니며, 이집트, 바빌로니아, 아랍, 인도, 중국 등 고대 문명들도 수학을 발전시키기는 했지만, 그것을 세계상의 기초로 삼으려 하지는 않았다. 서구 문화의 어떤 특성들이 그처럼 특이한 발전으로 이끌었는가?

이 책에서 나는 이런 질문들에 대한 대답의 상당 부분을 물리학 그 자체의 종교적 기원 및 연관에서 찾을 수 있다고 말하려 한다. 역사가 데이비드 노블의 말을 인용하자면, "어떤 역사가들은 회고적 시각에서 서구 과학을 세속적 과업으로 규정하려 할지도 모르지만, 그것은 늘 본질적으로 종교적 소임이었다."[1] 이 말은 다른 어떤 과학보다도 물리학에서 진실이다. 이 책에서 나는 서구 문화에서 물리학의 발전 과정을 종교적 정신에서 비롯한 것으로 추적하려 한다. 갈릴레이 사건이 있었음에도, 17세기 물리학자들과 신학자들이 앙숙이었다는 주장은 전혀 사실이 아니다. 13세기에서 18세기까지, 수리과학의 기수들은 의식적으로 교회와 제휴하고자 했다. 갈릴레오 갈릴레이조차도 교회와 절연할 생각이 없었으며, 그의 가장 열렬한 소망은 교황의 재가를 받는 것이었다. 역사가들이 보여주었듯이, 과학과 종교 간의 오랜 전쟁이라는 생각은 19세기 말에 생겨난 역사적 허구이다.

현대물리학의 종교적 연원을 이해하려면, 우리는 17세기보다 훨씬 이전으로 돌아가야 한다. 갈릴레이가 태어나기 훨씬 전부터 시작해야 한다. 먼저 고대 그리스에서, 그리고 중세 유럽에서, 수리과학은 수와 신성을 관련지으며 주변 세계에서 발견한 수학적 관계들을 "신적인" 것의 표현으로 간주하는 전통에서 생겨났다. 1200년에서 1700년까지 꼬박 500년 동안, 그런 전통은 그리스도교 내부에서, 처음에는 로마가톨릭교회가, 나중에는 프로테스탄트가 키워왔다. 비록 오늘날 물리학자 대다수가 더는 어떤 종교와도 공식적 유대를 맺고 있지 않지만, 우주의 수학적 연구가 신적인 과업이라는 생각은 여전히 광범한 문화적 호소력을 지니고 있다. 스티븐 호킹의 "신의 마음"에 관한 발언이나, 제목에 "신"이라는 말이 들어가는 일련의 물리학 책(『신의 마음』『신과 새로운 물리학』『신과 천문학자들』『신은 주사위 놀이를 하는가?』『신의 입자』등등)들의 배후에 깔린 것은 바로 이런 견해이다. 현대물리학의 세속적 분위기에도, 물리학은 여전히 깊은 종교적 감성에 배어 있다.[2]

물리학자들은 흔히 자신들의 학문을 진리를 향한 객관적이고 문화적으로 중립적인, 진리를 향한 전진으로 제시한다. 그러나 과학사가, 과학철학자, 과학사회학자 들이 지난 몇십 년 동안 발견한 바로는, 과학도 다른 모든 인간의 활동과 마찬가지로 사회적·문화적 힘들이 형성한 것이다. 물리학의 발전은 불가피하지도 불가항력적이지도 않고, 문화적으로 우발적 요인들과 인간적 선택에 달려 있다. 이것을 이해하는 한 가지 방식은 의인화라는 장치를 통하는 것이다. 르네상스 시대 동안에는 "이성"이 미네르바 여신으로 의인화되곤 했으며, 우리는 물리학을 수학적 인간Mathematical Man으로 의인화할 수 있다. 그러니까 내 의도는 종교적 존재로서의 수학적 인간의 역사를 추적하려는 것이다.

기원전 6세기에 생겨난 이 인물character은 전 역사에 걸쳐 우리 주위 세계를 수학적으로 묘사하려 했으며, 근대에 들어서는 물리학자라는 직함을 얻었다. 우리는 그가 고대 그리스 시대의 "소년기"부터 중세 시대의 "청년기"를 거치며 진보하고 17세기 과학혁명과 함께 "장년기"를 거쳐 "중년"의 위기를 겪는 현재까지를 살펴볼 것이다. 여느 피와 살을 지닌 인간과 마찬가지로, 수학적 인간은 사회·정치적 환경 안에서 발전해왔고, 그 환경의 산물이자 기여자이다. 그러나 또한 여느 피와 살을 가진 인간과 마찬가지로, 그의 진화는 그 자신의 선택들로 결정되어왔다. 그 또한 자신의 걸어온 진로에 대해 어느 정도 책임이 있다.

그렇지만 수학적 여성Mathematical Woman은 어떠한가? 왜 물리학을 여성으로 의인화하면 안 되는가? 내가 수학적 인간(남성)이라는 말을 쓴다고 해서 물리학이 본래부터 남성적인 활동(물론 아니다)이라는 뜻은 결코 아니다. 나는 다만 19세기 말에 이르기까지 극히 드문 예외를 제외한다면 물리학자는 남자들이었다는 역사적 사실을 반영하고자 했을 따름이다. 그때까지는, 수리과학 분야에 여성이라고는 거의 없었다. 그뿐만 아니라 오늘날도 여전히 물리학은 압도적으로 남성적 활동이다. 미국 물리학 연구소에 따르면, 오늘날도 여성은 미국 물리학 인력 전체의 9퍼센트, 물리학 정교수만 따진다면 3퍼센트를 차지할 뿐이다. 하지만 미국 노동 통계국에 따르면 1990년에 생명과학에서는 41퍼센트, 화학에서는 27퍼센트, 수학·통계학·전산학에서는 36퍼센트가 여성이다. 20세기 후반에 여성은 사회과학 및 생명과학에서 엄청난 진전을 이루었고, 심지어 화학과 수학 분야에서도 그러하다. 여성이 여전히 잘 진출하지 못하는 분야는 물리학뿐이다.

다시 말하지만, 나는 이런 불평등에 대한 설명의 상당 부분을 물리학의 종교적 기원 및 오늘날까지도 여전한 종교적 기조에서 발견할 수 있다고 생각한다. 여성이 과학에 참여하려면 치러야 하는 싸움은 성직에 들어가려 싸우는 일과 맞먹는다. 여성은 한편으로는 성서를 해석할 권리를 놓고, 다른 한편으로는 전통적으로 신의 "또 다른 책"으로 여겨왔던 자연을 해석할 권리를 놓고 싸워야 했다. 하지만 여성은 이제, 로마가톨릭교회만을 제외한다면, 그리스도교 교파 대다수에서 성직에 참여하고, 마찬가지로 물리학만을 제외한다면, "과학 교회" 분야 대부분에 참여한다. 그러니까 물리학은 말하자면 과학의 로마가톨릭교회인 셈이다. 이런 유비는 그저 기발한 은유만은 아닌 것이, 물리학이란 그 뿌리가 종교와 가장 긴밀히 얽혀 있는 과학이기 때문이다. "과학 교회"의 가장 정통적 교파로서, 물리학은 여성이 뚫고 들어가기에 가장 힘든 분야이다.

종교와 수리과학의 연관은 아득한 역사 속으로, 서구 문화의 발상기인 기원전 6세기 그리스까지 거슬러 올라간다. 호메로스와 헤시오도스가 불멸의 것으로 만든 신화적 세계상이 차츰 설득력을 잃어가던 이 시기에, 이오니아의 철학자였던 사모스섬의 피타고라스는 수학을 실재에 대한 열쇠로 보는 세계관을 개척했다. 올림포스 신들의 신화적 드라마 대신에, 피타고라스는 우주를 신적인 수학적 조화를 이루며 공명하는 거대한 악기로 보는 세계상을 그렸다. 이런 비전은 이후 신비주의자, 신학자, 물리학자 등에게 영감의 원천이 되어왔다. 알베르트 아인슈타인은 이렇게 말한 적이 있다. "조화를 보고자 하는 열망은 물리학자의 무궁무진한 인내와 끈기의 원천이다."[3] 그러나 피타고라스와 그의 추종자들에게 수학이란 물리적 세계의 열쇠일 뿐 아니라 영적 세계의 열쇠였으며, 그들은 수數를 문자 그대로 신이라고 믿었다. 수와 수적 관계를 명상함으로써, 피타고라스주의자들은 "신적인 것"과의 합일을 추구했다. 그들에게 수학이란 무엇보다도 종교적 행위였다.

피타고라스주의는 고대 세계에서 약 천 년 동안 신비적 교파로 명맥을 이어왔으나, 모든 그리스 종교가 그렇듯이, 결국에는 그리스도교 세력에 밀려났다. 하지만 피타고라스 정신은 그리스도교의 맥락 안에서 가장 위대한 표현을 얻었다. 중세 후기 유럽인이 그리스인의 학문을 다시 받아들이면서부터, 로버트 그로스테스트(링컨 주교), 로저 베이컨(프란체스코회 수사), 니콜라우스 폰 쿠스(추기경) 등 수리과학을 지지하는 그리스도인이 꾸준히 이어져 왔다. 17세기 지적 혁명이 일어나기 훨씬 전부터, 이런 성직자들은 유대-그리스도교의 신을 신적인 수학자로 재정립함으로써 그리스도교 문화의 한복판에 정량 과학을 위한 터전을 마련했다. 그들은 그리스도교의 피타고라스적 갈래를 만들어냈고, 그 갈래에서는 수를 신으로 보는 고대의 개념이 성서의 신을 수학적 창조주로 보는 개념으로 바뀌었다. 마침내 갈릴레이와 뉴턴의 시대에 오늘날 물리학이라 부르는 과학이 등장한 것은 이런 그리스도교적 피타고라스주의에서부터였다. 오늘날 많은 물리학자는 교회를 자신의 역사적 숙적으로 여기고 있지만, 실상 그들은 교회에게 엄청난 빚을 지고 있다.

그러나 유럽이 그리스 수학 및 과학에 관심을 기울이기 시작했던 바로 그 운동은 여성을 배제하는 데에도 한몫했다. 중세 후기에 일어난 고대 학문의 부흥은 성직자로 수련받는 남성에게만 고등교육을 허락하는 성직 개혁의 일환이었기 때문이다. 사실상, 중세 대학들은 성직자들을 양성하고자 세운 것이었다. 여성은 성직으로 나갈 수 없는 만큼 대학에도 갈 수 없었고, 달리 수학을 배울 장소가 없었으므로, 수리과학의 그리스도교적 부흥에서도 아무 역할을 하지 못했다. 17세기에 새로운 물리학자들이 좀 더 발달한 수리과학의 도래를 예고했을 때도, 그들은 중세의 선조와 마찬가지로 여성에게 고등교육을 개방할 뜻이 전혀 없었다. 그래서, 수학적으로 말하자면, 자연은 남성만의 영역으로 남게 된 것이다.

오늘날 물리학자들은 물리학의 전성기였던 17세기에 여성 물리학자가 없었던 것을 당시 지배적이던 성차별주의 탓으로만 돌리는 경향이 있다. 그러나 그런 주장에는 역사적인 근거가 없다. 콘스턴스 조던을 비롯한 역사가들이 보여주듯,[4] 르네상스 시대에는 여권 사상이 점차 강해졌고, 17세기에는 여성이 더 큰 평등(교육 평등도 포함하여)을 누려야 한다는 생각이 상당히 퍼져 있었다. 그러나 교회도 전통 귀족사회도 사회질서에 그런 변화가 일어나는 것을 원치 않았고, 새로운 과학자들도 대부분 이런 기성 질서의 편을 들어 여성의 역할을 확대하자는 자유주의적 이데올로기에 반대했다. 근대의 수학적 인간(남성)은 양성 불평등에 대해 그저 수동적 방관자가 아니라 적극적 기여자였다.

그런 불평등은 오늘날까지도 이어진다. 철학자 샌드라 하딩의 말을 빌리자면, "여성은, 아마도 전방에 나가 싸우는 것을 제외한다면 다른 어떤 사회 활동에서보다도, 진지한 학문을 하는 데서 체계적으로 소외돼왔다."[5] 이 말은 다른 어떤 학문보다도 물리학에서 맞는 말이다. 17세기부터 20세기 중반까지, 에밀리 뒤 샤틀레, 라우라 바시, 메리 서머빌, 마리 퀴리, 리제 마이트너, 우젠슝 같은 여성은 물리학에 참여하고자 싸워야 했다. 근현대사의 대부분 동안, 여성은 대학 입학이 허용되지 않았을 뿐 아니라 과학을 토론하고 영예를 얻는 전문적 학계에 들어갈 수 없었다. 물론 사회 전체의 분위기도 여성이 물리학을 연구하는 것을 어렵게 했지만, 남성 물리학자들이 더 자주 그 일을 훨씬 힘들게 만들었다. 우리는 수학적 인간(남성)의 등장을 추적하면서, 수학적 여성이 직면해야 했던 투쟁을 기록하려 한다. 그러면서 우리는 그 와중에 여성들을 적극적으로 지원했던 몇몇 남성(피에르 퀴리, 다비트 힐베르트, 고트프리트 라이프니츠, 알렉산드리아의 테온, 그리고 피타고라스 자신)을 만나게 될 것이다.

18세기에는 계몽주의가 동터오며 과학과 종교가 갈라지기 시작했다. 서구는 물리적인 것과 영적인 것이 점차 분리되어 가는 이원론의 시대에 들어섰다. 하지만, 근대과학의 공식적으로는 세속적인 분위기 속에서도, 물리학자들은 여전히 자신들이 하는 일에 대해 유사 종교적인 태도를 견지하고 있었다. 그들은 여전히 과학적 사제와 다름없이 행동했고, 대중 앞에서도 자신들을 그런 식으로 내보였다. 아인슈타인은 "우리 시대의 누군가가 한 말이 틀리지 않는다. 우리의 이 물질주의적인 시대에는 진지한 과학적 일꾼들만이 깊은 종교심을 지닌 사람들이다"라고 했다.[6] 계몽주의 이후 시대 물리학자들의 신학적 주장은 신을 인류의 영적 구속자救贖者로 보는 전통적 개념이 아니라 물질세계의 창조주로 보는 개념에 기초해 있다. 아인슈타인이나 호킹 같은 물리학자들은 그들의 일을 창조의 수학적 계획(신적인 기원을 갖는 것이리라고 그들은 시사한다)을 조명하는 탐색으로 제시해왔다.

그러나 나는 물리학자들을 이처럼 사제적으로 보는 견해가 여성에게 강력한 문화적 장벽이 되고 있다고 본다. 그것은 수리 과학이란 본래 남성의 활동이라는 오랜 믿음에 불을 지핀다. 여성이 다른 많은 과학 분야에 많이 진출한 이 시대에, 오로지 물리학에서만 여성이 드물다는 것은 생각할 필요가 있는 문제이다. 그 뒤에 있는 여러 원인을 이해하기 전에는 이런 불평등이 고쳐지기를 바랄 수 없기 때문이다. 내 목표의 하나는 물리학사에 내재하는 종교적 맥락들을 추적함으로써, 그리고 오늘날의 그런 맥락들을 검토함으로써, 물리학 분야의 불평등이라는 문제를 조금이나마 밝혀보려는 것이다. 이 분야에 결부된 거대한 힘을 생각할 때, 여성 물리학자가 드물다는 것은 가볍게 보아 넘길 문제가 아니다. 대부분은 이제 여성의 정치 참여가 중요하다는 점을 이해한다. 그러나 여성의 과학 특히 물리학 참여가 얼마나 중요한지를 이해하는 사람은 너무 적다.

그 중요성은 두 가지이다. 첫째, 여성이 물리학에서 소외되는 한, 여성은 이 학문에서 비롯하는 기술의 개발이나 활용 방안을 결정하는 데 중요한 역할을 할 수 없다. 실리콘 칩, 무선통신, 전력, 운송, 광산, 항공 등의 산업은 모두 물리학의 기술적 결실에 의존해 있다. 이런 기술을 개발하고 원용하는 데 좀 더 참여하지 못함으로써, 여성은 결국 사회적 힘과 책임의 방대한 영역을 양보하는 것이다. 게다가, 물리학에 좀 더 참여하지 못함으로써 여성은 물리학자들이 실현하려는 기술적 목표들을 결정하는 데도 참여할 수 없다.

둘째, 여성이 물리학에 좀 더 참여하지 않는 한, 여성은 과학 그 자체의 진로와 목표를 정하는 데 의미 있는 역할을 할 수 없다. 이는 특히 중요하다. 지난 수십 년 동안 물리학계가 거의 광적으로 사로잡혀 있는 목표는 내가 보기에 우리 사회에 별 이로움을 주지 못할 것 같기 때문이다. 이 목표는 입자와 자연의 힘들을 통일하는 이론을, 즉 물질과 힘을 모두 포함하는 수학적 방정식equation들을 찾는다는 꿈이다. 그런 종합 가운데서, 만물은 보편적인 힘의 장 안에 있는 복합적 진동임이 드러날 것이다. 프로톤proton과 펄서pulsar와 페튜니아petunia와 사람people이 모두 수학적 "균형" 속에 포함될 것이며, 그 안에서는 전 우주가 수학으로써 드러날 것이다. 이를 물리학자들은 "만물이론 Theory of Everything(TOE)"이라고 부른다.

그런 이론은 정말이지 과학적이라기보다는 거의 종교적인 목표이다. 스티븐 호킹이 "신의 마음"과 연관시킨 것도 바로 이것이며, 최근에 물리학자들이 내놓은 이론 대부분도 여기서 나왔다. 가장 열렬한 만물이론 주창자들도 이런 이론적 종합은 인간의 어떤 일상생활과(심지어 군사적 용도로)도 관계없으리라는 것을 인정한다. 물리학자들이 어떤 지식을 추구하는 이유는 그것이 구체적인 인간 조건을 개선할 가능성을 지녔기 때문이 아니라, 단지 그들이 창조의 수학적 계획이라고 믿는 것을 알고자 하는 열망 때문이다. 그런데 문제는, 그런 이론을 생각만으로는 얻어낼 수 없다는 데 있다. 그들의 목표를 추구하고자, 만물이론 물리학자들은 지난 20년 동안 점점 더 값비싼 입자가속기들을 만들어야 했다. 만물이론에 대한 욕망 때문에 미국 물리학자들은 100억 달러짜리 초전도 초충돌기를 만들려 하고 있다. 이 목표를 추구하는 데 드는 비용은 그것을 사회 전체의 문제로 만들고 있으니, 이런 기계들을 만드는 비용은 결국 우리의 세금에서 나오는 것이기 때문이다. 만물이론 물리학자들은 우리에게 그 목표가 그만한 지출을 할 값어치가 있는 것이라고 설득하고자, 점점 더 그 목표와 신의 연관성을 강조하고 있다. 노벨상 수상자 리언 레더먼(초전도 초충돌기의 대표적 주창자)은 1993년 저서 『신의 입자』에서, 입자가속기를 성당에 비유하며 신성은 중성자 빔beam 끝에서 빛난다고 시사한다.[7]

나는 오늘날 물리학자들이 만물이론에 사로잡혀 있는 것은 사회적으로 무책임한 일이라고 생각한다. 사회에게 수십억 달러의 연구비를 부담하게 하면서, 만물이론 물리학자들은 대중에게 그들의 사변적 하늘을 점점 더 높이 찌르는 첨탑이 있는 정교한 성당을 지으라고 요구하는 퇴폐적 성직자를 닮아가고 있다. 만물이론은 인간의 일상생활과 관계없을 뿐 아니라 대다수는 이해할 수 없는 것이므로, 만물이론 물리학자는 마치 중세 말기의 스콜라철학자와도 같다. 이것은 바늘 끝에서 몇 명의 천사가 춤출 수 있느냐 하는 문제의 현대판이나 다름없다.

나는 우리에게 새로운 물리학 문화가 필요하다고 생각한다. 거의 종교적이고 고도로 추상화된 목표들을 그처럼 중요시하지 않는 문화, 입자라든가 힘의 이론에 그처럼 사로잡히지 않는 문화, 좀 더 인간과 우리의 필요에 관심을 두는 문화 말이다. 나는 물리학에서 여성이 할 수 있다고 생각하는 역할 중 한 가지가 이런 강박관념에서 벗어나는 일이라고 본다. 물론 여성이 본래부터 입자와 힘 이론에 관심이 없다거나 남성 물리학자들이 선천적으로 여성과 다른 관심사를 갖고 있다는 말은 아니다. 다만 현대물리학의 발전 내력을 볼 때, 단지 그런 종류의 관심과 성향을 지닌 사람들(성별을 불문하고)만을 고무하는 경향이 있다는 것이다. 내가 주창하는 것은 다른 목표와 이상을 좇는 여성과 남성 양쪽에게 열려 있는 물리학 문화이다.

더 많은 여성이 물리학 분야에 진출하지 않는 이유 중 하나는 바로 여성이 현재의 물리학 문화와 그 문화의 거의 비인간적인 초점에 깊은 소외를 느낀다는 데 있다. 많은 남성도 그러하지만 말이다. 대학에서 6년 동안 물리학과 수학을 공부한 뒤에, 나는 과학 그 자체를 무척 사랑하지만, 그런 지적 환경 가운데서는 더 나아갈 수 없다는 것을 깨달았다. 그렇다고 해서 내가 물리학의 가치에 대한 믿음을 잃어버렸다는 것은 아니다. 단지 그러한 물리학 연구 분위기 안에서는 제대로 일할 수 없었다는 것뿐이다. 이후로 나는 우리 주위의 세계에서 수학적 관계들을 모색하되 좀 더 인간 중심적인 정서로 할 수 있는 환경을 꿈꿔왔다.

문제는 물리학자들이 세계를 묘사하고자 수학을 사용했다는 데 있지 않다. 문제는 그들이 수학을 어떻게, 무슨 목적으로 사용했는가에 있다. 자연에 대한 수학적 접근이라고 해서 반드시 입자와 힘 들에, 또는 비의秘義적인 추상에 초점을 맞추어야 한다는 법은 없다. 과학이란 언제나 문화적으로 방향 잡힌 연구이므로, 수리과학은 다른 목표 및 꿈 들에 초점을 맞출 수도 있다. 그런 과학은 여성뿐 아니라 남성도 할 수 있다. 실상 만물이론 연구에 대해 강한 반대를 표명하는 남성 물리학자도 적지 않다. 다시 말하지만, 문제는 물리학을 남성이 수행한다는 데에 있지 않다. 물리학을 지배해온 남성들이 특이한 부류라는 것이 문제다. 수학적 인간(남성)의 문제는 수학이나 남성성 그 자체가 아니라, 그가 그처럼 쉽사리 사로잡히곤 하는 유사 종교적 이상과 자기상 들이다. 그는 성전환할 필요가 있는 것이 아니라 성격을 재정비할 필요가 있다.

나는 수학적 인간(남성)이 이처럼 "퇴폐적 사제" 역할을 맡아 온 이유의 하나가 역사를 여성과 함께하지 않았다는 데도 있다고 생각한다. 물론 좀 더 많은 여성이 참여한다고 해서 물리학이 대번에 이상적인 과학이 되리라는 말은 아니다. 단지 여성은 (모든 사회에서 그러듯이) 물리학계에서도 균형을 이루는 힘이 되었으리라는 것이다. 과학사가 엘리자베스 피는 진정으로 여성을 받아들이는 과학을 상상하려 한다는 것은 "중세의 농부에게 발생학 이론이나 우주선 제작을 상상하라고 하는 것과도 같다"라고 지적했다.[8] 피를 비롯한 사람들의 바람은 여성이 단지 과학을 연구하는 것뿐만 아니라 과학이 무엇이고 어떻게 연구를 실행하느냐, 이를 어떻게 우리 생활에 적용하며 무엇보다도 그 이상과 목표가 무엇이냐를 정하는 것에도 참여하는 시대가 오는 것이다. 이런 재조준은 다른 어떤 과학에서보다도 물리학에서 한층 더 어렵고 중요한 일이다. 마지막 장에서 우리는 여성이 물리학에 어떻게 기여할 수 있는지, 그리고 여성이 남성과 함께 참여하는 것이 어떻게 다른 과학 문화의 창달을 가져올지 묻게 될 것이다. 달리 말하자면, 우리는 수학적 남성과 여성이 함께 무엇을 얻을 수 있을지 살펴볼 것이다.

1장 만물은 수數

유라시아 대륙 전역에 걸쳐, 기원전 6세기는 인류 역사의 전환점이었다. 중국에서는 공자와 노자, 인도에서는 부처, 페르시아에서는 조로아스터, 그리스에서는 이오니아학파의 철학자들과 피타고라스가 모두 이 세기에 살았다. 이 기적적인 세기에 중국과 인도의 위대한 "자유의 길"인 도교와 불교가 나왔고, 공자는 중국의 정신적 기틀이 될 행동 규범을 수립했다. 이 중대한 시기에 아시아 정신에 일어난 지각변동은 동방 전역에 위대한 영적 개화를 가져왔다. 한편, 서양에서는 다른 혁명이 일어나고 있었다. 그리스인들이 그들 주위의 세계에 대한 신화적인 설명 대신 물리적인 원인들을 찾기 시작한 것이었다.

그전까지 사람들은 자연을 신들이 벌이는 드라마 같은 것으로 여겼다. 즉, 해가 뜨고 비가 오고 계절이 바뀌고 풍년이 드는 것은 초자연적 존재들의 일상사 또는 변덕 탓에 생기는 현상이었다. 태양신 아폴론은 매일 불 수레를 몰고 하늘을 가로질렀고, 바다의 신 포세이돈은 폭풍우를 불러일으켜 뱃사람들을 훼방했으며, 농부들은 농경의 여신 데메테르에게 풍년을 기원하는 제물을 바쳤다. 세상은 갖가지 성격을 지닌 채 저마다 권세를 휘두르는 여신과 남신, 운명과 진노, 마신daemon, 님프, 거인, 그 밖의 비인간적 존재 들로 넘쳐나고 있었다. 이런 신화적인 체제 속에서, 신들은 달랠 수는 있어도 예측할 수는 없는 존재들이었다. 그러던 중, 기원전 600년경, 자연 현상은 신들이 아니라 자연 그 자체에 내재하는 이해하고 예측할 수 있는 과정들에 따라 일어난다는 개념이 생겨났다. 이런 기계론적mechanistic 사고방식이 신화의 두꺼운 지층을 뚫고 솟아남에 따라, 사람들은 자연 그 자체를 마주하여 그것이 무엇인가를 묻게 되었다.

이런 지적 혁명의 진원지는 에게 해안에 있는 소아시아의 도시들, 즉 오늘날의 튀르키예 땅이었다. 여기서 이오니아학파 철학자들은 자연의 역학mechanics을 발견하는 작업에 착수했다. 세계를 다양한 신으로 구현되는 심리적 힘들로써 설명했던 그리스 신화와는 대조적으로, 이오니아인들은 세계를 물리적 힘과 과정 들로써 설명하고자 했다. 그들은 올림포스 신들의 인본적anthropic 드라마에 등을 돌리고 자연적 설명을 구했는데, 세계란 인간 정신으로 이해할 수 있는 합리적 체계라는 것이 그들의 믿음이었다. 탈레스Thales는 지구란 망망한 바다 위에 떠 있는 거대한 원반이라고 보았으며, 아낙시만드로스Anaximandros

는 지구란 공중에 떠 있는 거대한 원기둥이고 태양이란 지구 둘레를 도는 거대한 불 바퀴라고 보았다. 이오니아인들의 이런 세계관은 꿈같은 소리로 들리기는 하지만, 그렇더라도 자연 현상을 초자연적인 힘들에 기대지 않고 설명하려는 최초의 시도였다는 점은 높이 살 만하다. 이오니아 철학자 개개인의 생각은 대부분 잊혔지만, 그들 전체의 자연주의적 세계관에서 오늘날 우리가 서구 과학의 시초라고 인정하는 것이 생겨났다.

모든 이오니아인 중에 특히 한 사람이 후세에 큰 영향을 미쳤다. 동료 철학자들이 세계를 흙, 공기, 불, 물 등의 물질적 원소들로 설명하기에 골몰해 있었던 것과 대조적으로, 사모스섬 출신인 피타고라스Pythagoras는 실재의 본질이 비물질적인 수數의 마술에 있다고 보았다. 그는 우주를 수의 속성들 및 그들 사이의 관계로 설명할 수 있다고 믿었으며, 이런 철학은 "만물은 수"라는 그의 금언에 집약되어 있다. 피타고라스는 또한 깊은 종교심을 지닌 사람으로, 전통적인 신들을 포기하지 않고 자신의 수학적 세계상에 편입했다. 수학자요 철학자였을 뿐 아니라 신비주의자였던 피타고라스는 서양의 합리주의에 동방에서 배운 신비주의를 합쳐 독특한 철학 겸 과학 겸 종교를 만들어냈다. 그의 이 특이한 세계관에서 근대에 물리학이라는 학문이 태어날 것이었다.

피타고라스는 당대부터 전설적인 인물이었다. 아폴론 신의 아들이며 동정녀 피타이스Pythais에게서 태어났다는 소문과 더불어, 그는 기적을 일으키고 마신들과 대화하며 별들의 "음악"

을 들었다고 전한다. 그의 추종자들은 그를 신에 가까운 존재로 여겼으며, "이성적 존재로는 신과 인간과 피타고라스 같은 존재들이 있다"라는 말이 나올 정도였다. 그는 신화와 역사가 엇갈리는 눈부신 여명의 지대에 살았던 만큼, 그의 생애에 관한 이야기들은 진위를 구별하기 힘들다. 그의 저작은 남아 있지 않지만, 고대 문서들에는 그에 관한 언급이 많다. 고대인 중에 가장 논리적이었다고 하는 아리스토텔레스의 저작에서도 피타고라스의 수학 및 우주론에 대한 논의와 기적담 들이 뒤섞인 대목을 찾아볼 수 있다.[9] 피타고라스의 철학은 그가 살았던 변화의 시대를 충실히 반영하는 것으로, 그것은 수리과학의 씨앗들을 배태하는 동시에 만신전萬神殿의 역할도 했다. 사상에서나 생애에서나, 이 사모스섬의 현인은 두 세계 사이의 교량이었다.

피타고라스의 생애가 갖는 신화-종교적 차원은 신약성서 속 그리스도의 생애와 이상하리만치 유사점이 많다. 둘 다 신과 동정녀 사이에서 태어났다고 하며, 그들의 아버지들은 (요셉은 꿈속의 천사에게서, 피타고라스의 아버지 므네사르코스Mnesarchos는 델포이의 신탁에서) 아내가 될 여자에게서 특별한 아이가 태어나리라는 전언을 받는다. 둘 다 성스러운 산에서 고독한 가운데 명상의 기간을 보내며, 둘 다 죽어서 승천했다고 한다. 게다가, 둘 다 우화 형식으로 가르침을 전했으며, 피타고라스의 추종자들은 이를 아쿠스마타akousmata라고 불렀는데, 신약성서에 나오는 우화 중에는 그보다 시기적으로 이른 피타고라스의 아쿠스마타와 비슷한 것이 많다. 그래서 어떤 역사가는 초기 그리스도교도들이 피타고라스의 신화에서 빌린 요소들을 자기들의 선지자 이름으로 유포했을지도 모른다고까지 했다.[10] 왜냐하면 고대 세계에서 피타고라스는 무엇보다도 종교적인 인물로 알려져 있었기 때문이다. 그리스도교가 종교적 우월성을 다투는 여러 교파의 하나에 지나지 않았던 로마제국 말기에는 피타고라스주의의 대대적 부흥이 일어났고, "스승"의 후세 추종자들은 그를 "유대인의 왕"에 맞먹는 그리스의 영적 지주로 격상시켰다. 그리스도가 그러했듯이 사모스섬의 현인도 신적인 것과 신비한 연합을 약속했으며, 그의 가르침은 그의 로마인 추종자들에게 그리스도교의 득세에 대한 합리적인 영적 대안을 제공했다.

피타고라스는 기원전 560년경 사모스섬에서 태어났다고 알려져 있다. 사모스섬은 소아시아 연안에서 멀지 않은 에게해에 있는 번창한 섬으로, 본토의 상업도시들로 가는 중요한 관문이었을 뿐 아니라, 올림포스 신들의 여왕인 헤라의 신전이 있어서 종교적으로도 중요한 곳이었다. 이 섬에서 피타고라스는 늘 이방인 같은 처지였다. 어머니는 사모스섬 토박이였지만, 아버지가 타국인이었기 때문이다. 페니키아 출신이었던 듯한 그의 아버지는 가뭄이 들었을 때 사모스섬 사람들에게 곡식을 대어준 일로 명예시민이 되었다. 그러므로 피타고라스는 인종적으로도 순수한 그리스인으로 여겨지지 않았을 뿐 아니라, 그의 신비적 경향도 사모스섬 사람 사이에서는 별난 것으로 일찍부터 두드러졌다. 만년에 그는 이오니아 문화에 등을 돌리고 동방 출신으로 자처했으며, 그리스인들의 긴 옷 대신 페르시아식 바지를 입음으로써 이런 유대를 상징했다.

부유한 상인이었던 므네사르코스는 아들을 교육할 여유가 있었고, 이 여명기에 이미 젊은 사모스섬 사람은 가장 위대한 이오니아의 신新 사상가에 속하는 이들에게 가르침을 받았다. 그의 스승 중에는 아낙시만드로스, 페레키데스Pherekydes, 그리고 전설적인 칠현인七賢人의 한 사람이고 진정한 의미에서 최초의 철학자로 꼽히는 탈레스가 있었다. 그러나 피타고라스는 당대 최고의 철학자들에게 배우고 있었음에도 그 이상의 무엇을 갈망했으며, 서양 지식의 진수를 흡수하고 난 뒤에는 동방으로, 즉 처음에는 이집트, 그다음으로는 바빌로니아로 눈을 돌렸다. (탈레스는 그에게 최고의 지혜를 얻고 싶다면 기하가 발견된 땅인 파라오들의 나라로 가야 한다고 권했다.) 피타고라스가 이집트와 바빌로니아를 여행했다는 것이 정말인지 아니면 후세의 제자들이 지어낸 이야기인지는 역사가들 사이의 논란거리이다. 그러나 어느 쪽이 사실이든, 역사가 데이비드 린드버그의 지적대로, 그 이야기에는 역사적 진실이 들어 있다.[11] 즉, 그리스인들은 이집트인들과 바빌로니아인들에게서 수학을 계승했으며, 피타고라스는 이 보물을 서양에 도입한 인물로 간주된 것이다. 그가 최초의 위대한 그리스 수학자라는 데에는 의심할 여지가 없으므로, 우리는 그 여행이 실제로 있었던 일이라고 생각해도 무방할 것이다.

그의 전기를 쓴 3세기 작가 이암블리코스에 따르면,[12] 피타고라스는 지중해 동부 연안, 즉 레반트Levant 지방을 거쳐 이집트로 간 듯하다. 그의 이집트 방문 목적은 그곳의 신성한 제의들과 종교의 비밀을 배우는 것이었다. 어떤 이들은 우표를 수집하고 어떤 이들은 동전을 수집하듯이, 피타고라스는 종교를 수집했으며, 가능한 한 많은 종교에 입문하는 것을 제 일로 삼았다. 이 점에 대해, 이미 고대부터 있었던 비방자들은 그의 동기가 냉소적이었다고 했으며, 그의 지지자들조차도 그런 비난이 일부 옳을 수 있다고 인정했다. 청년 피타고라스는 분명 대중 연설가로서의 경력을 원했던 듯하며, 이국적 신비체험의 선전 효과도 잘 알고 있었다. 그렇다고 해도, 그는 진정으로 종교적인 사람이었다.

피타고라스가 파라오들의 땅에 도착했을 때, 사태는 그가 바라던 대로 진행되지만은 않았다. 또 다른 전기 작가 포르피리오스에 따르면,[13] 그는 헬리오폴리스에서도 멤피스에서도 신전의 사제들에게 거절당했다고 한다. 그러나 결국 디오스폴리스에서는 그를 받아들였고, 거기서 그는 여러 해 동안 공부했다. 고대인들은 피타고라스가 이집트에서 보낸 기간에 대해 일치된 견해를 보이지 않으나, 적어도 10년은 되었던 듯하다. 포르피리오스의 말로는 사제들이 이 타국인 지망자에게 힘든 시험들을 치르게 했다고 하나, 그가 그들에게 무엇을 배웠는지는 언제까지나 비밀로 남을 것이다. 왜냐하면 피타고라스는 그들의 광신적인 비밀주의를 끝까지 존중했고, 그도 훗날 비밀주의를 자신의 종교 공동체의 머릿돌로 삼았기 때문이다.

피타고라스의 이집트 체류는 돌연 끝났다. 기원전 525년 이집트를 침공한 페르시아인들에게 그도 포로가 되어 바빌로니아로 끌려갔던 것이다. 공중 정원과 거대한 피라미드형 신전이 있었다는 저 전설적인 도시에서 그는 바빌로니아인들의 지혜를 배울 기회를 얻은 셈이었다. 포르피리오스에 따르면, 그는 현인 자라타스Zaratas의 문하에서 공부했으며, 그에게 점성술과 심신을 정화하는 약의 사용법을 배웠다고 한다. 또한 그는 선과 악의 우주적인 힘들이 대치한다고 믿는 조로아스터교의 신비에도 입문했다. 이런 이원론은 그의 사상에 깊은 영향을 미치게 되며 결국 그의 수학적-신비적 철학으로 통합될 것이었다. 바빌로니아인들은 점성가였을 뿐 아니라 위대한 천문학자이자 수학자이기도 했다. 린드버그는 그들의 수학이 "이집트인들의 수학보다 더 웅대한 질서"를 지녔다고 지적했다.[14] 피타고라스는 오늘날 그의 이름으로 알려진 정리(직각삼각형 빗변의 제곱은 다른 두 변의 제곱의 합과 같다)를 어쩌면 그들에게서 배웠는지도 모른다. 우리는 학교에서 이것을 피타고라스의 정리라고 배우지만, 수학사가들은 거의 확실하게 바빌로니아인들이 그전부터 이 정리를 알고 있었다고 본다.

피타고라스는 동방으로 떠나기 전부터도 사모스섬의 별종이었는데, 타국의 사제 및 현인 들과 더불어 20년 세월을 보내고 돌아온 뒤에는 얼마나 더했겠는가. 이제 그는 바지를 입었을 뿐만 아니라, 머리칼과 수염도 깎지 않았다(이런 행색은 이후 피타고라스 추종자들의 특징이 되었다). 사모스섬에서 그는 철학과 수학을 가르치기 시작했고, 노천에서 강의했다. 그러나 그의 신비적 경향은 사모스섬 사람들에게 인기가 없음이 곧 드러났고, 그래서 다시금 그는 고향을 떠났다. 이번에는 아주 떠난 것이었다. 이제 피타고라스의 목적은 그 자신의 공동체를 설립하는 것으로, 거기서는 헌신적인 추종자들이 종교적 명상과 "신적인 것"의 연구에 전념할 것이었다. 이런 이상향적 공동체의 소재지로, 그는 이탈리아 남부의 크로토네Krotone라는, 그리스 세계의 맨 가장자리에 있는 마을을 골랐다.

피타고라스 공동체의 저술이나 기록은 그들의 광신적 비밀주의 때문에 전혀 남아 있지 않으므로, 그 운영에 관한 세부적 사실들은 신비에 싸여 있다. 그러나 참가자들이 그리스의 종교 관행과 이집트의 영향을 받은 예식 요소가 뒤섞인 생활을 했다는 것은 알려져 있다. 게다가, 공동체는 철학과 수학을 가르치는 학교 역할도 했다. 그러므로 그 구성원들은 아쿠스마티코이akousmatikoi와 마테마티코이mathematikoi 두 종류로 나뉘어 있었다. 아쿠스마티코이는 공동체 밖에 살면서 가르침과 영적 지도를 얻으러 오는 자들로, 수학이나 철학을 공부하는 것이 아니라 아쿠스마타를 통해 배웠으며, 단순하고 비폭력적인 생활 방식을 실천했다. 그들에게 피타고라스주의란 신비주의 기조를 띤 윤리 체계로, 피타고라스는 순전히 영적인 지도자였다.

반면, 마테마티코이는 공동체 안에 살았고, 피타고라스적인 생활에 헌신했다. 신참자들은 재산을 공동체에 헌납하고 모든 개인 소유를 포기해야 했다. 피타고라스는 외적인 염려에서 영혼을 해방하려면 그래야 한다고 믿었다. 이집트 사제들과 함께 했던 생활의 영향으로, 그는 정화에도 큰 관심을 두었고, 따라서 마테마티코이는 고기나 생선을 먹거나 털옷 또는 가죽옷을 입는 것이 금지되었다. 고대 주석가들의 말로는, 신참자들은 최장 5년까지 수습기를 거치면서, 침묵을 통해 절제를 보여야 했다. 완전한 침묵은 불가능했을지도 모르지만, 어떻든 진실로 헌신적인 사람들만이 피타고라스가 직접 고른 핵심 동아리에 들 수 있었고, 스승의 가장 비밀스러운 가르침을 듣고 수학을 공부할 수 있었다.[15] 이집트인들의 본보기를 따라, 모든 지식은 공동체 안에서 비밀에 부쳐졌고, 어떤 구성원은 다섯 가지 "완전한" 입체 중 하나인 12면체의 수학적 속성들을 폭로했다는 이유로 추방되었다. 피타고라스는 수학이란 신적인 지식이므로 오로지 심신이 제대로 정화된 자들에게만 알려져야 한다고 믿었으며, 마테마티코이는 사제 정신으로 공부에 임했다.

크로토네에 있던 피타고라스 공동체는 이따금 형제단brotherhood으로 지칭되곤 하는데, 여기에는 여성도 들어갈 수 있었으므로 옳은 명칭이 아니다. 피타고라스 자신은 결혼하여 자식을 여럿 두었고, 그의 아내 테아노Theano는 공동체의 능동적인 구성원이자 교사였다. 그러나 논란이 되는 것은 여성도 피타고라스주의자가 될 수 있었느냐가 아니라, 여성도 마테마티코이 즉 철학자 겸 수학자가 될 수 있었는지 그저 아쿠스마티코이에 그쳐야 했는지다. 공동체의 기록이 아무것도 남아 있지 않으므로 단정적으로 대답하기는 어렵겠으나, 많은 고대 주석가들의 글에는 여성 마테마티코이도 있었다는 증거가 있다. 가령, 테아노는 수학과 우주론에 관한 논문들을 썼다고 한다. 여성이 피타고라스의 핵심 동아리에 들어갈 수 있었다는 것은 기원전 5세기의 피타고라스 공동체들에 여성이 있었다는 사실에서 더욱 신빙성을 얻는다.[16] 핀티스Phintys, 멜리사Melissa, 티미카Tymicha 등의 이름이 아직도 전해온다. 끝으로, 플라톤의 예가 있다. 피타고라스주의에서 깊은 영향을 받았던 그는 아테네의 대大 사상가 중 여성의 교육을 주장한 유일한 인물이었다. 아리스토텔레스와 달리, 플라톤은 자신의 유명한 아카데메이아에 여성을 받아들였고, 거기서 수학을 가르쳤다. 그러므로 본래의 피타고라스주의자 가운데에서는 여성도 수학적 연구에 참여했다고 보는 편이 타당하다. 당시 그리스 사회의 성격에 비추어볼 때, 마테마티코이 중에 여성이 남성만큼 많았을 것 같지는 않지만, 그리스인들이 곧 얼마나 심한 여성혐오자들이 될지를 떠올려본다면, 크로토네에 있던 공동체는 그리스 세계에서 성평등이 잘 이루어졌던 곳의 하나였다고 할 수 있다. 그러니까, 처음에는 수학적 인간(남성)이 수학적 여성의 참여를 인정하고 받아들였다.

피타고라스의 말년은 베일에 가려져 있다. 기원전 510-500년 사이에, 크로토네의 귀족 킬론Kylon이 피타고라스 공동체에 반기를 들었고, 그 결과 공동체는 해체되었다. 이 사건을 종교 박해나 귀족적 교파에 대한 민주적 봉기 등 여러 가지로 해석해왔다. 고대 피타고라스 지지자들은 킬론을 피타고라스주의자에게 배척당한 뒤 앙심을 품은 포악한 인물로 그리지만, 어떤 역사가는 공동체에 대한 반격이 그 선민주의나 비밀주의적인 성격에 대한 반발이었다고도 본다. 폭동이 일어나자 피타고라스는 피신했고, 아마도 이탈리아를 유랑하고 가르침을 전하면서 긴 생애의 나머지 기간을 보낸 듯하다.[17] 그는 죽은 뒤 무사이Mousai[뮤즈]의 신전에서 곧장 하늘로 올라갔다는 이야기가 전한다.

본래의 피타고라스 공동체가 비밀에 싸여 있었기 때문에, 어떤 사상은 스승에게서 비롯했고, 어떤 사상은 제자들이 발전시킨 것인지를 구분할 수 없다. 전통적으로는 모든 사상이 피타고라스에게서 비롯했다고 알려져 왔다. 그 사상의 핵심에는 1, 2, 3, 4, 5, ……의 정수整數들이 있었다(그리스 수학자들이 아직 영零이라는 개념을 받아들이기 전이었다). 피타고라스는 수를 신적인 것으로 믿었고, 이를 신들과 동등시했다. 1에서 10까지의 수decade는 특히 신성하다고 보았다. 그러나 신들을 수와 동등시함으로써 피타고라스는 전통적인 그리스 신들을 재정의했다. 신들이 더는 거창한 감정적 드라마를 벌이는 인간적 존재가 아니라 추상적인 수학적 실체가 되었다. 피타고라스적 세계상은 호메로스와 헤시오도스의 우주 극장이 아니라 수들의 형이상학적 무도舞蹈가 되었다.

하지만 이런 수적 우주는 대개의 현대인이 상상하기보다 풍부한 것이었다. 피타고라스주의자들은 수에 윤리적·도덕적 성격이 있다고 믿었기 때문이다. 그러므로, 예전의 그리스 신화에서처럼, 피타고라스의 우주론에도 심리적 차원은 있었다. 오늘날 우리는 4라는 수를 단순히 일 년에 사계절이 있다든지 사각형에 사변이 있다고 말할 때의 물량으로만 이해하지만, 그들에게는 4라는 수가 그 이상의 것이었다. 가령, 4는 정의正義의 수였는데, 2×2, 즉 공평한 저울을 의미하기 때문이었다. 마찬가지로, 6은 결혼의 수였는데, 2×3, 즉 여성수인 2에 남성수인 3을 곱하는 것이므로, 남성과 여성이 결합한 최초의 수가 되는 것이었다. 수에 비非물량적인 성격이 있다는 생각은 이집트 수비학數秘學, numerology의 특징으로, 이는 피타고라스가 이집트에서 얻은 지식의 또 다른 면일 수도 있다.

피타고라스주의자들은 수의 비물량적인 속성이 윤리적 원형 노릇을 할 수 있다고 받아들였으며, 따라서 그들은 수학을 연구하면 인간 행동에 대한 통찰력을 얻을 수 있다고 여겼다. 무엇보다도, 그들은 홀수를 남성으로, 짝수를 여성으로 간주하였으므로, 홀수와 짝수의 특수한 속성을 성별에 따른 도덕적 특징들로 여겼다. 특히, 홀수는 선하고 짝수는 악하다는 피타고라스적 발상 탓에 그들은 여성을 결정적으로 악의 편으로 몰아세웠다. 그리하여 피타고라스적 이원론이 등장했다. 한편에는 선의 자질과 홀수성과 남성성이, 다른 한편에는 악의 자질과 짝수성과 여성성이 확연히 구분되었다. 대체로, 고상하고 좋게 여겨지는 자질은 남성 편으로, 저급하고 나쁘게 여겨지는 자질은 여성 편으로 나뉘었다. 일반적으로, 피타고라스적 수학자의 의무는 개별 수(홀수든 짝수든)의 특성과 그들 사이의 관계(수적이든 윤리적이든)를 발견하는 것이었으며, 따라서 수학자는 어쩔 수 없이 윤리학의 생도가 되었다. 수학과 윤리학을 별개로 보는 현대적 사고방식은 피타고라스를 기겁하게 했을 것이다. 그는 수학이 파괴적 기술 개발에 동원될 수 있으며, 따라서 도덕적 책임이 따른다는 점을 이해했던 최초의 인물이었다.

피타고라스주의자들은 수가 윤리적 원형일 뿐 아니라 물질적 원형도 될 수 있다고 믿었다. 실로 그들은 수를 모든 물리적 형태의 모형으로 보았다. 형태의 원천으로서의 수라는 개념은 각각의 수가 특수한 도형과 연관된다는 피타고라스의 발견에서 나왔다. 가령, 여섯 개, 열 개, 열다섯 개의 점은 정삼각형 모양으로 배열될 수 있으므로, 6, 10, 15를 삼각수로 불렀다.

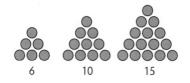

마찬가지로, 4, 9, 16은 사각수로 불렀다.

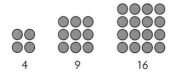

12는 네 개의 점이 석 줄, 또는 여섯 개의 점이 두 줄로 배열될 수 있으므로, 직사각수로 간주했다. 정삼각형으로도 직사각

형으로도 배열되는 6처럼, 어떤 수는 둘 이상의 모양으로 배열될 수도 있었다. 점들은 5각형, 6각형, 8각형 등 어떤 모양으로도 배열될 수 있었다. 피타고라스는 수에 형태가 있다면, 아마도 역으로 모든 형태가 수와 연관되리라고 생각했다. 실로, 수란 형태의 본질 그 자체가 아니겠는가? 일정한 수의 점을 복합적 형태와 관련지었던 대표 사례가 별자리이다. 별자리에서는 빛나는 점 대여섯으로 양, 황소, 게, 사람 등의 형태를 이루었다. 그래서, 피타고라스가 수를 형태의 본질로 본 것은 바빌로니아 천문학자 사이에서 얻은 경험 때문으로 보는 역사가도 있다.

점들이 이루는 형태를 이용하여, 피타고라스주의자들은 놀랍도록 복잡한 수학적 정리定理들을 발견했다. 후세의 수학자들은 더 세련된 기술을 쓰게 되겠지만, 형태가 본질적으로 수학적이라는 생각은 지대한 영향을 미쳤다. 수학자들은 이제 점의 배열을 따지는 대신에 형태를 방정식으로 묘사한다. 가령, 원은 $x^2+y^2=r^2$(x와 y는 수평축 및 수직축의 거리이고, r는 원의 반지름이라고 할 때)이라는 단순한 방정식으로 묘사할 수 있다. 이런 방정식을 변형하면 타원도 나타낼 수 있는데, 타원이란 실상 길게 늘인 원이기 때문이다. 태양의 주위를 도는 행성의 궤도나 지구 둘레를 도는 달의 궤도는 타원형이라는 사실이 드러났으며, 따라서 단일하고 단순한 방정식으로 태양계의 원무圓舞를 나타낼 수 있다.

피타고라스주의자들은 수가 공간 패턴뿐 아니라 시간 패턴에서도 드러난다는 점을 발견했다. 일 년에는 4계절, 음력으로

13개월, 365일이 있다. 태양은 24시간마다 주기적으로 뜨고 지고, 달은 29일마다 차고 기울며, 행성들에도 제각기 주기가 있다. 그러므로 우주 자체를 수적 주기들의 광대한 조합으로 간주할 수 있다. 천체들에서 나타나는 시간적인 수적 패턴들과 수 자체가 만들어내는 공간 패턴들은 피타고라스에게 실로 모든 것이 수이며 수야말로 실재의 본질이라는 확신을 주었다.

피타고라스에게 더 중요한 것은, 인간의 심령도 우주의 광대한 수적 패턴의 일부라는 점이었다. 그는 모든 인간이 216년마다 환생한다고 믿었다. 심령형 입방체psychogonic cube라는 이름으로 알려진 216이라는 수는 6의 세제곱 또는 6×6×6으로, 특별한 의미가 있다. 피타고라스주의자들에게 이 수는 주기적 회귀, 즉 만물은 스스로 반복한다는 개념을 상징했다. 힌두교도들과 마찬가지로, 피타고라스주의자들은 인간이란 생生 뒤에 또 다른 생이 거듭되는 무한한 생의 순환이라는 숙명 속에 있다고 믿었다. 수와 마찬가지로 영혼psyche도 불멸이라는 것이었다. 이런 영혼 불멸성과 그 무한한 환생이야말로 피타고라스주의의 주된 종교적 교의였으며, 여기서도 동방의 영향이 분명히 드러난다.

피타고라스에 따르면, 영혼은 부단히 환생하므로 육신에 갇혀 지상에 처하기도 하고 육신을 벗어나 지상이 아닌 곳에 처하기도 한다. 여기서 의문이 하나 생긴다. 육신을 벗어난 영혼은 어디서 무엇을 하며 시간을 보내는가? 피타고라스의 대답은 영혼이 비물질적인 수의 신들이 있는 천상계에 머물며 우주의 수학적 음악, 이른바 천구들의 조화음 가운데서 희락에 잠긴다는 것이었다. 이런 우주적 조화에 대해서는 곧 자세히 살펴보게 될 것이다. 지금으로서는 피타고라스가 천구들의 조화음을 듣는 것이야말로 인간이 누릴 수 있는 최고의 경험이라고 생각했다는 정도만 말해두기로 하자. 누구나 죽은 뒤에 이런 신적 희락에 잠길 수 있기를 기대할 수는 없지만, 피타고라스주의자들은 자신들의 영혼을 자유롭게 하여 생전에 그런 희락을 경험하고자 했다. 그러므로 피타고라스주의는 근본적으로 상승 종교 ascent religion이며, 그 목표는 수학을 도구 삼아 영혼을 육신에서 자유롭게 함으로써 "천상적인" 수의 영역에까지 올라가는 것이었다. 따라서 수학은 으뜸가는 종교 활동이었다.

하지만 이렇게 우아한 신비주의와 나란히 또 다른 과제가 있었다. 피타고라스주의자들은 영혼을 해방하면서 자연에서도 벗어나고자 했다. 피타고라스는 수가 시간을 초월한 불변불후의 존재라고 여겼기에 신들과 동일시한 것이었다. 이 점에서 수는 물질계 또는 자연계에 있는 모든 것이 부패와 소멸과 죽음을 피할 수 없다는 자명한 사실과 뚜렷한 대조를 이루었다. 네 송이 꽃은 시들고, 네 덩어리 멜론은 썩고, 네 명의 사람은 죽고, 네 줄기 강물은 말라붙고, 네 등성이 산은 무너지겠지만, 4라는 수 자체는 영원하고 파괴되지 않는 것이 마치 신과 같지 않은가. 피타고라스는 신성을 자연 가운데서는 결코 찾아볼 수 없는 초超시간적 정태성 및 부동성과 동일시했다. 실로 수의 신들이라는 개념의 요체는 수가 어쩔 수 없이 변화하고 소멸하게 되어 있는 자연을 초월해 있다는 것이었다. 여기서 다시 피타고라스는 그리스 사상의 새로운 국면을 연다. 전통적인 신들도 파괴될 수 없는 불멸의 존재로 여겨지기는 했지만, 그들은 자연을 초월하기는커녕 자연에 내재해 있었기 때문이다. 어쨌든, 그들은 해와 달이 뜨고 지는 일, 풍년이 드는 일, 폭풍우와 천둥, 대양과 바람에 직접 관여하고 있었으니 말이다.

그러나 자연을 초월한다는 데에는 "여성적인 것"을 초월한다는 의미도 있었다. 그리스 사상 전반에서 그렇듯이, 피타고라스주의에서도 자연을 이루는 실체인 물질이란 본래 여성적인 것으로 간주되었기 때문이다. 피타고라스 우주론에서, 2라는 수는 지고의 여성적 원리일 뿐 아니라 물질과 연관되는 수이기도 했다. 지고의 남성적 원리인 1이라는 수는 지고의 비물질적 신성인 아폴론과 동등시되었다. 여기서 피타고라스주의의 이원론이 지니는 또 다른 핵심 양상이 드러난다. 즉, 남성성은 비물질적인 천상계, 여성성은 물질적인 지상계와 연관된다는 것이다. 물론 이런 남-녀, 하늘-땅의 이분법이 피타고라스주의자들만의 것은 아니다. 이는 기원전 8세기에 헤시오도스가『신들의 계보』*Theogonia*를 쓴 이래 그리스의 신화적 우주론에서도 주요한 특징이었다. 역사가 거다 러너가 보여준 대로, "하늘 아버지"와 "대지(땅) 어머니"의 양극성은 메소포타미아에서 그리스에 이르는 신화에 깊이 뿌리박힌 것이다.[18] 물질적 육신에서 비물질적 영혼을 해방시키려 하면서, 피타고라스주의자들은 대지 어머니(그들의 수적 신화에서 2라는 수로 상징되었다)의 영역을 벗어나 하늘 아버지(1이라는 수로 상징되었다)의 영역으로 올라가려 했다.

이런 남-녀, 하늘-땅의 이분법을 피타고라스가 발명하지는 않았지만, 그는 이를 수학적 맥락 가운데 변형시켰다. 여기서 정말로 흥미로운 것은, 피타고라스주의에서 모든 수를 그 자체가 영혼의 영역(그러니까 남성적 영역)에 속하는 것으로 여겼으므로, 수학도 근본적으로 남성적인 활동(수학을 연구할 자격이 있는 자들이 남성이라는 말이 아니라, 수학의 본성이 남성적이라는 의미에서)으로 간주하기에 이르렀다는 사실이다. 피타고라스주의자들에 따르면, 수학 연구는 수의 신들이 있는 초월적 영역을 탐구하는 일이었고, 따라서 이런 활동에 동원되는 것은 인간 존재에서 남성적이라고 여겨지는 요소(영혼)였다. 반면 여성적이라고 여겨지는 요소(물질적 육신)는 수학을 공부하는 자의 뒷전에 남겨져야 했다.

수학과 남성성 간의 이러한 연관은 이후 서구 문화에 심오한 영향을 미쳤다. 2500년이 지난 오늘날까지도, 수학은 본래 남성적인 활동이며 남성의 정신은 여성의 정신보다 수학적 사고에 생래적으로 더 적합하다는 믿음이 널리 퍼져 있다. 기원전 6세기경 수학과 남성 간의 이런 연계가 가져온 한 가지 결과는, 여성에게도 영혼이 있으므로 수학 공부에 참여할 수는 있지만, 그에 따르는 외적 부담이 아주 컸다는 점이다. 여성이 수학을 공부하려면 자신의 여성성을 뒷전으로 하고 남성적이 되고자, 다시 말해 수학적 인간(남성)이 되고자 노력해야 했다. 피타고라스적 이분법 탓에 수학적 여성이란 자가당착이 되어버린 것이다. 피타고라스적 신비주의는 사라진 지 오래지만, 이 점에서 피타고라스주의는 서구 문화에 긴 그림자를 드리우고 있으며, 오늘날까지도 수학적 여성은 떳떳한 자격을 얻고자 여전히 고투하고 있다.

피타고라스적 신비주의의 주축인 수학, 남성성, 영혼의 초월성은 서구 물리학사에도 깊은 영향을 미쳤다. 수학은 신들의 초월적 영역에 관한 연구로 여겨졌으므로, 물리적 세계에 있는 수학적 관계들에 대한 탐색 또한 초월적 활동으로 여겨지게 되었다. 이는 자연 가운데서 영원하고 불변불후한 것을 찾아내는 일, 말하자면 자연 가운데서 자연을 넘어서는 것을 찾아내는 일이었으니 말이다. 이런 태도 덕분에, 중세에 그리스도교의 맥락 가운데서 피타고라스적 정신이 다시 나타났을 때, 자연의 수학적 관계와 그리스도교의 신은 쉽게 관련지어졌다. 고대 피타고라스주의자들과 마찬가지로, 중세와 근대 초기 물리학자들은 자신들이 천지창조의 초월적인 청사진을 발견하고 있다고 믿었다.

피타고라스주의자들은 주로 종교적인 사람들이었지만, 근대 물리학자들의 선구이기도 했다. 그들은 수 가운데 내재하는 형태 못지않게 물리적 세계에 내재하는 수학적 형태들을 발견하는 데도 관심을 기울였기 때문이다. 피타고라스주의가 수리과학의 원형이었다는 것은 피타고라스가 음악적 조화의 바탕을 이루는 수적 비율을 발견했다는 데서도 명백히 드러난다. 리라

lyre 같은 악기에서, 다른 현보다 두 배 더 긴 현은 한 옥타브 낮은 같은 음을 내며, 이때 현의 길이 비율은 2 대 1이 된다. 3 대 2 비율의 두 현은 5도 음정을, 4 대 3 비율의 두 현은 4도 음정을 내는 것이다. 피타고라스주의자들은 또한 굵기와 장력이 다른 현들을 여러 가지로 실험하여 생겨나는 음의 수적 패턴을 찾아내려고도 했다. 그들이 음이라는 현상 근저에 있는 수학적 비율을 발견해냈다는 것은 수학이 추상적 유희일 뿐 아니라 물리적 세계에 내재해 있다는 점을 증명하는 것이다.

음악의 배후에 있는 비율들은 그 아르모니아armonia 즉 귀에 들리는 소리의 배후에 있는 수학적 음악을 나타내는 것으로 여겨졌다. 그러므로 귀에 들리는 화음은 그런 수학적 조화의 감각적 구현이며 수의 초월적 영역을 인체 기관으로 경험하는 것이었다. 피타고라스에 따르면, 영혼은 음악을 들을 때 이런 아르모니아에 감응하며, 따라서 옥타브, 4도 화음, 5도 화음 등이 기분 좋게 들리는 것은 영혼이 2 대 1, 3 대 2, 4 대 3 같은 단순한 비율에 선천적으로 친화를 느끼기 때문이라고 했다. 귀가 즐거운 것은 영혼이 즐겁기 때문이라는 것이다.

아르모니아라는 개념은 지대한 영향력을 끼치며, 이후 서구 우주론의 기초가 되었다. 피타고라스는 우주를 수학적 조화로 가득 찬 광대한 악기라고 보았다. 특히 천구에 내재하는 조화, 즉 해와 달 및 행성과 별 들의 배열과 운동에서 나타나는 조화가 흥미로운 지점이다. 그는 음악적 화음의 배후에 수학적 비율이 있듯이, 천체의 운동 배후에도 비율이 있으리라고 믿었으며,

그런 비율이 이른바 천구의 조화 즉 영혼이 물질적 육신의 감옥에서 벗어나면 듣게 될 신적인 수학적 음악을 이루는 것이었다. 고대 그리스의 우주상뿐 아니라, 궁극적으로는 현대적 세계상도, 우주적 조화에 대한 피타고라스의 이런 탐색에서부터 발전한 것이다.

천구들의 조화라는 개념에는 우주가 둥근 모양을 하고 있다는 피타고라스의 믿음이 깔려 있었다. 그의 우주론에 따르면, 각 천체는 커다란 원을 그리면서 운동하며, 그 원들은 여러 구심적 천구의 지름을 드러내고 있었다. 이렇게 보이지 않는 천구들은 물리적 실체라기보다는 형이상학적인 것들로, 천상의 기하적 구조를 형성했다. 피타고라스의 우주론에서, 지구는 해와 달과 행성들과 더불어 이른바 중심화the central fire 주위를 도는 것으로 여겨졌고, 이 불은 좀 더 순수하고 정화된 태양에 해당하는 신비하고 보이지 않는 실체였다. 천상계에 추가되었던 이처럼 불필요한 중심은 기원전 3세기에 위대한 피타고라스주의 천문학자였던 아리스타르코스Aristarchos가 제거했다. 아리스타르코스는 태양을 중심에 두고 지구와 행성들이 그 주위를 돌게 함으로써 논리적으로 단순한 체계를 만들었다. 그러니까, 흔히 코페르니쿠스가 주창한 것으로 알려진 태양중심설은 실상 그보다 1800년 전에 나왔던 셈이다. 망원경이 발명되기 2000년 전에, 피타고라스주의자들은 오늘날 우리가 태양계의 구조로 인정하는 것을 공리로 삼았다.

피타고라스적 우주에 내재하는 수학적 조화란 행성 궤도들의 크기 및 행성들의 운동 속도의 비율이었다. 고대 피타고라스주의 천문학자들은 이런 비율들을 구하려 했지만, 근대 천문학의 시대에야 비로소 정확하게 계산할 수 있었다. 광대한 수학적 조화로서의 우주라는 피타고라스적 개념은 16-17세기 우주론의 혁명에 영감을 제공했으며, 코페르니쿠스, 케플러, 뉴턴 등은 모두 의식적으로 피타고라스적 탐색을 하고 있었다. 이들 중 아무도 천구들이 단순한 비율로 묘사될 수 있다고는 생각하지 않았지만, 세 사람 모두 천상계가 수학적 관계들로써 묘사될 수 있다고 믿었으며, 그런 수학적 관계들이야말로 우주의 조화라는 것이 그들의 신조였다. 실로, 아인슈타인의 말처럼, "조화를 보고자 하는 열망"은 여전히 우주론의 원동력이 되고 있다.[19]

아리스타르코스의 우주론을 코페르니쿠스가 재발견해야 했다는 사실은 역사적 과정 어디에선가 그런 지식이 소멸했다는 것을 의미한다. 그리스인들은 피타고라스에게 매혹되었지만, 그의 과학도 철학도 고대 세계에서 주도 세력이 될 만한 권위는 얻지 못했다. 그리스인들은 천구들이 수학적으로 묘사될 수 있다는 그의 믿음은 견지했지만, 태양 중심적 체계는 사양했고, 대다수는 지구가 우주의 중심이며 해와 달과 행성, 별 들이 그 주위를 돌고 있다고 믿었다. 그리스인들은 또한 전반적으로 수학에 기초한 과학에 대한 피타고라스의 꿈도 사절했으며, 수학을 천문학, 광학, 아르키메데스Archimedes(기원전 3세기에 활동)의 지레 연구에서 보듯 간단한 몇몇 경우에만 사용했다. 그리하여 기원전 6세기에 이루어졌던 전도양양한 출발은 고대 세계에서 거의 무산되고 말았다.

태양 중심적 우주론과 수리과학에서 멀어지는 데 가장 크게 기여한 인물은 다름 아닌 아리스토텔레스였다. 그리스의 가장 막강한 철학자였던 아리스토텔레스는 피타고라스와 마찬가지로 세계를 합리적인 방식으로 이해하고자 했지만, 수학에 사물의 진정한 본성을 설명하는 힘이 있다고는 생각지 않았으므로, 수학을 세계 이해의 기초로 삼기를 거부했다. 현대물리학자들은 아리스토텔레스의 비非수학적 태도를 조롱해왔고 그야말로 물리학의 발달을 2000년이나 늦춘 장본인이라고 성토해왔지만, 실상 아리스토텔레스가 수학을 거부한 것은 충분히 정당화될 수 있는 일이었다. 왜냐하면, 수학은 그가 중요하게 보는 문제들에는 대답할 수 없었기 때문이다. 그리스인들이 피타고라스의 편을 드는 대신 과학에 대한 아리스토텔레스의 접근 방식을 받아들였다는 것은, 우리가 보기에는 아무리 수학이 물리학의 옳은 접근 방식이라도, 자명한 선택은 아님을 증명한다.

그리스인들이 수리과학이라는 개념을 뻔히 두고도 그런 접근 방식을 택하지 않았다는 사실은 왜 근대 유럽인들이 그것을 택하게 되었는가라는 매우 중요한 문제를 제기한다. 그리스인들이 의식적으로 수리과학을 거부했다는 것은, 다른 많은 인간 활동이 그러하듯, 과학도 문화적 선택에 좌우된다는 것을 보여준다. 과학의 진로는 한 사회가 과학에게 무엇을 원하고, 과학이 무엇을 설명해주기를 요구하며, 한 사회가 받아들이기로 한 유효한 설명 방식은 무엇인가 등으로 결정된다. 그리스인들이 피타고라스에게 등을 돌리고 아리스토텔레스를 받아들인 것은 그들이 무지해서가 아니라, 아리스토텔레스의 과학이 <u>그들에게</u>는 이런 기능들을 더 잘 충족시키는 것으로 보였기 때문이었다. 이 책의 주요 목표 중 하나는 근대 유럽인들이 왜 어떻게 피타고라스적 접근 방식을 선택했는가를 검토하는 것이다. 결국 수리과학이 <u>우리에게</u> 더 유용하다고 사람들을 이해시킨 것은 대체 무엇이었던가?

그러나 고대를 떠나기 전에, 우리는 그리스 과학 일반이 어떻게 되었는가를 살펴보아야 한다. 왜냐하면, 그리스도교의 등장과 더불어, 피타고라스 과학도 아리스토텔레스 과학도 거의 잊혀갈 것이기 때문이다. 거의 천 년 가까이, 서구는 그 고대의 과학적 유산을 잃어버렸고, 중세 말기에야 잃었던 것을 회복했다. 천문학, 수학, 아리스토텔레스의 물리학과 생물학. 이 엄청난 지적 재보는 어떻게 되었던가? 어떻게 이 풍부한 자료가 서구의 의식에서 쉽게 사라졌던가?

종종 이 질문에 사람들은 그리스도인들이 그 자료들을 말살했다고 답하곤 한다. 그에 따르면, 초기 그리스도교 신학자들은 그리스 수학과 과학의 영예로운 불꽃을 짓밟고 유럽을 천 년 동안의 "암흑시대"에 던져 넣음으로써 암흑을 가져온 자들로 그려진다. 이런 견해는 과학과 종교가 타고난 원수지간이라는 생각과 맞아떨어지기는 하지만, 역사적 증거들은 그런 사건 해석을 지지하지 않는다. 지난 몇십 년의 연구로 드러난 바에 따르면, 고대 과학이 해체된 이유는 훨씬 더 복잡하다. 특히, 기원 전후에 그리스 과학은 이미 위태로운 쇠퇴기를 맞고 있었다. "황금시대"는 수백 년 전에 지나갔고, 과학은 여전히 흥미로운 주제이기는 했지만 새로운 발전은 거의 없었다. 새로운 사상의 흐름이 고갈되며 고대 과학의 나무도 시들어가고 있었다.

그리스도교가 정착해가던 3세기 무렵, 테르툴리아누스Tertullianus를 비롯한 몇몇 대표적 그리스도인은 모든 "이교적" 사상에 반대했지만, 아우구스티누스를 비롯한 다른 그리스도인들은 그리스 유산의 가치를 인정했고 그리스도인들이 이 유산을 자신들 나름의 목적으로 활용해야 한다고 주장했다. 특히 아우구스티누스는 그리스 과학이 자연에 관한 성서의 진술을 해석하는 데 도움이 되리라고 주장했다. 그리스 학문에 반대하기는커녕 처음에는 많은 그리스도인이 자녀를 여전히 그리스 전통으로 교육하고 있었다. 그러다가 그리스도교 공동체에서 그 나름의 교육 체계를 수립하면서부터, 이 새로운 학문의 중심들은 세속 철학이나 과학보다는 영적 계발에 중점을 두게 되었다. 간단히 말해, 그리스도인들은 그리스 과학을 짓밟은 것이 아니라 단지 관심사가 달랐을 뿐인데, 그러는 동안에 그 과학을 일으킨 문명 자체가 와해해갔던 것이다. 그리스 과학은 박해받았기 때문이 아니라 전통을 이어받을 만한 열성적인 후계자들이 없었기 때문에 서구에서 사라진 것이다. 결국, 그리스인들의 유산은 이슬람 세계로 넘어갔고, 서구의 관심이 되살아나기까지 그리스의 유산은 알라의 품 안에서 양육되었다.

고대 서구 과학의 마지막 부흥은 로마제국 말기 알렉산드리아에서 일어났다. 제국의 수도는 로마였지만, 그 지적 중심지는 전설적인 도서관이 있었던 알렉산드리아였다. "그리스" 과학의 이 마지막 단계에는 그 최후의 위대한 전수자이자 최초의 본격적인 수학적 여성이었던 알렉산드리아의 히파티아Hypatia가 있었다. 4세기 말에 살았던 히파티아는 전기적 사실이 전해지는 최초의 여성 과학자이지만, 피타고라스와 마찬가지로 저작은 남아 있지 않다. 과학사가 마거릿 앨릭의 지적대로, 이후 1500년 동안 히파티아는 역사상 유일한 여성 과학자로 여겨졌다.[20] 앨릭을 비롯한 역사가들의 고증에 따르면 분명 다른 여성 과학자들도 있었다고 하지만, 마리 퀴리가 나타나기까지 세상에 알려진 여성 과학자는 히파티아뿐이었다.

히파티아는 아리스토텔레스의 여성혐오주의가 깊이 뿌리내린 시대에 태어났다. 당시에 여성은 한 몫의 인간에 미달하는less than fully human 존재로 여겨졌다. 그러나 그는 최상의 교육을 받았고, 이 책에 시종일관 거듭될 상황이지만, 그가 그렇게 드문 행운을 누릴 수 있었던 것은 아버지 테온Theon의 계몽된 태도 덕분이었다. 수학자이자 천문학자였던 테온은 몸소 딸을 가르쳤다. 실로, 20세기까지도, 거의 모든 수학적 여성은 남자 친척, 대개 아버지나 남편에게서 교육받았다. 전설에 따르면, 테온은 자기 딸을 완전한 인간으로 만들기로 결심했다고 하며, 고대 자료들에 따르면 히파티아는 현명하고 교양 있고 정숙하고 아름다웠다고 한다. 아버지의 뒤를 따라, 그는 수학 및 철학 교사로 이름을 날리게 되었다.

4세기 무렵에는 종교적 분파주의가 점차 강해져서 그리스도인, 유대인, 이교도 들은 제각기 다른 학교에 다니게 되었지만, 히파티아는 누구나 받아들여 가르쳤으며, 그의 집은 학자들이 철학적, 과학적 문제들을 토론하러 모이는 장소가 되었다. 히파티아는 가르치는 일 외에 수학에 관한 책들도 썼다. 당시의 통례대로, 그런 책들은 대개 이전의 수학적 거인들(에우클레이데스Eukleides[유클리드], 아폴로니오스Apollonios, 디오판토스Diophantos 등)의 저작을 주해하는 형식을 취하고 있었다. 히파티아는 자신의 책들을 통해 옛날 문제들에 대한 새로운 해법을 제시했고, 똑똑한 학생들에게 자극이 될 새로운 문제들을 내기도 했다. 또한 아버지의 수학책과 천문학책 집필을 도와서 천체 도표들을 만들기도 했다. 이런 이론적인 업적 외에도, 역학과 실용 기술에 관심을 두고 여러 과학 도구를 고안했으며, 그중에는 시간이나 태양 및 별과 행성 들의 위치 측정에 쓰이는 수평 천체관측의도 있었다.

　4세기의 알렉산드리아는 그리스 수학과 과학의 마지막 중심지였을 뿐만 아니라, 그와 무관하지 않겠지만, 로마제국 말기에 다시금 일어난 피타고라스주의의 중심지이기도 했다. 히파티아는 이른바 신플라톤주의로 알려진 이 운동에 속해 있던 많은 지식인의 하나였다. 신플라톤주의 시대는, 앞서도 언급했듯이, 후세의 추종자들이 피타고라스주의를 그리스도교에 대한 그리스적 대안으로, 사모스섬의 현인 피타고라스를 그리스도에 대한 합리적 대안으로 내세우던 시기였다. 고대 주석가 이암

블리코스와 포르피리오스가 자신들의 책을 쓴 것도 다분히 그런 의도에서였다.* 그리하여 신플라톤주의는 그리스도인들에게 경쟁 종교로 인식되었고, 또 사실상 그러했다.

412년에는 열광적 그리스도인인 키릴로스[시릴Cyril]가 알렉산드리아의 주교가 되어, 유대인과 신플라톤주의자 들을 몰아내려는 운동을 벌였다. 신플라톤주의의 두드러진 일원이었던 히파티아도 눈총을 받았고, 그리스도교로 개종하기를 거부한 끝에, 415년 그리스도교 열성분자들에게 붙들려 마차에서 끌어 내려져 맞아 죽었다. 5세기 작가가 전하기로는, "그들은 히파티아를 발가벗기고, 몸에서 숨이 떠나기까지 날카로운 조개껍데기로 살가죽을 벗겨내고 살을 도려냈다. 그들은 그의 사지를 찢어 키나리온 광장으로 가져다가 태워버렸다."[21] 그런 분위기였으니, 신플라톤주의는 살아남지 못했고, 그와 함께 고대 과학의 마지막 단계도 종말을 고하게 되었다. 히파티아의 죽음은 고대 과학의 해체를 상징한다고 하겠다. 이로써 한 남자의 탄생과 더불어 시작되었던 그리스 수리과학의 위대한 시대는 한 여자의 죽음으로 막을 내리게 되었다.

* 두 사람 다 신플라톤주의 철학자이다.

2장 수학자로서의 신

그리스도교 서구의 지성사는 판이한 두 역사, 남자와 여자의 역사이며, 중세 전성기High Middle Ages(대체로 1100-1400년)만큼 성별 간 지적 경험의 격차가 현저했던 시기도 없다. 이 시기에는 그리스 수학과 과학의 부흥이 일어나는 한편, 여성의 학문할 권리는 거의 완벽히 박탈되었다. 그러므로 중세 전성기는 승리의 시대이자 수치의 시대이다. 그러나 이 특이한 시대의 양면성을 이해하려면 우리는 좀 더 이전, 히파티아의 죽음 이후 오래지 않은 시기로 거슬러 가볼 필요가 있다. 이른바 암흑기라는 이 시기에는 교회가 고대 지식의 부흥과 여성 교육의 진로에 관해 중요한 역할을 했다. 이후 학문 세계에서 여성이 소외되는 것은 결코 당연한 귀결이 아니었으니 말이다. 사태가 달리 전개될 수도 있었다는 것, 여성도 중세의 "문예 부흥"에 한몫할 수 있었다는 것, 다시 말해 수리과학 부흥에 참여할 수 있었다는 것은 이전의 몇백 년 동안 여성에게 기회가 열려 있었던 사실을 보면 알수 있다.

그리스도교의 처음 천 년은 여성에게는 절대적 암흑기로 간주하곤 한다. 물론, 교부敎父 중에 여성혐오적 견해의 예를 찾기는 쉽지만, 그렇다고 중세 초기 여성에게 힘이나 발언권이 전혀 없지는 않았다. 실로, 처음 천 년 동안의 교회는 이후의 교회와 같은 획일적 조직은 아니었으며, 각국의 그리스도인은 다양한 방식으로 신앙을 표현할 수 있었다. 가령, 그리스도교 초기에는 여성과 남성이 함께 살고 공부할 수 있었으며, 7-8세기만 해도 영국, 스페인, 프랑스, 이탈리아, 독일, 아일랜드 등지에 여성과 남성을 가리지 않고 받아들이는 이중 수도원 전통이 있었다. 비록 생활 구역은 분리했지만, 여성과 남성이 학교와 필사실筆寫室을 공유했고, 성무聖務에도 함께 참여했다. 이런 이중 수도원 중 몇몇은 학문의 중심지로 이름 높았으며, 수도원장이 여자인 경우도 드물지 않았다.

아일랜드에서는 성聖 브리지트Saint Brigit가 5세기 초에 킬데어에 이중 수도원을 설립했, 영국(전통이 유달리 강한 곳이다)의 엘리 대성당이 있는 자리는 7세기에 설립된 또 다른 이중 수도원이 있던 곳이다. 이곳에서는 설립자인 에텔드레다Etheldreda와 그 자매 섹스부르가Sexburga, 섹스부르가의 딸 에르멘질다Ermengilda, 에르멘질다의 딸 베르부르가Werburga 등 여성 수도원장으로 대를 이었다. 이런 수도원의 모계母系 질서는 중세 초기 그리스도교 사회가 전형적인 "암흑기" 개념이 시사하는 것보다 훨씬 더 유동적이고 복잡했음을 보여준다. 여성 수도원장이 자기 딸에게 직위를 물려줄 수 있었다는 사실은 오늘날 그리스도교 교회에서 승인하는 것과 근본적으로 다른 종교 공동체 모델을 시사한다. 노섬브리아의 에드윈Edwin 왕의 종손녀 힐다Hilda는 휘트비Whitby에 이중 수도원을 세웠으며, 훗날 이곳은 영국 전체의 교육 중심지가 되었다. 적어도 장래의 주교 다섯 명이 거기서 교육받았고, 수사뿐 아니라 수녀도 그리스어와 라틴어를 공부했다. 역사가 수잰 웜플에 따르면, 이중 수도원들은 "남녀공학 학교"와 같은 역할을 했으며, 그럼으로써 초기 그리스도교 공동체의 공부 모임에서 내려오는 전통을 이었다고 한다.[22] 이중 수도원보다 더 중요한 것은 중세 초기의 많은 수녀원이었으며, 이들은 유럽 전역에서 여성 교육의 장이 되었다.

그러나 8세기 말, 그리스도교 문화의 새로운 요소가 여성의 교육받을 기회를 위협하기 시작했다. 이전부터도 여성과 남성의 교육받을 기회는 동등하지 않았지만, 이때부터 성별 간 지적 격차는 더 벌어졌다. 이 과정의 첫 단계는 카롤링거 제국(현대 프랑스, 벨기에, 네덜란드, 스위스 전역과 독일, 오스트리아, 이탈리아 일부를 포함했다)의 카롤루스Carolus대제(742-814) 치세에 이미 시작되었다.

8세기 말에 카롤루스대제는 교회가 국가의 영적 토대 구실을 좀 더 잘할 수 있도록 자신의 제국 안에서 성직 개혁에 착수했다. 카롤루스대제는 훌륭한 성직자란 좀 더 훌륭한 교육을 받은 성직자여야 한다는 것을 깨달았고, 그래서 제국 전역의 대성당과 수도원 들에 학교를 세우라는 명령을 내렸다. 이런 거국적 개혁안은 카롤링거왕조르네상스를 촉진했고 서구의 학문 부흥을 선도했다. 그러나 이런 개혁은 성직자들을 겨냥한 것이었던 만큼, 새로운 학교들은 성직을 지망하는 소년과 남자에게만 입학을 허용했고, 소녀와 여성은 새로운 학교에 다닐 수 없었다. 교회 안 남성에게 새로운 교육 기회가 생겨나는 동안, 여성의 종교 공동체들은 주교의 엄격한 감독을 받게 되었고, 이런 공동체 안 여성은 갈수록 수도원에 칩거하는 사례가 늘어났다. 그 결과, 여성 종교 공동체들의 힘과 영향력은 쇠퇴하기 시작했다.

카롤링거 제국은 9세기 말에 붕괴했고, 따라서 카롤루스대제의 개혁 운동도 물거품이 되었지만, 그래도 강력한 선례가 되었다. 11세기에, 교황청은 자체적 개혁 운동을 시작했으며, 이번에는 추진력이 교회에서 나온 만큼, 개혁도 더 오래 이어졌다. 그레고리우스 개혁의 주요 목표 중 하나는 교황청의 권력을 강화하고 교황을 라틴 그리스도교 세계 전체에 군림하는 절대적 권위로 만드는 것이었다. 그렇게 되면 교황은 사실상 유럽의 황제, 신성 황제가 될 것이었다. 개혁을 추진하는 교황들은 교회 체제 전반에 걸쳐 중앙화된 위계질서를 수립했고, 그러기 위해 지방 주교의 권력을 박탈하여 로마로 이양했다. 수도원들이 더는 이전처럼 자율성을 누릴 수 없었고 표준화된 행동 규범을 따라야만 했다. 다시금, 개혁은 여성 종교 공동체들의 자율과 행동을 엄격히 제한하는 역할을 했다.

카롤루스대제의 선례를 따라, 교황 그레고리우스 7세('그레고리우스 개혁'이란 그의 이름을 딴 것이다)도 교육이야말로 성직자 개혁의 관건임을 깨달았고, 1078년 모든 주교는 자기 교회에서 "문예arts of letters"를 가르쳐야 한다는 명령을 내렸다. 한 세기가 지난 뒤인 1179년과 1215년의 제3차, 제4차 라테란공의회는 "모든 대성당 교회cathedral church는 교회 안 성직자와 가난한 학자에게 무상 교육을 제공할 교사를 두어야 한다"라는 지시를 내렸다. 이런 성당학교들이 12, 13세기의 교육적 중심이 되었는데, 성직자를 훈련하고자 설립했던 만큼 여성은 입학할 수 없었다. 결과적으로, 카롤링거 개혁과 그레고리우스 개혁은 여성을 학문과 교육의 주류에서 소외하고 말았다. 여전히 수녀원에서 교육받는 여성이 드물게나마 있기는 했지만, 교육 수준에서 수녀원은 성당학교와 비교가 되지 못했다. 그리하여 시간이 지날수록 성별 간 교육 격차는 크게 벌어졌고, 여성은 점점 더 뒤처지기만 했다.

여성을 교육의 주류에서 소외하는 데 중요한 역할을 한 것은 라틴어 채택이었다. 카롤루스대제는 라틴어를 교회 학문의 공식 언어로 삼도록 명령했고, 소년은 성당학교에서 여러 해 동안 라틴어 문법과 어휘를 배웠다. 라틴어는 살아 있는 언어가 아니었으므로, 라틴어를 익히려면 공식 교육을 받는 수밖에 없었는데, 여성은 공식 교육을 받을 기회가 주어지지 않았다. 실로, 역사가 월터 옹의 지적대로 라틴어 사용은 "그것을 아는 자와 알지 못하는 자 사이의 극명한 구분"을 가져왔다.[23] 라틴어는 엘리트 집단의 "비밀 언어"로서, 성직자를 다른 모든 사람과 구별했다. 따라서 대개의 남성도 이 집단에서 배제되기는 했지만, 여성은 성직자가 될 수 없었으므로 여성이라는 사회집단 전체가 배제된 것이었다. "폐쇄된 남성적 환경을 유지하는 데 라틴어의 심리적 역할을 간과해서는 안 된다"라고 옹은 단언했다.[24] 그것은 실제로 "남성만이 사용하는 반성(伴性)적 언어"가 되었다.[25]

중세 후기 동안에 학문 세계에서 여성 역할의 쇠퇴는 당대의 가장 유명한 종교계 여성 두 명의 사례에서 분명히 드러난다. 그 두 사람은 10세기 수녀 흐로츠비트 폰 간더스하임Hrotsvit von Gandersheim과 12세기의 수녀원장 힐데가르트 폰 빙겐Hildegard von Bingen(1098-1179)이다. 흐로츠비트는 중세 후기 동안 유명했던 극작가이자 시인으로서 유럽의 가장 뛰어난 여성 문인 중 한 사람이었다. 그의 저작들은 당시 수도원의 조야한 수학 지식을 보여준다. 흐로츠비트는 그 시대의 기준으로는 박식한 인물이었지만, 작품 서문에서 부단히 자신을 변명함으로써 감히 글을 쓰는 여성에 대한 당대의 지배적 태도가 어떤 것이었던가를 통렬히 드러낸다. "나는 내 서투름 때문에 글쓰기를 금지당할까봐, 내 충동과 의도를 현명한 이들 중 아무에게도 드러내놓지 않았다. 그래서 전적으로 은밀하게, 말하자면 몰래 …… 조금이나마 유용한 글을 쓰고자 최선을 다했다."[26] 또 다른 글에서는 자기의 글재주가 그 자신이 아니라 신에게서 직접 나온다고 선포함으로써 감히 글을 쓴다는 행위를 정당화하기도 했다.[27]

두 세기 후, 작센의 수녀원은 중세 여성 종교인 가운데 가장 유명한 힐데가르트 폰 빙겐을 낳았다. 라인란트의 귀족 가문에서 열 남매 중 막내로 태어난 힐데가르트는 아주 일찍부터 종교적 성향을 보였으며, 불과 여덟 살에 디시보덴베르크Disiboden-berg에 있던 베네딕트회 수녀원으로 보내졌다. 거기서 여성 은수자隱修者 유타Jutta에게 지도받았고 1136년 유타가 죽은 후 그 뒤를 이어 수녀원장이 되었다. 긴 생애 동안 힐데가르트는 많은 글을 썼는데, 그중에는 의학과 자연과학에 관한 책 두 권을 비롯해 자신의 환시vision를 묘사한 책 두 권, 성인전 두 권, 시편 주해서, 희곡, 그리고 자신이 발명한 비밀 언어에 관한 책도 있었다. 또한 재능 있는 화가이자 작곡가로서, 드물게 아름다운 전례가와 찬가 들을 남겼다.

힐데가르트는 자신의 엄청난 창조력의 원천은 평생 체험했던 강렬한 환시들이었다고 했다. 다섯 살 때부터 경험하기 시작한 환시를 계속 비밀에 부치다가, 마흔두 살 때에야 환시의 내용을 공개하는 것이 신의 뜻이라고 명하는 강한 내적 음성에 따르게 되었다. 힐데가르트는 그 체험을 이렇게 묘사했다. "하늘들이 열리더니, 번쩍이는 빛이 불꽃 튀는 거대한 흐름을 쏟아내며 머릿속으로 뚫고 들어와 심장과 가슴에 불을 붙였다. 그것은 태양이 그 빛이 닿는 대상을 따뜻하게 하듯이, 타지 않으면서 열을 내는 불이었다. 그러면서 문득 성서의 의미가 …… 내게 계시되었다."[28] 신의 계시를 받았다는 힐데가르트의 주장은 교황 위원회의 조사를 받았고, 교황 에우게니우스 3세는 그가 경험한 환시들이 진짜라고 인정했다. 이 승인으로 힐데가르트는 저명

인사가 되었고, 전 유럽으로 영향력을 뻗쳤다.

하지만, 역사가 데이비드 노블에 따르면 힐데가르트의 "현저한 명성은 동터오는 중세 전성기의 새로운 지적 기준보다는 초대 그리스도교의 복음적 기준에 따르고 있었다."[29] 그처럼 재능이 있었음에도, 이 총명한 여성은 성당학교들에서 발흥하는 새로운 학문의 영역 바깥에 남아 있었다. 힐데가르트 자신은 항상 못 배운 여성을 자처했으며, 자신의 지식은 정식 학문이 아니라 자신이 본 환시에서(즉 신에게서) 비롯했다고 말했다. 흐로츠비트와 마찬가지로, 힐데가르트도 자신이 쓴 글의 주체가 아니라 "신의 작은 나팔"이라는 견해를 밝혔다. 역사가 거다 러너의 지적대로, 이후의 많은 중세 여성은 이런 공식 견해를 밝히게 될 터였다.[30] 자신들의 목소리로 당당히 말할 수 없었으므로, 중세 여성들은 자신들의 말을 지고의 존재의 권위로써 정당화했다. 그러나 러너가 강조하듯이 그런 방도에도 위험이 전혀 없지는 않았다. 주님을 불러내는 데도 위험이 있었는데, 그 대표 사례가 잔 다르크Jeanne d'Arc(1412-1491)였다. 그 또한 환시를 보았고, 열아홉 살에 이단자로 몰려 화형당했다.

그레고리우스 개혁이 여성의 교육받을 기회를 차단하게 된 또 다른 사정은 개혁자들이 성직자의 정절을 강화하기로 한 데 있었다. 오늘날의 로마가톨릭교회와는 대조적으로, 그리스도교의 처음 천 년 동안은 많은 사제가 아내나 정부를 두었고 자녀를 낳았다. 독신주의는 수도원 운동에서 나온 것으로, 본래 극단적 구도 자세로 여겨졌다. 그러나 처음 천 년이 끝나갈 무렵,

점차 모든 성직자에게 정절을 강요하는 조처들이 생겨났다. 그레고리우스 개혁 이전에는 이런 시도들이 대개 실패했고 많은 성직자가 공개적으로 처자를 거느리기를 계속했지만, 교황 그레고리우스 7세가 즉위(1073)하면서부터 강경한 수단들이 동원되었다. 결혼한 성직자들은 이제 환속을 강요받거나 투옥되었다. 그레고리우스는 귀족들에게 결혼한 성직자(더는 사제로 인정되지 않았다)들의 땅을 빼앗아도 좋다고 했으며, 많은 귀족이 기꺼이 그 기회를 잡았다. 결혼한 사제 가운데 목숨을 잃은 사람도 있었다. 그러니 당연히 독신주의가 규범화될 수밖에 없었다. 반면, 정교회 사제는 여전히 결혼할 수 있었다.

그레고리우스 개혁을 추진하는 이들이 독신주의를 의무화하기로 한 데에는 여성혐오 그 자체보다는 교회 재산을 축적하고 합병하려는 야심이 더 크게 작용했다. 성직자에게 가족이 없으면 땅이나 다른 재산을 요구할 자녀도 없게 되며, 따라서 재산은 모두 교회로 돌아간다. 이런 정책의 한 가지 불운한 부산물이 성직 사회 내의 여성혐오였으며, 이는 곧 학계 전반으로 퍼져갔다.

13세기 들어 최초의 대학들이 문을 열기 시작했다. 1190년경에 볼로냐 대학, 1200년경에 파리 대학, 1210년경에 옥스퍼드 대학이 문을 열었다. 이 새로운 고등교육기관들은 성당학교 제도에서 발전했고, 성당학교들처럼 남성 성직자를 모집하고 양성하는 것이 목표였다. 그러므로 여성은 이들 대학에 다닐 수 없었다. 그러나 여성이 대학에 갈 수 없었던 것은 성당학교에

갈 수 없었던 것보다 훨씬 더 중대한 결과를 가져왔는데, 당시 대학은 고대 그리스인의 유산이 부흥하는 중심지이기도 했기 때문이다. 여성이 대학에 다닐 수 없었다는 것은 중세 전성기에 일어난 철학과 수학의 부흥에서 사실상 소외되었다는 의미이기도 했다. 실로, 19세기 말까지 이런 분야들에서 학계에 참여한 여성은 극소수였다. 아주 드문 예외를 제외하고 19세기 말까지 여성은 남성만의 이 성역에 들어갈 수 없었고, 대학의 많은 학과는 20세기에 이르러서야 여성을 받아들였다.

대학들이 성직자 양성기관이었던 만큼, 학자들도 독신으로 살 것이 기대되었다. 하지만, 아이러니하게도 역사가 윌리엄 클라크가 지적했듯이, 유럽의 매춘 증가는 대학 발전과 긴밀히 연결되었다. 클라크에 따르면, "유럽에서 매춘이 일반적으로 용인되기 시작한 것은 12세기"였으며, 당시 많은 사창가가 대학 가까이에 형성되었으며, 주 고객은 학생이었다.[31] 하지만, 대학 사회에서 여성이 완벽히 배제되지 않았다고 하더라도, 옥스퍼드 부주교 월터 맵Walter Map의 저 유명한 결혼 반대론이 인기를 누렸던 데서도 드러나듯, 상아탑에서 여성을 보는 지배적 시각은 전혀 긍정적이지 않았다. 맵은 이렇게 썼다. "여성이 다니는 길은 아주 여러 갈래지만, 어떤 길로 돌아다니든, 그 어떤 전인미답의 경지를 유람하든, 여성의 모든 행로에는 단 하나의 출구, 단 하나의 목표, 그 모든 차이에도 단 하나의 주요한 공통점이 있으니, 바로 사악함이다."[32] 그러므로 창녀를 찾아갈 수는 있었지만, 일반 여성은 멀리해야 하는 것이었다. 1290년 파리의 한 이혼한 학자는 자기 아내와 화해하지 않겠다고 서약해야 했으며, 만일 화해한다면 그는 가르칠 권리를 잃게 될 터였다. 파리 대학의 "아버지" 피에르 아벨라르Pierre Abélard(1079-1142)는 엘로이즈Héloïse와 비밀리에 결혼한 사실이 폭로되자 성난 폭도들에게 거세당했다. 대학의 독신주의는 길고 파란만장한 역사로 이어졌다. 이탈리아에서는 일찍이 15세기부터 결혼한 교수들이 있었지만, 영국의 옥스퍼드와 케임브리지 대학의 연구원 fellow들은 1882년에야 비로소 결혼할 수 있게 되었다.[33]

중세 교수는 가족을 꾸릴 수 없었으므로(적어도 합법적 결혼은 할 수 없었으므로) 공식적으로는 자녀도 없었다. 그러니, 중세에 테온 같은 인물이 있었더라도 자기 지식을 마음껏 가르칠 히파티아 같은 딸은 있을 수 없었다. 대학의 독신주의 방침 탓에 여성은 간접적으로 지식을 접할 길마저 잃었다. 수학적 여성에게 이는 큰 손실이었다. 대학은 수학 교육을 받을 수 있는 유일한 장소였기 때문이다. 페미니스트 역사가들의 고증에 따르면, 과학 대부분이 처음 생겨나던 시절에는 여성이 참여했고, 실상 많은 과학은 여성이 적극적 역할을 하던 가내수공업 전통에 기초해 있었다고 한다.[34] 물리학만 예외였던 것은 물리학이 어떤 수공업에서 나온 것도 아니었기 때문이다. 중세 물리학은 순전히 대학이라는 신권주의적 환경에서 발흥했고, 훗날 물리학이 대학 사회 바깥으로 발전해갔을 때도 물리학자는 여전히 대학에서 훈련받아야 했다. 수학 교육이 대학과 결부되어 있었으므로, 여성의 대학 입학이라는 문제가 해결되기까지, 여성은 물리학 분야에서 거의 전적으로 배제되었다.

새로 설립된 대학들의 주요 목표 중 하나는 서구로 돌아오던 고대 문서의 연구였다. 10-12세기 사이에, 그리스 저작 대부분이 (이슬람 학자들이 전수했던 만큼, 주로 아랍 세계에서) 재발견되었다. 그리하여 13세기 초 유럽 학자들은 그리스-로마의 과학 지식 대부분을 회복하고 있었다. 당연한 일이지만, 이 고대 지식의 유입은 새로운 과학 활동에 불을 붙였으니, 작은 과학혁명이라고 할 수 있다. 13세기 동안에 알베르투스 마그누스Albertus Magnus(1200-1280)는 물리학, 천문학, 금속학, 생리학, 심리학, 의학 등에 관한 책을 썼고, 로버트 그로스테스트Robert Grosseteste (1168-1253)와 로저 베이컨Roger Bacon(1220-1292)은 렌즈와 거울을 연구하여 새로운 광학 이론을 제출했다. 13세기 과학의 활기를 입증하는 대표적인 인물은 페트루스 페레그리누스Petrus Peregrinus*로, 그는 복잡한 실험을 거쳐 자기磁氣의 기본 원리를 (흔히 16세기에 발견한 것으로 알려졌지만) 발견하기에 이르렀다.

그리스 세계에서도 그러했듯이, 13세기 과학의 핵심은 아리스토텔레스의 저작이었다. 모든 고대인 중에서도 아리스토텔레스는 단연 많은 작품을 썼고, 그의 저작뿐 아니라 많은 주석가의 저작량만 보더라도 그의 종합적인 과학적 세계관이 압도했다는 사실을 알 수 있다. 아리스토텔레스는 우주론뿐 아니라 생물학과 물리학도 완비全備하여 제공했다. 역사상 다른 어떤

---

* "순례자 페트루스"라는 뜻. 일명 Peregrinus de Maricourt.

과학자도 그렇게 넓은 영역을 다루지는 못했으며, 그리스인과 마찬가지로 중세인도 그의 설득력에 굴복했다. 아리스토텔레스적 사고방식은 17세기까지도 유럽 과학을 지배하게 될 터였다. 이 위대한 논리학자가 중세인에게 호소력을 지녔던 중요한 이유는 그의 사상이 여러 면에서(그의 과학이 지닌 목적론적 성격은 물론이고) 그리스도교와 조화를 이룬다는 것이었다.

아리스토텔레스의 우주론에 따르면, 만물은 그 내적 본질에 적합한 이상을 지향한다. 가령, 돌멩이가 땅에 떨어지는 것은 돌멩이가 본래 거기서 나온 땅으로 돌아가고자 하기 때문이고, 천체가 원을 그리며 운행하는 것은 원이야말로 가장 "완전한" 형태이므로 천체들의 천상적 성격에 가장 적합하기 때문이라는 것이다. 살아 있는 것들도 그들 내부에 잠재하는 것을 실현하고자 분투한다. 가령, 도토리의 목표는 도토리나무이며, 따라서 도토리는 가능한 최선의 도토리나무가 되고자 한다. 마찬가지로, 인간의 영혼은 그 잠재적인 완전성을 실현하고자 분투한다. 이런 목적론적 세계관은 그리스도교와 쉽게 조화되었는데, 신을 사물이 내재적 완전성을 이루게 하는 "힘"으로 간주할 수 있었기 때문이다. 토마스 아퀴나스Thomas Aquinas는 아리스토텔레스 철학을 그리스도교 교의에 통합했고, 신학과 자연과학은 위대한 종합을 이루게 되었다. 아리스토텔레스는 그리스도교화되었고, 그리스도교는 아리스토텔레스화된 것이다. 자연과학을 이제 그리스도교적 구도構圖 안에서 연구할 수 있게 되었고, 이후 4세기 동안 그러할 것이다.

하지만 아리스토텔레스 과학이 지배하는 것과 동시에 피타고라스적 과학 경향, 즉 세계를 수학의 언어로 묘사하려는 경향도 되살아났다. 이런 부흥 또한 그리스 저작의 재발견 덕분에 이루어졌다. 중세 유럽인은 아리스토텔레스의 저작과 함께 고대 수학자 및 천문학자의 저작도 재발견했고, 10세기 이후로 계속 천문학 문헌과 천문학의 실제적 이용을 용이하게 해주는 수학적 문헌을 되찾으려는 각별한 노력이 있었다. 이 방면에 역점을 두었다는 것은 종교적 일정을 결정하고자 천체 운동을 정확히 이해할 필요가 있었다는 사실을 반영한다. 예컨대, 부활절 날짜는 해와 달의 주기와 결부되어 있었다. 그리스 수학 유산의 이런 재발견에 상응하여, 그리스도교의 무의식 속에는 신플라톤주의적 피타고라스 정신 또한 자리 잡기 시작했다. 다시금 철학자들은 만물이 수라는 생각에 끌리게 되었다. 피타고라스의 말을 다소 바꾸어, 12세기의 신플라톤주의자였던 티에리 드 샤르트르는 "수의 창조는 만물의 창조였다"라고 썼다.[35]

사실상, 피타고라스 정신이 부흥할 터전은 12세기보다 훨씬 이전에 마련되었다. 가장 위대한 교부였던 아우구스티누스 자신이 신플라톤주의에 깊이 빠졌던 적이 있으므로, 그의 신학에는 그런 요소가 적지 않았다. 비록 그리스도교의 처음 천 년 동안 서구가 수학과 단절되어 있었다고는 하나, 광대한 우주적 조화라는 피타고라스적 개념은 줄기찬 영향력을 행사했다. 그러므로 마침내 수학이 재발견되었을 때는, 피타고라스 정신이 더 풍성히 피어날 비옥한 토양이 마련되어 있었던 셈이다. 이런 정신은, 중세 말기에는, 성서의 신을 신적인 수학자로 재정의하는 형식을 취하게 되었다. 피타고라스적 신조를 지닌 그리스도인들은 신을 수학적 창조주로 개조했다. 13세기 신학자 로버트 그로스테스트의 "신은 만물을 수와 중량과 길이에 따라 배치했다"라는 말은 이런 경향을 잘 보여준다.[36] 그로스테스트는 또한 신을 "최초의 측량자"라 일컫기도 했다.[37] 여기서 우리는 피타고라스를 그리스도교화할 뿐 아니라 그리스도교를 피타고라스화하는 과정이 시작되었음을 볼 수 있다. 이처럼 피타고라스적인 그리스도교에서 마침내 물리학이라는 학문이 생겨날 터이다. "과학혁명"이 일어나기 500년 전에, 근대 물리학의 씨앗은 신학적 혁명 속에서 싹트고 있었다.

이런 운동에 앞장선 것은 방금 언급했던 로버트 그로스테스트였다. 그는 최초의, 그리고 아마도 가장 심오한 중세 과학 사상가일 것이다. 청년 시절에 그로스테스트는 옥스퍼드 성당학교에서 공부했으며, 그것이 옥스퍼드 대학이 된 다음에는 1215년 그 초대 학감이 되었다. 아리스토텔레스의 『자연학(물리학)』 *Phusike akroasis*에 대한 그리스도교적 주해를 쓴 최초의 학자 중 한 사람이었으면서도, 그로스테스트는 신플라톤주의의 영향도 받아 중세 최초의 수리과학 지지자가 되었는데, 이후 2세기 동안 옥스퍼드가 그 분야에서 선두에 섰던 것은 그에게서 시작된 전통 덕분이었다. 1221년에 그는 학감직을 떠났으나, 대학과 유대는 지속되었다. 그는 옥스퍼드에 있던 프란체스코 수도회의 초대 강사가 되었고, 링컨 주교가 되었을 때는 마침내 대학에 상당한 영향력을 행사할 수 있게 되었다. 옥스퍼드는 링컨 주교구 소속이었고 교구 내 학교들은 주교의 관할하에 있었기 때문이다.

오늘날 그로스테스트는 주로 과학사에서 기억되고 있으나, 그는 자신을 무엇보다도 교회의 종복으로 여겼다. 13세기 초에, 그레고리우스 개혁을 초래했던 문제점들은 여전히 남아 있었고, 그로스테스트는 당대의 가장 열성적인 개혁자 중 한 사람이었다. 특히 그는 정절을 강조했으며, 학감으로서나 주교로서나 그는 자신의 관할하에 있는 학자와 성직자의 엄격한 정절을 요구했다. 모든 탈선은 엄하게 처벌되었으며, 성관계를 맺은 것으로 의심되는 수녀는 특히 심한 벌을 받았다. 당시 기록에 따르면, 이 박식한 주교는 정기적으로 신부들을 시켜 수녀들에게서 젖이 나는지 짜보게 했다고 한다. 그럼으로써 그로스테스트는 "누가 타락했는가를 발견"할 수 있다고 믿었다.[38] 그는 또한 여성이나 가족이 완벽히 배제된 생활을 이상으로 삼았으며, 그가 그린 완전한 지식인 공동체란 전적으로 남성적인 세계였다. 그래서 그는 피타고라스-플라톤적 형이상학을 구축하면서도, 여성에 관해서는 아리스토텔레스(여성이란 정신적으로 불완전하며, 한 몫의 인간에 미달하는 존재라고 보았던)의 편을 들었다. 여성에게 정신적 결함이 있다는 생각은 이후 세기 동안 여성이 대학 즉 수학 교육의 중심지로 나아가는 것을 막는 또 다른 걸림돌이 되었다.

처음부터 그리스도교적 수학적 인간의 세계상은 그의 신학과 밀접히 결부되어 있었다. 그로스테스트의 빛의 형이상학에서 우리는 수학적-그리스도교적 우주론을 완전하게 표현한 최초의 예를 보게 되는데, 거기에는 이미 근대의 수학적 세계상의 요소들도 들어 있다. 그로스테스트에 따르면 우주는 한 점의 원초적 빛, 즉 신적 광명lux에서 발원했고, 눈에 보이는 빛은 그 물리적 구현이라고 한다. 그런데, 빛의 결정적 양상은 촛불의 불빛이 그렇듯 퍼져나가는 것이므로, 이 원점은 곧 팽창하기 시작하여 둥그런 우주를 형성한다는 것이다. 신적 능력의 최초 발현인 광명이야말로 삼라만상의 궁극적 원인이며 세계의 근원적 힘이라는 것이 그로스테스트의 믿음이었다. 인간은 신적 광명을 직접 연구할 수는 없지만, 그 물리적 구현인 빛을 연구할 수는 있었다. 그러므로 그로스테스트는 빛을 자연계의 운행을 이해하는 관건으로 보았다. 나아가, 그리스인은 빛이 유클리드 기하학 법칙에 따라 이동한다고 했으므로, 빛에 대한 이해가 모든 자연의 영향력 또는 이른바 힘을 이해하는 본보기가 되리라고 결론지었다. 이 책의 뒷부분에서 보겠지만, 이런 생각은 오늘날 수학적 인간의 생각과 크게 다르지 않다. 우리 시대 물리학자가 자연의 힘들을 이해하고자 탐색할 때도, 대체로 빛을 본보기로 삼는다.

그로스테스트는 그의 형이상학을 실제적으로 원용하여, 광학을 발전시킨 최초의 중세인 중 한 사람이 되었다. 특히 그는 무지개의 형성에 대한 통찰에서 큰 성과를 남겼다. 많은 고대 및 아랍 철학자가 이 신기한 광학 현상을 연구 대상으로 삼았지만,

그는 무지개를 반사가 아니라 빛의 굴절(물속의 물체가 실제보다 짧아 보이는 것과 같은 현상) 때문에 일어난다고 주장했다. 그의 주장은 다른 학자들에게 영감을 주었으며, 14세기 초 디트리히 폰 프라이베르크는 무지개에 대한 세련된 기하학적 설명을 얻어내기에 이르렀다.[39] 그리하여, 신학적 형이상학에서 근대 광학이 생겨났다.

중세의 모든 수학적 인간 중 가장 유명한 인물은 그로스테스트의 제자였던 13세기 프란체스코회 수도사 로저 베이컨이었다. 그로스테스트와는 달리 베이컨은 물리 세계에 대한 수학적 이해에 이렇다 할 기여한 바 없으며, 새로운 과학에 대한 열정으로 더 잘 알려져 있다. 평생토록 베이컨은 수학과 실험과학의 지칠 줄 모르는 지지자였으며, 교황 클레멘스 4세를 위해 쓴 그의 3대 저서는 성직자들에게 수학과 자연철학의 진정한 가치를 설득하려는 열정적인 시도였다. 많은 학자가 그리스 학문을 받아들이고는 있었지만, 13세기까지도 어떤 신학자들은 그리스도교에 이 이교 사상을 영입하는 데 반대하고 있었고, 그래서 베이컨은 이런 반대자들에 맞서는 옹호자의 역할을 자임했다.

교황에게 과학의 가치를 설득하고자 베이컨은 과학으로 온갖 경이로운 도구를 발명함으로써 인간 생활을 개선할 수 있으리라고 단언했다. 그러면서 그는 하늘을 나는 기계, 제힘으로 가는 차량, 무거운 물체들을 들어 올리는 기계, 꺼지지 않는 등불, 폭발시키는 가루, 햇빛을 모아 멀리 있는 적의 진영을 태워버릴 수 있는 렌즈 등을 상상했다. 그로스테스트를 뒤이어 그는 노인이나 눈이 나쁜 이의 시력을 증진하고, 멀리서도 작은 글씨를 읽을 수 있게 하고, 모래 알갱이들을 헤아릴 수 있을 만큼 물체를 확대하는 등의 광학 기구들을 상상했다(망원경과 현미경을 예견한 공은 베이컨과 그로스테스트에게 있다). 베이컨에 따르면, 과학으로 농업과 의학 분야 또한 개선할 수 있고, 생명을 연장하는 영약을 만들어낼 수 있을 것이었다.[40]

하지만, 이처럼 놀라운 발명들보다도 베이컨이 과학의 으뜸가는 가치로 내세운 것은 "신학의 시녀"라는 점이었다. 흔히 알려진 것과는 달리, 그는 결코 과학과 교회를 대결시키지 않았고 과학이 그리스도교에 봉사할 수 있는 방도들을 길게, 때로는 우스꽝스러운 예까지 들어가며 열거했다. 가령, 그는 과학이 위도와 경도를 좀 더 정확히 결정함으로써 이스라엘의 열 부족과 심지어 적敵그리스도의 위치를 알아내는 데 쓰일 수 있으리라고 했다. 또, 광학 기구들로 불신자를 겁줄 수도 있고, 과학이 성서 해석을 도와 신앙 내용을 증명할 수도 있으리라고 했다. 끝으로, 과학은 개종에도 쓰일 수 있다고 했으며, 이는 성직자에게 상당히 흥미로운 점이었다.

결국 베이컨이 가장 영향력을 미친 것은 이 방면에서였다. 그는 만일 화가들이 기하학을 배워 작업에 이용한다면, 사람들이 그림 속 사건을 진정으로 믿게 할 만큼 사실적인 그림을 그릴 수 있게 되리라고 확신했다. 그러면, 기적도 실제 일어나는 듯 생생하게 보일 것이며, 그리스도와 성자들의 생애는 만져질 듯한 실감을 주게 되어, 사람들은 성서의 진리를 자기 눈으로 보게 되리라고 했다. 베이컨에 따르면, 신은 유클리드 기하학 원리에 따라 세계를 창조했으므로, 사람들도 그런 식으로 세계를 그려야 한다는 것이었다. 그의 『대작』에서, 베이컨은 사실적인 그림의 미덕을 찬양하며 교회가 종교 예술에서도 삼차원 공간을 모방하도록 권장했다. 그는 이를 "기하학적 그림"이라고 부르면서, 그런 그림 덕분에 "세상의 악은 은혜의 홍수로써 파괴될 것"이라고 썼다.[41]

기하학적 그림이 불신자를 개종하고 신자의 신앙에 새로운 열성을 더해주리라는 생각은 곧 뿌리를 내렸다. 미술사가 새뮤얼 에저턴의 지적에 따르면 베이컨이 교황 클레멘스 4세에게 간청한 지 꼭 10년 뒤에, 아시시에 있는 프란체스코 수도회의 새로운 성당에 프레스코화들을 그리는 작업이 시작되었는데, 갑자기 온 교회가 가능한 한 삼차원적으로 보이게 그린 그림들로 가득 찼다고 한다.[42] 성 프란체스코의 생애가 그야말로 벽에서 튀어나올 듯했다는 것이다. 이 처음 시도된 원근법 회화는 19세기에 최초의 사진처럼 당대의 방문자를 놀라게 했고, 아시시의 교회당은 곧 서구 그리스도교 세계에서 가장 많은 사람이 찾는 장소가 되었다고 한다.

회화는 이미 12세기부터 중세 초기 미술의 평면 양식과 점차 멀어지고 있었지만, 베이컨은 이른바 기하학적 원근법을 의식적으로 지지한 최초의 인물 중 한 명이었다. 이런 변화는 물리학사에도 중대한 영향을 미쳤다. 이 새로운 재현 방식과 더불어 유럽인은 공간 자체를 기하학적으로 이해하기 시작했다. 영적 또는 형이상학적 위계질서(그리스도는 천사보다 크게, 천사는 인간보다 크게 등)를 그리는 대신, 예술가들은 모든 인물을 단일한 유클리드 공간 안에서 대등하게 그리기 시작했고, 그리스도와 천사는 인간과 같은 크기가 되었다. 이제 이상적인 회화는 형이상학적 관계보다는 물리적 관계를 그리게 되었고, 그러려면 화가는 기하학자가 되어 기원전 300년경의 그리스 수학자 유클리드의 저작에 기초해야만 했다. 실로 15세기에는 원근법 화가가 당대의 으뜸가는 수학자이기도 했다. 그들의 예술은 문자 그대로 응용수학의 세련된 형태라 할 수 있었다.

회화의 기하화는 단순히 예술 취향의 문제가 아니라 유럽인이 주위 세계를 인지하는 방식에 지대한 변화가 일어났다는 징표였다. 서구 정신은 영적 관계에 시선을 집중하기보다 점차 물리적 환경으로 눈을 돌리게 되었다. 원근법 회화의 발전은 이런 근본적 변화를 한층 강화하는 추진력이 되었다. 14-16세기 300년 동안, 원근법 회화는 유럽 정신이 공간을 기하학적으로 생각하게끔 훈련했고, 운동에 대한 수학적 사고방식을 받아들이기 쉽게 만들었다. 근대 우주론과 근대 동역학dynamics은 모두 유클리드적 공간 개념을 전제한 것으로, 이는 원근법 화가가 이해하려 애쓰던 개념과 같았다. 코페르니쿠스가 새로운 우주관을 정립하던 16세기 초가 원근법 회화의 전성기였다는 것이나, 미술학교에서 원근법 이론을 가르치던 갈릴레이가 근대 동역학의 "아버지"가 되었다는 것은 우연의 일치가 아니다. 조토 디 본도네Giotto di Bondone(1266-1337)와 14-15세기 기하학적 화가들이 일으킨 보는 방식에서의 혁명 없이는, 갈릴레이와 17세기 수리물리학자들이 일으킨 과학혁명도 없었을 것이다. 결국, "기하학적 그림"의 유산은 로저 베이컨의 상상보다 컸다.

수리물리학을 처음 개발하려던 이들이 마주했던 문제의 복잡성은 14세기 계산자들calculatores, 즉 그로스테스트가 옥스퍼드에서 개척해놓은 길을 따라갔던 수학적 인간들의 상황에서 명백히 드러난다. 운동의 연구에서 그들의 업적은 이후 어떤 것보다도 17세기 물리학에 가까우며, 갈릴레이 자신도 그들의 업적에서 영향을 받았다. 계산자들이 운동을 연구하고자 개발한 새로운 개념적 구도에는 중대한 의의가 있다. 특히 그들은 속도와 가속도 개념을 도입했다. 속도라는 개념은 오늘날 우리에게는 자명한 듯하지만, 데이비드 린드버그의 지적대로 그것은 실상 "자연철학자가 발명해야 했던 추상적 개념"이었다.[43] 속도의 발명은 초기 물리학자들이 마주했던 주요한 어려움을 시사해준다. 무엇보다 그들은 세계의 특정 국면이 수학적으로 유용하게 분석될 수 있을지 알아내야 했다. 속도(시간에 대한 거리 변화의 비율)란 가속도(속도의 변화 비율)만큼이나 대단히 유용한 수학적 속성임이 드러났다. 그러나 그런 속성을 포착하는 것이 얼마나 어려운 일인가를 간과하지 않으려면, 우리는 계산자들이 죄, 애덕, 은총 같은 개념에도 수학적 분석을 적용하려 했다는 사실을 상기해야 한다. 그들은 이런 개념도 속도와 가속도처럼 물량적으로 취급할 수 있다고 보았다.

계산자들이 물리적 성질뿐 아니라 영적 자질까지도 물량화하려 했다는 것은 14세기와 17세기 사이에 사고방식이 얼마나 변했는지를 바로 보여준다. 계산자들보다 300년 뒤에, 갈릴레이와 뉴턴은 물리적 속성만의 좁은 범위에서 연구했으므로 자신들의 물리학에 성공할 수 있었다. 그들은 유클리드 공간 내에서 물체의 운동을 묘사하는 데 만족하고, 죄나 은총 같은 것의 수학 공식을 구하려 애쓰지 않았다. 수리과학이 정말로 성공하게 된 것은 그렇게 시야를 좁히면서부터였다. 하지만 죄와 은총을 물량화하려는 시도가 먼 옛날의 골동품처럼 보이기는 해도, 우리 현대인 또한 현대 수리과학의 좁은 시야에 대해 비싼 대가를 치르고 있다는 사실을 기억해야 할 것이다. 은총까지도 수학으로 만들려는 야심은 혼돈이 아니라 육체와 정신을 모두 포괄하는 세계상에 대한 열망을 말해준다.

14세기의 운동에 대한 수리적 연구(이를 대표하는 것이 계산자들이다)는 종교적인 고찰에서도 적지 않은 영감을 얻었는데, 그 핵심에 신적 능력의 한계라는 문제가 있었다. 이전까지는 신이 아리스토텔레스 물리학의 법칙을 반드시 따라야 하는가를 두고 격론을 벌여왔다. 아리스토텔레스의 세계관을 받드는 철학자들, 즉 아베로에스[이븐루시드Ibn Rushd]주의자들은 신이 다른 어떤 방식으로도 세계를 창조할 수 없었다고 주장했다. 당연히, 전통주의자들은 신이 아리스토텔레스의 상상력에 구속된다는 개념에 반대했고, 아리스토텔레스의 법칙을 어기든 말든 신은 원한다면 무엇이든 할 수 있다고 반박했다. 논쟁이 최고조에 달한 것은 1277년 파리 주교 에티엔 탕피에가 신의 능력은 제한

받지 않는다(설령 아리스토텔레스와 정면으로 반대되는 일이라도 얼마든지 일어나게 할 수 있다)고 선언하는 일련의 포고문을 발표했을 때였다.[44] 이는 근본적으로 신학적인 문제였지만, 한 가지 부산물로서 물리학적 사고를 아리스토텔레스주의의 구속에서 해방하는 효과를 불러왔다. 이 구속에서 풀려난 수학적 인간들은 새로운 운동 과학을 향해 긴 모색을 시작했다.

최근 역사가들에 따르면, 아베로에스주의자들에 대한 일반적 분노가 생겨나고 1277년의 포고문이 나온 데는 여성에 대한 그들의 태도도 한 요인으로 작용했으리라고 한다.[45] 아리스토텔레스와는 반대로, 아랍 철학자 아베로에스(1126-1198)는 근본적인 양성평등을 주장했다. 그러니까, 14세기 물리학의 개화를 촉진한 바로 그 세력이 여성들에 대한 보다 공평한 대우를 가져올 수도 있었을 움직임을 가로막았던 셈이다. 실로, 14세기의 아베로에스주의자 피에르 뒤부아Pierre Dubois는 여성도 남성과 나란히 교육받을 것을 주장했다. 뒤부아는 무수한 선교사를 필요로 하는 그리스도교의 팽창을 꿈꾸었고, 이를 위해 여성도 남성 못지않게 동원될 수 있다고 생각했다. 그러므로 여성도 교육받아야 한다는 것이었다. 아리스토텔레스주의가 골수에 박힌 이 시대에, 여성에게 정신적으로 결함이 있다고 여기던 시대에, 뒤부아의 태도는 혁명적이었다. 두말할 필요도 없이, 그의 생각은 받아들여지지 않았고, 여성에게 교육기관은 여전히 닫혀 있었다.

그러나 중세 전성기가 지나고 르네상스 인문주의가 태동하면서부터 서구 문화의 방향은 달라지기 시작했고, 여성도 학문에서 남성 우위에 도전하기 시작했다. 대학 사회의 여성혐오는 15세기 초부터 크리스틴 드 피장Christine de Pisan(1364-1430)의 여권주의적 공격 목표가 되었다. 크리스틴이 읽은 책은 물론 모두 남성이 썼고, 그는 그 책들에 여성에 대한 비방이 가득한 것을 보고는 "나 자신과 모든 여성을 경멸"하기에 이르렀다. 그러나 크리스틴은 낙심을 극복하고 일어나 그의 유명한 『여성들의 도시』라는 예리하고 통렬한 여성 옹호론을 썼다.[46] 아리스토텔레스의 신봉자들에 맞서, 크리스틴은 역사상 학식 있는 여자가 드물었던 이유는 여성이 배울 능력이 없어서라기보다는 남성이 지식의 "소중한 샘"을 독차지함으로써 여성이 무지를 딛고 일어서는 것을 방해했기 때문이라고 선언했다. 교육받을 수 있다면 여성도 개화하기 시작하리라는 것이 크리스틴의 믿음이었다. "만일 여자아이들이 학교에 가서 …… 남자아이들과 마찬가지로 과학을 배울 수 있게 하는 제도가 있다면 …… 여자아이들도 훌륭하게 배울 수 있을 것이다."[47]

크리스틴이 여성의 교육권을 쟁취하려 분투하던 때에, 이제 우리가 만나게 될 수학적 인간(남성)은 유럽 최상의 교육을 받고 있었다. 전형적인 "르네상스인"이었던 니콜라우스 폰 쿠스 Nikolaus von Kues(1401-1464)는 15세기 수리과학의 으뜸가는 지지자로 자라났다. 네덜란드의 위대한 과학사가 에뒤아르트 데이크스테르하위스에 따르면, 이 방면에서 쿠스*의 결론은 "워낙 원대한 것들이었으므로, 실행되었더라면 사상적 혁명을 일으켰을 것"이었다.[48] 사실상, 그의 생각은 2세기나 지나서야 실행되었는데, 그 무렵에는 다른 사람들도 제 나름으로 그와 같은 결론들에 도달해 있었다. 쿠스는, "과학혁명"의 진정한 선구자 중 한 명이었지만, 그로스테스트나 베이컨과 마찬가지로 자신의 과학을 엄격히 신학적 맥락 가운데 두었다. 로마가톨릭교회 추기경으로서, 쿠스는 수학과 신학을 결합해 서구가 일찍이 낳았던 가장 위대한 신앙과 이성의 종합을 이룩한 종교적 형이상학자였다.

진정한 중세 전통 그대로, 신은 쿠스의 형이상학적 사색의 출발점이자 최종 목표였다. 그에게 우주란 이미 신 안에 감추어져 있던 형태들이 펼쳐진 것이었다. 그러므로, 세계를 안다는 것은 신의 계획을 안다는 것이며, 그 앎의 방식은 수를 통하는 것이었다. 쿠스는 수란 "신의 마음"의 "형상(이미지)" 그 자체이며, 따라서 수학을 연구하는 것은 신의 마음을 연구하는 것이라고 믿었다. 여기서 피타고라스적 그리스도교는 최고조에 달한다. 신과 수학은 영적 초월을 위한 지침들과 진정한 수리자연과학의 영역을 결합한 신비적 신학 가운데서 조화를 이루었다. 이런 견지에서 쿠스는 후세의 피타고라스라 할 수 있으며, 그에게는 영적인 것과 수학적인 것이 하나였다. 두 사람 모두에게 수학

---

* 쿠사(독일 발음으로는 쿠스Kues)란 출신지명이지만, 중세 말기부터는 출신지명이 일정의 성姓처럼 쓰이기 시작한다. 비슷한 예로, 피코 델라 미란돌라의 경우에도, 피코가 태어난 영지의 이름인 '미란돌라'가 이름 대신 쓰이는 것을 볼 수 있다.

연구의 으뜸가는 목적은, 쿠스의 말을 빌리자면 "인간 지성의 힘에 따라 고양되어" "영원히 축복되신 하나이며 삼위일체이신 하나님"을 볼 수 있도록, 만물의 원천인 불가분의 단일성에로 좀 더 가까이 나아가게 하는 것이었다.[49]

우리는 신을 수를 통해 알게 되듯이, 자연도 수를 통해 알게 될 것이었다. 그의 논저 『문외한』에서, 쿠스는 세계에 대한 앎의 길은 계량計量을 통하는 것이라고 선언했으며, 자연을 이해하기를 원하는 자들은 계량적 실험 연구에 참여해야 한다고 했다.[50] 대학의 박학한 철학자와 교육받지 못한 속인 사이에 오간 대화 형식으로 쓰인 쿠스의 이 책은 철학자가 아니라 속인의 말을 통해 계량 과학을 옹호한다. 철학자는 자신이 책에서 배운 것과 평범한 장인匠人의 세계관이 결합하는 것을 듣게 된다. 이 대화의 목적은 진정한 지혜는 대학의 상아탑에서가 아니라 보통 사람이 생업을 꾸려가는 장터와 거리에서 발견된다는 것을 보여주는 데 있었다. 기술 및 상업의 실용 지식에 대한 르네상스 시대의 존중은 과학혁명을 가져온 주요 원인이었으며, 쿠스는 이런 움직임에서도 앞장섰다.

속인의 경험적 우주 한복판에는 저울이 있었다. 쿠스는 오직 이 도구만으로 물리 세계를 탐구하고자 놀랍도록 광범한 실험을 제안했다. 그는 합금의 밀도를 결정하거나 시금하는 방법을 논했다. 그는 양털 같은 함수含水적 질료의 무게가 늘어나는 것이 어떻게 공기 중 습도의 측정법이 될 수 있는가를 설명했다. 그는 두 개의 시간대를 각 기간 동안 물통에서 흘러나온 물의 양을 달아봄으로써 비교하는 방법을 설명했고, 시간을 재는 이런 방법이 어떻게 맥박수와 배의 속도를 재는 데 응용될 수 있는가를 설명했다. 나아가, 수학적 물량도 무게 달기로 확정할 수 있었다. 가령, 파이 π는 둥근 접시의 물과 네모난 접시의 물의 무게를 비교함으로써 알아낼 수 있었다. 이로써 계량적 경험적 자연과학을 실현하는 데 필요한 것의 명백한 개념이 성립되었고, 마침내 근대 물리학을 향한 일대 전진이 시작되었다.

니콜라우스 폰 쿠스에게서 우리는 서구 정신을 효율적 수리과학으로 몰고 간 두 가지 커다란 동기, 즉 신학적 동기와 실제적 동기를 보게 된다. 신의 우주적 수학적 계획을 보고자 하는 욕망은 즉각적이고 실제적인 필요 때문에 보완되었다. 정확한 달력에 대한 필요와 믿을 만한 항법航法에 대한 필요는 천문학의 발달에 박차를 가했다. 정확한 지도에 대한 필요는 측지학의 발달을 가져왔고, 개량된 대포에 대한 필요는 포물선 운동에 관한 연구의 추진력이 되었으며, 기계에 대한 욕망은 역학과 수력학의 발달에 동기를 제공했다. 신학적 동기에 실제적 동기의 자극을 수용함으로써, 근대 서구는 수리과학에서 독보적인 위치를 얻게 되었다. 역사가들은 그리스인이 세계에 대한 경이로운 이론들을 전개하면서도 이론과 실용적 목표를 결합하지 못했던 이유를 두고, 노예 계급이 있었던 그리스에서는 노동을 절약하는 기계들을 개발할 필요가 없었기 때문이라고 지적했다.[51] 마찬가지로, 중국 과학사의 대가인 조지프 니덤도, 중국인이 뛰어난 수학자였음에도 17세기 유럽에서 일어난 것과 같은 과학

혁명을 일으키지 못했던 한 가지 이유는, 철학자 계층이 상인 계층과 너무나 분리된 나머지 실제적 문제들을 해결하는 데 충분히 관여하지 않았기 때문이라고 보았다.[52]

니콜라우스 폰 쿠스의 말년은 르네상스의 전성기였다. 레오나르도 다빈치와 산드로 보티첼리가 젊었을 때였으며, 회화, 건축, 조각, 기술 등이 인문주의의 양지에서 번성하고 있었다. 새로운 인간의 시대가 이탈리아의 기다란 장화에서 터져 나오고 있었다. 이 시기의 중추를 이룬 것은 고전 그리스 미학("완벽한" 비례에 대한 열광과 수학적 영감을 받은 형태)의 재발견이었다. 회화, 건축, 조각 등에서 예술가와 기술자 들은 기하와 수학적 조화에 관한 피타고라스적 개념에서 영감을 얻곤 했다. 다빈치는 이렇게 종용했다. "오 학생들이여, 수학을 공부하시오. 그리고 기초 없는 집을 짓지 마시오."[53] 예술가도 철학자도 주위 세계를 새로운 방식으로 둘러보고 있었다. 우주 그 자체를 개조할 시기가 된 것이었다.

3장 천구天球들의 조화

수학에 기초한 새로운 과학이 우주관을 어떻게 변모시킬 것인가는 16세기 화가들의 작품에서 이미 예고되었다. 그 대표적인 예가 바티칸의 라파엘로의 방에 있는 걸작 프레스코화 「디스푸타」Disputa이다. 이 그림에서 우리는 로저 베이컨이 말하는 "기하학적 형태"의 극치를 볼 수 있다. 「디스푸타」의 화면은 두 층層으로 구성되어 있다. 아래쪽 반에는 주교, 교황, 성인 들이 대리석 테라스 위에 반원을 이루며 운집해 있다. 이 지상의 명사들 머리 위쪽에는 구름이 역시 반원을 이루며 떠 있고, 그 위에 그리스도와 동정녀 마리아, 세례 요한 등이 사도들의 옹위를 받으며 앉아 있다. 그리스도의 보좌 뒤쪽에는 하나님이 서 계시며, 그 주위를 한 무리의 천사들이 날고 있다. 이런 상像은 천상(하늘)과 지상(땅)을 주제로 하는 그리스도교의 고전적 그림으로,

수천 번은 그려져 왔다. 그러나 여기서 우리의 주의를 끄는 것은 두 영역을 형이상학적으로 분명히 구별된 공간들로 그리는 대신 단일한 유클리드적 공간 안에 통합했다는 점이다. 라파엘로가 이처럼 천상과 지상을 통합한 것은 미술적 경향의 극대화일 뿐 아니라, 유럽의 세계관이 겪고 있던 심오한 변화를 시사한다.

라파엘로가 프레스코화를 그리던 그 무렵, 폴란드에서는 또 다른 르네상스인이 하늘과 땅의 상像을 주제로 일하고 있었으며, 그도 두 영역을 유클리드 기하학의 가르침에 따라 그릴 작정이었다. 그러나 이번에는 그런 상이 극적인 회화가 아니라 지구(땅)와 천체 간의 물리적 관계를 보여주는 수학 도표의 형태를 취할 것이었다. 회화에서 원근법 덕분에 공간을 유클리드적으로 이해하는 데 익숙해진 서구인은 이제 그런 개념을 별들에까지 확장한 것이다. 니콜라우스 코페르니쿠스Nicolaus Copernicus(1473-1543)의 태양 중심적 우주상에서 우리는 철저히 원근법에 따라 그린 세계를 볼 수 있다.

코페르니쿠스는 르네상스 화가로서의 수학적 인간의 극대화인 동시에, "근대적" 과학자로서의 수학적 인간의 도래를 나타내는 것으로도 여겨진다. 널리 인정된 "거인들" 중 한 사람인 코페르니쿠스는 오늘날의 물리학자들이 진정한 친족관계를 인정하는 최초의 인물이다. 그러나 전파망원경을 쓰는 사람들이 코페르니쿠스를 "우리 중 한 사람"으로 맞아들이기를 기뻐하더라도, 그가 우리가 지금까지 살펴보았던 과거의 수학적 인간과 같은 진영에 속한다는 것 또한 사실이다. 그도 신을 찾고 있었기 때문이다. 그의 태양 중심적 우주관은 근대 수리과학 최초의 중요한 승리이기도 했지만, 그와 함께 신성한 수학자로서의 신을 재인식하게 하는 이정표이기도 하다. 실로 16, 17세기의 새로운 우주론은 수학적-경험적 진보이면서 그리스도교-피타고라스적 영감의 승리였다. 이 세계상의 삼대 축조자(코페르니쿠스, 케플러, 뉴턴)는 모두 매우 종교적인 사람들이었고, 신학의 연장으로서 우주 체계를 고안했다.

코페르니쿠스는 콰트로첸토Quattrocento* 절정기에 태어났다. 그러나 그의 출생지인 폴란드의 토룬은 이탈리아의 극적인 발전과는 멀리 떨어져 있었고, 어린 코페르니쿠스는 근본적으로 중세적 세계에서 성장했다. 그러나 이런 지리적 장애에도 그의 생애에는 많은 기회가 있었다. 열 살 때 아버지가 돌아가시자, 출세 가도에 있던 외숙 우카시 바트젠로데Łukasz Watzenrode가 그와 동생의 아버지 역할을 하게 되었다. 몇 년 뒤, 외숙은 바르미아 주교로 임명되었고 두 조카를 위해 고위직으로서 영향력을 행사했다. 먼저 그는 좋은 교육을 받을 수 있게 조카들을 크라쿠프 대학에 보냈다. 크라쿠프 대학은 수학과 천문학 분야의 탁월한 교사진으로 유명했다. 코페르니쿠스는 곧 천문학에 열정을 품었으나, 당시 천문학은 생업의 기반이 되지 못했다. 그래서 외숙은 대학 졸업 후 이탈리아로 보내 캐논 법학과 의학을

---

* 이탈리아의 1400년대, 르네상스 시대를 말한다.

공부하게 했다. 교회법 박사 학위를 받고 귀향한 코페르니쿠스는 프롬보르크 성당 재속在俗 참사회원 지위를 확보했는데, 이 또한 루카스 외숙의 호의 덕분이었다.

약동하는 이탈리아에서 지내던 그가 벽지인 폴란드로 가는 것을 달가워했을지는 의문이다. 프롬보르크에는 그가 볼로냐와 파도바의 대학에서 접했던 새로운 사상에 관해 말벗이 되어줄 사람도 별로 없었다. 프롬보르크는 지적 자극 면에서는 별 장점이 없었으나 재정적 안정, 안락한 생활을 보장했다. 외숙은 조카들에게 잘해주었다. 그들은 프롬보르크의 참사회원으로서 하인을 둘이나 쓰게 되어 있었다는 사실이 입증하듯, 상당한 수입을 받고 있었다. 한가한 시간도 많았으므로, 참사회원 코페르니쿠스는 명상적 생활에 이상적인 직장을 얻은 셈이었다.

코페르니쿠스를 학문 세계와 이어주는 유일한 길은 인쇄술이었다. 천문학자들은 인쇄술이라는 신기술을 빠르게 받아들여 이용했고, 코페르니쿠스는 인쇄된 책들을 개인 소장한 최초의 학자 중 하나였다. 어떤 역사가들이 시사하듯, 인쇄술이 아니었더라면 이 고립된 폴란드의 참사회원은 천문학자로서 업적을 전혀 쌓지 못했을 것이고, 아무도 그에 관해 듣지도 못했을 것이다.[54] 그의 노력은 사후에야 저 악명 높은 책 『천구天球의 회전에 관하여』로 세상에 나왔다.[55] 그 대부분은 엄청나게 자세한 기술적 설명이고, 이 책을 읽은 사람은 거의 없지만, 그래도 과학사에서 그만큼 중요한 책도 별로 없다. 그러나 그 중요성은 태양 중심적 우주론을 확실한 "과학적" 기초 위에 수립한 데 있지 않고(코페르니쿠스는 그런 일은 전혀 하지 않았다) 태양이 우주의 중심이라는 근본적으로 신비적인 믿음의 수학적 타당성을 보여준 데 있다. 실제 물리학의 견지에서는, 코페르니쿠스는 이렇다 할 진보를 이룬 바 없다. 그의 진정한 기여는 믿음(그의 후계자들의 손에서 근대 우주론의 열쇠가 될 생각(태양중심설)에 대한 믿음)이었다.

16세기 초에는 물론 당대 우주론 즉 유럽인이 아리스토텔레스와 그의 후계자들에게서 계승한 우주론이 있었다. 그 우주론에 따르면 지구가 우주의 중심에 있고, 그 주위를 수정 같은 "천구들"이 돌고 있으며, 해와 달과 행성 및 별 들은 천구들에 실려 커다란 원을 그리며 우리 주위를 돌고 있었다. 피타고라스를 본받아, 아리스토텔레스는 천체 운동을 묘사할 만큼 완전한 형태는 원圓과 구球뿐이라고 주장했다. 문제는 이미 아리스토텔레스 당시에도 해와 달과 행성들이 하늘을 지날 때 완전한 원을 그리지는 않는다는 사실이 알려져 있었다는 것이다. 그러므로 고대 천문학자의 임무는 이 완전함에서의 일탈을 어떻게 여러 다른 원운동의 조합으로 설명할 수 있는지 밝히는 것이었다. 실제로 그들은 각 천체의 길을 수많은 천상의 "기어gear 장치"의 결과로 설명해야 했다. 각 기어는 원을 이루며 돌지만, 기어의 조합은 원이 아닌 운동을 만드는, 가령 태엽을 감으면 춤추는 발레리나 인형 같은 시계 장치 장난감을 생각해 보라.

이런 "시계 장치" 우주관은 기원후 2세기 알렉산드리아의 수학자이자 천문학자였던 클라우디오스 프톨레마이오스에게서 절정에 달했다.[56] 프톨레마이오스는 해와 달과 다른 행성들을 위한 회전 기어들의 구분된 조합을 만들어내어, 천체들이 각기 하늘을 지나 독특하게 움직이는 것을 설명하는 데 성공했다. 이들이 한데 어울려 보이지 않는 천상의 메커니즘을 이루었고, 그로부터 천문학자들은 일식日蝕과 합슴과 지至, 기타 중요한 우주적 사건들을 계산할 수 있었다. 프톨레마이오스의 체계는 달력을 결정하는 데도 쓰였다. 체계의 정확성은 완전하지 않았지만, 당시의 장비 수준을 고려하면 경험주의의 걸작이었다. 아랍인들은 깊은 인상을 받은 나머지 그의 책을 『알마게스트』Almagest 즉 "가장 위대한 (책)"이라 불렀다.

중세 후기 유럽인이 이 귀한 책을 되찾은 뒤, 천문학자들은 그 체계에 따랐다. 그러나 코페르니쿠스는 『알마게스트』를 읽고 몹시 기분이 상했다. 문제의 핵심은 프톨레마이오스의 정확성이 불충분하다거나 하는 것이 아니라, 그의 체계가 어색하고 산만하며, 심지어 누추하다는 것이었다. 코페르니쿠스가 자기 책의 머리말에서 밝히듯이, 프톨레마이오스의 우주는 "균형"과 "조화"를 갖추지 못했다. 이에 더해 프톨레마이오스는 교활한 손재주로 원운동이라는 신성한 원칙을 엄격히 따르지 않았다. 이는 코페르니쿠스가 보기에 용서할 수 없는 죄였다. 신이 창조한 우주가 프톨레마이오스가 그려낸 것처럼 부조화할 리 없다고 굳게 믿었던 그는 천구들의 다른 구조, "가장 뛰어나고 체계적인 장인"에게 걸맞도록 내재적 "균형"과 아름다움을 갖춘 구조를 찾는 일에 착수했다.[57]

더 조화로운 우주상을 탐색하는 작업에서 코페르니쿠스가 마주한 주요 문제는, 당시에는 천문학을 단순 수학 게임 정도로 취급했다는 점이다. 프톨레마이오스의 천구 체계는 천체 위치 계산법을 제공하는 순전히 기능적인 도구로써 쓰였을 뿐이며, 결코 실제 우주를 묘사하려고 만든 것이 아니었다. 아리스토텔레스적 사고방식으로는, 그런 일은 철학자의 몫이지 천문학자의 몫이 아니었다. 아리스토텔레스에 따르면, 천문학자는 단순히 천체 위치 계산법을 개선하는 역할을 할 뿐, 저 하늘 위에서 정말로 무슨 일이 일어나고 있는가를 생각하느라 골치를 썩일 필요가 없었다. 코페르니쿠스는 이런 관점에 맞서 천문학의 목적은 진정한 "우주의 구조"를 발견하는 것이라고 천명했다. 그에 따르면, 천문학 체계는 단순한 계산의 보조 수단이 아니라 실제 우주 구도構圖의 진정한 묘사여야 했다. 그 구도는 물론 신의 것이며, 코페르니쿠스에게 천문학이란 "인간보다는 오히려 신에게 속한 학문"이었다. 그는 선언하기를, 천상의 운동에 대한 지식은 실로 "인간의 정신을 악에서 멀리하고 선한 것들에게로 인도하는", 특히 "만물의 창조자에 대한 찬미"로 인도하는 것이었다. 한마디로, 코페르니쿠스에게 천문학이란 신에게로 이르는 길이었다.

니콜라우스 폰 쿠스와 더불어, 코페르니쿠스는 피타고라스의 확고한 추종자였다. 그의 신이란 두말할 것 없이 수학적 창조주, 르네상스의 미학적 이상들을 가지고 움직이는 창조주였다. 그에게 천구들은 반드시 미학적 완전성을 구현해야 하는 것이었다. 무엇이 그런 완전성을 이루는가에 대해, 코페르니쿠스는 원근법 화가들과 같은 생각이었다. 역사가 페르낭 알랭의 말을 인용하자면, "만일 르네상스 화가가 종종 신이라 불린다면, 코페르니쿠스의 신은 르네상스 화가처럼 창조했다."[58] 특히, 그 당시 화가들이 무엇보다 중시했던 것은 균형symmetry 개념이었다. 한 르네상스 주석가는 이렇게 설명했다. "균형은 작품 구성 요소 간의 적절한 합의이며, 다른 부분들과 전체의 관계다······ 가령, 인체에는 위팔과 발과 손바닥과 손가락 사이에 균형적 조화가 있다."[59]

균형, 그리고 부분 간의 적절한 합의라는 개념은 코페르니쿠스 우주관의 중심을 이루었고, 르네상스 화가들에게 화답하듯 그는 인체로 은유를 들었다. 그가 프톨레마이오스 체계를 비판한 것은, 그 자신의 말을 빌리자면, 그 체계라는 것이 마치 "여기저기서 손이며 발, 머리, 기타 신체 부분을 가져다 이어 붙인" 듯하기 때문이었다. 이 이어 붙이기의 결과는, 코페르니쿠스의 말을 빌리면, "사람이라기보다는 괴물"이었다. 프톨레마이오스 체계에서는 천체 하나하나의 운동이 각기 나름대로 원들의 조합으로 묘사될 뿐, 전체적 일관성은 없었다. 그 체계는 뿔뿔이 흩어진 개별적 "메커니즘"의 조합이었다. 코페르니쿠스는 우주란 모든 부분이 조화롭게 통합되는 유기적 전체여야 한다고 믿었다. 조화로운 비례와 일관성을 갖춘 신체처럼 말이다. 그보다 못한 것은 "최상이며 가장 체계적인 장인"에게 못 미치는 것이었다.[60]

르네상스 화가들은 회화에 원근법을 도입함으로써 유클리드적 삼차원 공간에서 대상 간의 관계를 정확히 그리고자 했다. 코페르니쿠스는 이를 천체에 대입하려 했다. 계산의 보조 수단에 그쳤던 프톨레마이오스 체계와 달리, 코페르니쿠스는 자신의 우주 체계가 유클리드적 공간을 지나는 행성들의 경로를 여실히 그린 것이어야 한다고 생각했다. 그러나 화가라면 누구나 알듯이, 화가의 주요 임무는 그림을 어떤 시점에서 그릴지 결정하는 것이다. 화가의 눈은 어디에 있어도 상관없지만, 그 결과인 그림은 특정한 시점에서라야 제대로 비례가 맞고 진정한 균형이 드러난다. 이것이 바로 코페르니쿠스가 맞닥뜨린 문제였다. 천상의 균형을 제대로 보려면 시점을 어디에 맞춰야 할 것인가? 그가 도달한 대답은 시점을 태양에 맞춰야 한다는 것이었다. 오직 그 점에서 시작해야만 우주의 진정한 조화가 명백해질 것이었다.

코페르니쿠스는 태양이라는 시점에서 천체 운동을 보면 우주 체계를 크게 단순화할 수 있다는 사실을 발견했다. 각 행성의 궤도는 지구를 중심으로 하는 여러 원의 조합이 아니라 태양을 중심으로 하는 단일한 원에 거의 가까운 것이었다. 그뿐만 아니라 태양 중심 체계에는 내적인 "균형"이 있었고, 행성들의 운동에 일정한 패턴이 생겨났다. 즉, 행성은 태양에 가까울수록 더 빨리 움직였다. 가장 안쪽에 있는 수성은 88일, 금성은 225일, 지구는 365일, 화성은 687일, 목성은 4333일, 토성은 10759일(거의 30년) 만에 한 바퀴를 돌았다. 이 체계에서 지구는 당연히 금성과 화성 사이의 궤도를 돌며, 이 아름다운 내적 일관성은 코페르니쿠스를 깊이 감동하게 했다. 르네상스의 심미적 이상의 구현으로서도, 태양중심설은 승리였다.

그러나 이는 코페르니쿠스가 바랐던 완전한 승리는 아니었다. 왜냐하면 그는 행성 궤도에서 약간의 세부적인 일탈(완전한 원에서 약간 벗어나는 것)을 설명하고자, 프톨레마이오스가 했던 것처럼, 작은 원을 여러 개 덧붙여야 했기 때문이었다. 그리스인을 본받아, 코페르니쿠스는 원이야말로 가장 완전한 형태이고, 따라서 천체 운동에 허용되는 유일한 형태라고 믿었으며, 따라서 그 또한 궤도들을 원의 조합으로써 설명하는 것이 자기 임무라고 믿었다. 그리하여 결국 그의 체계는 프톨레마이오스 체계 못지않게 복잡하고 어색해지고 말았으며, 위대한 체계의 숭고한 아름다움은 비극적으로 손상되었다. 게다가, 따지고 보면, 코페르니쿠스 체계는 프톨레마이오스 체계보다 더 정확하지도 않았으니, 더 나쁘지는 않았으나 더 좋지도 않았다. 이는 아주 중요한 점인데, 만일 과학을 예측의 정확성에 따라 판단해야 한다면(현대 과학자들이 그래야 한다고 주장하듯이) 코페르니쿠스 체계는 프톨레마이오스 체계에서 아무런 학문적 진보도 이루지 못한 셈이 된다. 그 주요한 장점은 심미적 호소력에 있었다.

그러나 미학에 근거한 우주론의 문제는 각자 취향이 다르며 후세 천문학자들은 르네상스적 이상에 그만큼 매혹되지 않았다는 점에 있다. 사실, 16세기 후반으로 접어들수록 그런 이상은 과거의 것이 되었다. 코페르니쿠스는 그 자신이 보기에 신에 걸맞다고 생각되는 우주상을 그려 보였지만, 불행히도 신의 취향에 대해서는 저마다 의견이 달랐다. 프톨레마이오스에 대한 코페르니쿠스 자신의 비판에 화답하여, 덴마크 천문학자 튀코 브라헤Tycho Brahe(1546-1601)는 코페르니쿠스 체계도 균형이 맞지 않기는 마찬가지라고 비판했다. 왜냐하면 모든 행성이 한가운데 모여 있어, 행성과 항성 사이에 거대한 빈 공간이 생겨났기 때문이었다. 브라헤는 신이 우주의 한복판에 거대한 틈새를 남겼다는 생각에 반대했다.[61] 다른 천문학자들은 제각기 다른 반대 의견을 가지고 있었고, 그래서 오언 깅거리치가 보여주었듯이, 천체 위치 계산에서는 코페르니쿠스 체계가 곧 프톨레마이오스 체계를 대신했지만, 16세기의 아무도 이를 진정한 우주상으로 받아들이지는 않았다.[62]

물론, 태양중심설을 받아들이는 데 심미적 판단만이 방해물은 아니었다. 태초부터 인간들은 우주 질서를 인간 질서의 모형으로 간주해왔으며, 인간이 우주를 어떻게 보는가는 인간이 자신을 어떻게 보는가를 반영했다. 1500년 동안, 지구 중심적 우주론에서는 지구를 둘러싸고 있는 천구들의 위계질서를 중세 사회의 위계질서의 모형으로 여겼다. 천상의 위계질서 맨 밑바닥이 비천하고 타락한, 우주 한복판에 있는 지구였다. 지구와 멀어지면, 층층이 겹친 천구들, 점점 "더 높고" 신성해지는 천구들을 지나, 별들이 있는 맨 바깥 천구 너머에, 신이 계신 정화천淨火天, Empyrean Heaven에 이르는 것이었다. 천구들의 완전성은 신과 얼마나 가까운가에 정비례했다. 인류가 사는 영역은 신에게서 가장 멀리 떨어져 있으므로 가장 비천한 것이었다. 그리스도교 시대 전반에 걸쳐, 이처럼 층위를 이루는 우주는 농부를 맨 밑바닥으로, 왕을 맨 꼭대기로 하는 계층 사회의 질서를 정당화하는 역할을 했다.

그러나 태양중심설은 근본적으로 다른 모형을 제시했다. 먼저, 이 체계에서는 지구도 행성의 하나로 분류되었다. 지구는 이제 다른 여러 천체와 한 가족이 되었으며, 우주의 시궁창으로는 보기 어려웠다. 둘째, 태양신 아폴론에 대한 피타고라스적 숭배에서 비롯한 전통에 따라, 코페르니쿠스는 신을 머나먼 별들보다는 태양에 두었다. 그리하여 그의 우주론에서는 지구가 신으로부터 우주의 반대쪽에 있는 것이 아니라, 상당히 가까이 있는 셈이었다. 코페르니쿠스는 또한 지구를 포함한 모든 행성이 태양 빛을, 다시 말해 신의 광명을 직접 받는다고 주장했다. 그에 따르면 인류는 하나님의 광명을 다른 어떤 천구의 여과도 거치지 않은 채 그대로 받는 것이었다. 인간 사회의 질서에 대한 전형으로서, 태양중심설은 그러므로 엄밀히 위계적인 사회를 정당화하는 데 지장을 초래했고, 이는 프톨레마이오스 체계뿐 아니라 생활양식 전반을 위협했다.

지구 중심적 우주는 교회의 모형이기도 했다. 층위를 이루는 천구들은 사제, 주교, 추기경 들과 교황을 맨 꼭대기로 하는 성직자들의 계층을 상징했다. 이런 모형에서는, 평민과 모든 여자가 영적 사다리 맨 밑바닥에 있고, 그들과 신의 관계는 성직자 계급을 통해서만 중개되었다. 그러나 태양중심설 모형에서는 개인이 직접 신과 교통할 수 있었는데, 이는 분명 위협적인 생각이었다. 태양중심설로 상징되는 사회적 신학적 도전들은 사실상 코페르니쿠스보다 훨씬 이전의 르네상스 문화에도 있었다. 일찍이 15세기에도, 조반니 피코 델라 미란돌라Giovanni Pico della Mirandola 같은 신플라톤주의자들은 태양이 하늘의 중심이라고 은유적으로 말했다. 신플라톤주의 신비주의의 영향하에, 중심에 있는 태양은 이미 르네상스적 세계상을 지배하는 상징이었다. 그러나 코페르니쿠스가 태양 중심적 우주를 발견하지는 않았더라도, 알랭이 옳게 지적했듯 그의 우주론은 그런 생각의 경험주의적 완성이었다.[63] 그것은 새로운 세계 질서에 대한 르네상스적 상징의 극치였다.

천문학자들은 태양중심설을 즉시 받아들이지는 않았지만, 그렇다고 기각해버릴 수도 없었다. 코페르니쿠스가 지구중심설에 맞서 경험적으로 방어할 수 있는 경쟁자로 만들었기 때문이다. 천문학이 수학적인 게임이라면, 그는 적어도 문제에 대한 두 가지 가능한 해답이 있음을 입증했다. 튀코 브라헤는 곧 세 번째 해답, 태양중심설과 지구중심설의 혼합이라 할 만한 해답을 제시했다. 결론적으로, 코페르니쿠스는 천구들에 관한 문제는 풀지 못했지만, 위기는 만들어냈다고 볼 수 있다. 우주상에 관한 한, 16세기 후반은 불안의 시기였다. 신의 진정한 우주적 계획은 무엇인가? 우리 인간이 정말로 그것을 알 수 있는가? 만일 그렇다면, 어떻게?

17세기가 동터옴에 따라, 과학사에서 가장 수수께끼 같은 인물 중 한 사람에 의해 "근대적" 대답이 짜 맞추어지기 시작했다. 비록 코페르니쿠스나 뉴턴만큼 유명하지는 않지만, 요하네스 케플러Johannes Kepler(1571-1630)는 그들 사이의 빼놓을 수 없는 연결 고리이며, 어느 모로 보나 그들과 어깨를 나란히 할 수 있는 인물이다. 뉴턴이 "내가 멀리 본다면, 그것은 거인들의 어깨 위에 섰기 때문"이라고 말했을 때[64] 그는 다름 아닌 케플러를 염두에 둔 것이었다. 코페르니쿠스가 천구들의 게임에만 몰두해 있었던 반면, 케플러는 진정한 천체물리학을 창시했다. 그러면서 그는 뉴턴의 만유인력의 법칙과 근대적 우주상의 기초를 쌓고 있었으며, 최초의 진정한 수리물리학자가 되었다. 하지만 동시에, 케플러는 모든 시대를 통틀어 위대한 수학적 신비주의자이기도 했다. 그는 "우리의 진정한 스승들인 플라톤과 피타고라스"의 발자취를 따라 혁신적인 우주론으로 인도되었던 독특한 그리스도교적 피타고라스주의의 신봉자였다. 모든 수학적 인간 중에서도, 우주적 "조화"를 탐색하는 데 그처럼 열심이었던 사람은 없었다. 그리하여 그는 마침내 행성들은 천구들을 지나 어떻게 운행하는가 하는 세기적 질문에 대답하게 되었다.

　케플러는 전혀 전설의 후광에 싸일 만한 인물이 아니었다. 근시에다가 신경증 환자였던 그는 실제적이고 상상적인 온갖 병마에 시달렸다. 그 자신의 말을 빌리면 "개 같은" 처지였던 그는 역경과 빈곤과 질병투성이인 삶을 살았다. 그의 비참한 어린 시절에서 장래성이라고는 찾아볼 수 없었다. 독일의 시골 마을 바일데어슈타트에서 태어난 케플러는, 그 자신이 술회한 바로는,

방탕하고 허영 많고 패덕한 친척들에 둘러싸여 자라났다. 학문을 장려하는 분위기가 아니었다. 그의 아버지는 용병으로 자주 아내와 자식을 떠나 다른 나라 전쟁에 싸우러 나갔고 가족을 하도 이리저리 옮겨 다니게 해서, 그는 지적으로 조숙한 아이이기는 했지만, 정식으로 학교에 다닐 수 없었다. 그러나 열세 살 때루터 신학교의 장학금을 받았는데, 빈약한 건강과 종교에 대한 열의를 보면 교회 계통의 진로를 택한 것은 당연한 일이었다. 어린 시절의 자신에 대해 케플러는 이렇게 썼다. "미신적일 만큼 종교적이었다. 열 살 때 처음 성서를 읽고는 …… 자기 삶이 순전치 못하므로 선지자가 되는 명예를 얻을 수 없으리라는 생각에 슬퍼했다."[65] 선지자가 되는 대신에, 그는 오죽잖은 성직자의 역할로 만족해야 할 것이었다.

신학교에서는 집에서보다 안정적으로 생활할 수 있었으나 (규율이 엄격했고 새벽 네 시면 수업이 시작되었다) 그렇다고 덜 비참한 것은 아니었다. 케플러의 전기 작가 아서 케스틀러에 따르면 "동급생들은 그를 역겨운 공붓벌레로 취급했고 기회만 생기면 두들겨 팼다."[66] 열일곱 살 때 그는 튀빙겐 대학에 들어갔고, 교양학부를 졸업한 뒤 자신이 택한 진로로 나아가고자 신학부 과정을 계속했다. 그러나 마지막 시험을 앞두고 그는 오스트리아의 그라츠에서 수학과 천문학 교사직을 제의받았다. 그는 대학에서 이 과목들에서 두각을 나타냈고, 이사회에서는 적임자를 천거해달라는 부탁을 받자 그를 추천했던 것이다. 그들이 그렇게 한 데에는 케플러가 신학적으로 미심쩍은 경향을 지니고 있을 뿐 아니라 드물게 말다툼이 잦은 청년이었다는 사실도 작용했을지 모른다. 케플러는 결국 이 놀라운 제의를 받아들이되 (이는 재정적 독립을 의미했으니까) 언제라도 돌아와 신학 공부를 마칠 수 있다는 점을 확실히 해두었다. 그러나 그는 튀빙겐으로 다시는 돌아가지 못했는데, 어느 날 교실에서 칠판에 기하 도형을 그리다가 떠오른 한 가지 착상 때문이었다. 그 착상 때문에 그는 천문학의 첨단 이론 한복판에 뛰어들게 되었고, 마침내 새로운 우주론을 수립하기에 이르렀다.

대학에서 케플러는 코페르니쿠스 체계에 대해 배웠고 태양 중심설이야말로 진정한 세계상이라고 믿어 의심치 않았다. 훗날 그는 "내 영혼의 가장 깊은 곳에서부터 그것이 진실임을 확신했다"라고 술회했다. 그럼에도 그는 그라츠에서 칠판에 그린 도형들을 보고 태양 중심적 우주를 아름다운 기하학적 패턴으로 설명할 수 있다는 생각이 떠오르게 된 날까지는 그 문제에 별다른 관심을 보이지 않았다. 천구들의 일반적 배열(태양을 중심으로 하여 그 주위를 도는 행성들)은 이미 코페르니쿠스가 발견했다. 이제 케플러는 궤도의 크기와 간격을 정확히 설명하는 과업에 뛰어들었다. 우주의 구도에 자세한 수학적 설명이 가능하다는 것은 케플러의 신조였다. 그에게 세계란 지극히 피타고라스적인 신의 반영이었기 때문이다.

니콜라우스 폰 쿠스와 마찬가지로 케플러도 세계란 창조 행위 이전부터 신에게 내재하던 수학적 형태들의 수학적 구현이라고 보았다. 그는 이렇게 썼다. "긴말할 필요 있겠는가? 기하는 창조 이전에 존재했으며, 신의 정신과 더불어 영원하니, 신 그 자체이다…… 기하는 신에게 창조 모형을 제공했다."[67] 그러므로, "물질이 있는 곳에는 기하가 있다."[68] 케플러는 곳곳에서 기하학적 형태를 발견했다. 나뭇잎이나 물고기의 모양, 눈송이의 모양, 그리고 우주 그 자체의 둥근 모양 등등. 나아가 그는 세계란 완전한 존재인 신의 반영이라고 믿었으므로, 세계 또한 완전한 세계여야만 하며, 따라서 숭고한 기하학적 원리들의 구현이라야 했다. 그는 또 이렇게 썼다. "그토록 완전한 창조주의 작품은 반드시 최고로 아름다운 것이라야만 한다."[69] 케플러가 그라츠의 칠판에 그린 도형에서 얼핏 보았다고 생각한 것은 세계의 배후에 있는 바로 그런 아름다움이었다.

기하는 신에게 창조의 모델을 제공했듯이, "신 자신의 형상과 함께 인간 내부에 심어진"[70] 것이라고 케플러는 믿었다. 알랭에 따르면, 케플러에게 "인간 정신은 신의 정신의 모방simulacrum"[71]으로, 둘 다 근본적으로 기하학적이었다. 이는 수학자로서의 인간이야말로 진정으로 신을 반영하는 인간임을 의미한다. 실로 천문학자는 "신의 사제이며, 자연이라는 책을 해석하도록 부름을 받은 자"라고 케플러는 말했다. 옛 스승에게 보낸 편지에서 그는 이렇게 선언했다. "오랫동안 저는 신학자가 되기를 원했습니다……. 그런데 이제 제 노력을 통해 천문학에서 신이 얼마나 찬양받고 있는가 보십시오."[72]

신을 찬양하는 것이야말로 케플러가 그라츠의 칠판에 그렸던 도형으로부터 도출해낸 우주적 모델이 지향하는 바였다. 이

도형은 그에게 다섯 가지 플라톤적 다면체, 즉 정다면체(정사각형 면들로 이루어지는 정육면체, 정삼각형 면들로 이루어지는 정사면체 등과 같이, 완전한 등각등변等角等邊의 면들로 구성되는 유일한 입체들)를 사용함으로써 태양 중심적 우주의 세부들을 설명할 수 있으리라는 착상을 주었다. 피타고라스학파가 발견하고 플라톤이 기술한 이 다섯 가지 특이한 등각등변의 형태들은 이후로 신비적 사고의 표적이 되어왔다. 케플러는 행성의 궤도들과 그것들 사이의 간격을 이 다섯 가지 입방체들이 일련의 구球 안에 자리를 잡은 모양(말하자면 마트료시카 인형처럼)으로 설명할 수 있으리라고 믿었다. 그렇다면 우주의 구도는 이런 것이 될 터이다. 가운데 있는 태양은 가장 작은 구 안에 있고, 구는 다시 입방체 안에 있으며, 입방체는 좀 더 큰 구 안에, 구는 다시 좀 더 큰 입방체 안에 …… 있을 것이다. 그러므로 여섯 개의 행성들은 여섯 개의 구로 설명될 것이며, 그것들 사이의 공간은 다섯 개의 입방체로 설명될 것이다. 문제는 입방체들이 배열되는 정확한 순서를 알아내어 모형의 비례가 실제 행성 체계의 비례와 완전히 들어맞게 하는 것이었다.

물론 케플러가 하늘이 정말로 거대한 정육면체나 정사면체로 가득 차 있다고 생각한 것은 아니었다. 그는 단지 신이 우주적 체계의 구체적 규모를 정할 때 사용했을 수학적 구도를 찾아내려 했다. 그는 우주적 체계의 이면에 있는 기하학적 아름다움을 찾고 있었다. 그의 체계가 갖는 아름다움은 그것이 궤도들은 물론 궤도들 사이의 공간까지도 포함하는 전 우주적인 체계를

"완전한" 기하학적 형태들(고전적인 구체들을 완전한 다면체들로 보완하여)로 설명한다는 사실에 있다. 상당량의 신비적 산문과 함께 이런 생각을 제시한 것이 그의 첫 번째 저서 『우주 형상의 비밀』*Mysterium Cosmographicum*이며, 이는 근대 물리학사에서 가장 독특하고 열정적인 책의 하나이다.

케플러의 모형에는 심미적 장점이 있었지만, 실제 행성 궤도들과 정확히 일치하는 데는 다시금 실패했다. 그는 물리학사에서 가장 위대한 신비가 중 한 명이었지만, 동시에 최초의 진정한 경험주의자이기도 했다. 우주적 구도를 정확히 알고자 하는 욕망 때문에 그는 전에 없던 수준의 정확성을 추구했다. 코페르니쿠스가 웬만큼 넘겨버린 착오들도 케플러는 받아들일 수 없었다. 그는 자신의 모형을 완성하려면 실제 데이터로 궤도들을 직접 계산해야 한다는 것을 깨달았다. 다행히도 그는 고도로 정확한 천문 도표가 새로이 만들어지던 시대에 살고 있었다. 만일 그가 이 보물을 구할 수만 있다면, 그는 창조의 비밀을 풀어낼 수 있을 것이었다.

문제의 보물을 지닌 이는 다름 아닌 튀코 브라헤였는데, 케플러와 그처럼 정반대인 인물을 찾기도 어려울 것이다. 결투에서 잃어버린 코 대신 반짝이는 합금으로 코를 만들어 붙인, 거대한 위장胃腸을 가진 거인이었던 브라헤는 삶에 대한 강한 의욕과 자신의 정열을 만족시키기 위한 돈을 가지고 있었다. 그는 음식과 술을 잘 차린 식탁에서 주인 노릇 하는 것을 좋아했다. 그리고 그 모든 것보다도, 그는 별들에 대한 정열을 품고 있었으며,

세상에 일찍이 없던 가장 정확한 천문 도표를 만드는 데에 생애를 바쳤다. 그렇게 함으로써, 그는 진정한 우주 체계를 알아낼 만한 데이터를 얻을 수 있으리라고 생각했던 것이다. 역사상 그처럼 기막힌 만남도 드물었을 터이며, 브라헤와 케플러에게서 우리는 데이터 수집자와 이론적 해석가의 이상적인 결합을 볼 수 있다.

최상의 관측을 위해서는 최상의 장비가 필요하거니와, 브라헤는 유럽 전역에서 구한 육분의六分儀, 사분의四分儀, 혼천의渾天儀 등을 잔뜩 가지고 있었으며, 덴마크 왕의 후원으로 코펜하겐 부근의 섬에 전설적인 관측소인 우라니엔보르Uranienborg 성을 지어놓았다. 우라니엔보르는 화학 실험실, 인쇄기, 제지소, 통신 체계, 수세식 화장실, 방문 연구자들을 위한 구역, 사설 감옥 등의 시설을 자랑했으며, 성 주변에는 금렵구, 인공 낚시터, 정원 등이 있었다. 관측소 안에는 놋쇠로 만든 거대한 구球가 놓여 있으며, 브라헤와 그의 조수들은 천여 개 별의 위치를 고심하여 재측정해가면서 그 위에 하늘을 새겼다. 그러나 20년 동안이나 자신의 섬나라에서 주인 노릇을 하던 브라헤는 돌연 덴마크를 떠나 프라하로 갔다. 프라하에는 새로운 후원자인 루돌프 2세 황제가 있었다. 거기서 1600년의 처음 몇 주 사이에, 케플러는 황제와 만났다. 바야흐로 새로운 세기(물리학이 그 근대적인 형태로 확립되는 세기)가 시작되던 무렵이었다.

브라헤는 자신의 데이터를 고집스레 독점하려 하면서도, 자신이 이 보물의 비밀을 풀 수 있는 사람이 아니라는 것은 내심 인정하고 있었고, 케플러야말로 자기 시대의 가장 위대한 수학자 중 한 사람이라는 것을 알아볼 만한 안목도 있었다. 브라헤는 그에게 화성에 관한 데이터를 주었다. 화성은 프톨레마이오스나 코페르니쿠스와 가장 들어맞지 않는 행성이었다. 케플러는 감격하여 일주일 안에 그 궤도를 알아내겠다고 장담했다. 하지만 5년이 넘도록 그는 여전히 "화성과 전쟁"을 벌였다. 그는, 프톨레마이오스나 코페르니쿠스가 했던 것처럼, 무수히 많은 원형 궤도와 여러 원의 조합을 시도했으나, 그중 어느 것도 그가 원하는 만큼 정확하게 데이터에 들어맞지 않았다. 마침내 그는 용단을 내렸다. 그는 행성 궤도들은 원이 아니라 다른 어떤 형태임이 틀림없다고 생각하기에 이르렀다.

오늘날에는 이 생각이 얼마나 큰 혁신이었던가를 상상하기가 쉽지 않다. 그러나 이천 년 넘도록 위대한 우주론적 사색가 모두가 원이야말로 가장 완전한 형태이므로 천체 운동에 걸맞은 유일한 형태라고 주장해왔다. 케플러 자신도 피타고라스의 열렬한 추종자로서 우주의 완전성을 광신적으로 신봉했다는 점을 고려할 때, 그가 원이라는 독단에서 벗어난 것은 정말이지 대단한 분투의 결과였다. 피타고라스와 플라톤은 원의 완전성을 숭배했을지 모르나, 케플러는 자연이 다른 어떤 형태를 선호하고 있음을 깨달았다. 문제는 그 다른 형태가 무엇이냐였다. 그는 든든한 전통의 땅을 떠나 미지의 땅을 향해 떠났다. 마침내, 케플러는 수없이 검토를 거듭한 끝에(그 자신의 말에 따르면 "이 문제를 생각하고 계산하느라 거의 광기를 일으킬" 정도로) 화성

궤도의 모양이 타원임을 발견했다.[73] 그리고 계속하여 이는 모든 행성에서 사실임을 밝혀냈다.

케플러가 타원궤도를 발견한 것은 근대 우주론의 등장을 선도한 일이었다. 천체들이 마땅히 그렇게 생겨야 할 방식에 대한 선입견 대신, 그는 천체들이 실제로 생긴 방식을 발견하도록 스스로 허용했다. 그는 데이터가 의미하는 바를 가로막지 않았다. 그리하여 타원은 독단론에 대해 경험론이, 고대적 권위에 대해 수학적 정확성의 존중이 거둔 승리를 의미했다.

하지만 이런 성취가 단순히 "과학적인" 것이었다고 생각한다면 잘못이다. 처음에는 그의 과학적 경쟁자(그중에는 갈릴레이도 있다) 중 아무도 이 정도正道를 벗어난 형태를 받아들이려 하지 않았다. 케플러 자신도, 원이 아닌 형태를 받아들일 수 있었다는 것은 그가 얼마나 경험론에 충실했던가를 보여줄 뿐 아니라, 그의 사고가 얼마나 깊은 종교적 감정에 뿌리박고 있었던가를 보여준다. 그는 과학자로서 타원궤도를 발견했고, 신학자로서 이를 받아들였다. 그리고 이런 신학적 충동 역시 그 근원은 피타고라스적인 것이었다.

원과 타원 모두 원뿔곡선이라 알려진 곡선에 속한다. 원은 그중에서 가장 완전한 것이고, 다른 것들은 덜 완전한 것으로 모두 원과 직선의 "혼합"이라고 일컬어지고 있었다. 그런데, 여기서도 니콜라우스 폰 쿠스를 본받아, 케플러는 원을 영적인 것과 결부하고, 직선을 물질적인 것과 결부했다. 원은 창조주를, 직선은 피조물을 나타내는 것이었다(이런 상징은 실상 동서양에 모두 널리 퍼져 있다). 케플러는 천체가 이상적으로는 완전한 원을 그리며 운동해야 하지만, 물질세계에 있는 한 그 영적 순수성이 물질의 영향으로 희석되므로, 이상적 원형 궤도 역시 직선으로 희석되어 타원형이 된다는 사실을 의심하지 않았다. 그러나 본래 천체에 의도된 신의 완전성을 물질세계에서 완벽히 실현할 수는 없더라도 타원이란 수학적으로 원형에 매우 가까우므로, 행성은 신적인 이상에 도달하고자 노력하고 있다고 케플러는 생각했다. 사실상 행성은 자연이 허용할 수 있는 한도에서 최고의 기하적 완전성을 구현하는 것이었다. 그러니까 케플러는 완전한 형태에 대한 광신적인 집착에서 천문학 연구를 시작하여, 우주상에 "불완전성"을 도입하면서, 이를 근본적으로 종교적인 논의로 정당화했다고 할 수 있다.

타원궤도를 주장함으로써 케플러는 보이지 않는 배후에서 작동하는 천상의 "기어 장치"에 의거하지 않는 수학적 우주상을 제시한 최초의 인물이 되었다. 그의 우주에는 우아한 곡선을 그리는 태양과 행성들이 있을 뿐이다. 프톨레마이오스와 코페르니쿠스를 성가시게 하던 온갖 복잡한 기계장치가 떨어져 나간 대신, 진정 단순하고 조화로운 체계가 들어섰다. 게다가, 케플러는 행성 운동이 실제적인 물리적 힘의 결과라고 주장했다. 코페르니쿠스 체계에서는 태양이 행성들의 중심이었지만, 행성들의 운동을 좌우하는 아무런 역할도 하지 않았다. 그런 역할은 신의 몫이었다. 그러나 케플러는 행성들을 돌게 하는 힘이 태양에서 나온다고 주장했다. 코페르니쿠스의 태양이 부동의 상징적 중심이었던 반면, 케플러의 태양은 실제적인 물리적 중심이었다. 이런 생각이야말로 다음 세기에 뉴턴이 정립하게 될 중력이라는 근대적 개념의 씨앗이었다. 태양을 행성들의 중심에 놓은 것은 코페르니쿠스였지만, 태양 중심적 우주를 진정한 물리적 체계로 바꾸어놓은 것은 케플러였고, 그리하여 그는 최초의 천체물리학자astrophysicist가 되었다. 하지만 그가 단순히 훌륭한 "과학자"였다고 생각하지 않게끔, 그는 자신의 중력을 복잡한 신학으로 정당화했다. 케플러에게서는 늘 그렇듯, 과학과 종교는 긴밀히 얽힌 것이었다.

케플러는 그리스도교-피타고라스적 영감에 끝까지 충실했다. 그의 마지막 주요 저서는 우주적 조화라는 고대 피타고라스적 주제에 관한 열광적인 논의였다. 거기서 그는 그가 행성 운동에서 발견한 여러 수학적 관계를 제시했다. 그중 하나는 뉴턴이 중력의 법칙을 발견하는 데 필수적인 역할을 했으며, 오늘날의 물리학자들은 케플러의 이런 "조화" 중 세 가지만 골라 행성 운동 법칙이라 부른다. 그러나 그에게는 그 모두가 신의 우주적 교향악의 건鍵이었다. 그는 이렇다 할 명성을 얻지 못하고 죽었지만, 생전에 그처럼 큰 보답을 얻은 수학자도 별로 없다. 피타고라스와 마찬가지로, 케플러는 천구들의 신성한 화음을 들었다고 믿으며 죽었다.

수학적 인간(남성)이 시선을 점차 별들로 향하면서, 수학적 여성이 다시금 등장하는 것을 보게 되는 것도 천문학 분야에서다. 대학은 여성에게 여전히 닫혀 있었으므로, 여성은 코페르니쿠스나 케플러처럼 위대한 체계를 수립할 만한 학자가 되는 데 필요한 정식 수학 교육을 받을 길이 없었다. 하지만, 17세기 초부터는 여성도 저 천상을 탐험하는 새로운 모험에 어떤 식으로든 참여하기 시작했다. 여성이 그렇게 할 수 있었던 것은 새로운 천문학이 대부분 대학이 아니라 브라헤의 우라니엔보르와 같은 사설 관측소들에서 이루어졌기 때문이다. 제도적 학문 세계 밖에서는 여성의 참여를 막는 규칙이 없었고, 그래서 여성은 참여했다.

예를 들어, 튀코의 누이 소피 브라헤Sofie Brahe는 오빠의 관측소에서 자주 오빠를 돕곤 했다. 고등교육의 기회가 없어, 여성 천문학자들은 이론가가 될 만한 훈련은 받지 못했다. 그보다는, 튀코 자신도 그러했듯 여성은 관측자, 별 목록 작성자, 천문 도표 제작자 등이 되어 하늘을 자세히 관찰하고 무수한 천체의 미세하고 복잡한 움직임을 기록했다. 이런 일은 비록 역사책에서는 대개 간과되지만, 천문학에는 필수 요소이다. 케플러의 이론적 혁명에 기초를 제공한 것도 브라헤의 관측이었다.[74]

케플러의 조국 독일에는 특히 초창기 여성 천문학자가 여럿 모여 있었다. 최초의 여성 천문학자 중 한 사람은, 흔히 제2의 히파티아로 불리는 마리아 쿠니츠Maria Cunitz(1610-1664)이다. 히파티아와 마찬가지로 마리아도 계몽된 아버지 하인리히 쿠니츠에게 교육받았다. 그는 슐레지엔 지방의 의사이자 지주로서 쿠니츠에게 역사, 의학, 수학과 라틴어를 비롯한 여러 언어를 가르쳤다. 그러나 쿠니츠의 주요 관심사는 천문학으로, 이 또한 아버지 곁에서 배운 것이었다. 아마추어 천문학자와 결혼한 뒤, 쿠니츠는 행성들의 위치를 계산하는 데 쓰일 일련의 천문 도표를 만들기 시작했다. 그의 주요 목표는 케플러의 기념비적이지만 어려운 행성 도표를 단순화하는 것이었다. 쿠니츠는 자신이 만든 도표를 『호의적인 우라니아』*라는 책으로 펴냈다.[75] 쿠니츠는 이 책에서 천문학 기술 및 이론도 다루어, 독자에게 이런 기술적인 주제들을 이해하기 쉬운 방식으로 설명했다. 그러나 여성이 수리과학에 관한 책을 쓴다는 것이 워낙 신기한 일이었으므로, 이 책을 쿠니츠가 쓴 작품이라고 믿는 사람이 거의 없었고, 나중의 판본들에는 그의 남편이 자신은 거기에 전혀 기여하지 않았다고 밝히는 서문까지 실었다. 중세 후기의 여성 작가들이 신의 권위에 호소함으로써 진정성을 정당화해야 했듯이, 마리아 쿠니츠는 이제 감히 책을 쓰는 수학적 여성은 자기 작품이 자신의 것임을 끊임없이 주장해야 한다는 사실을 깨달았다.

쿠니츠는 아버지를 통해 천문학에 입문했고, 사실 이 시대의 모든 여성 천문학자는 남자 친척이나 남편의 계몽된 후원에 의존하고 있었다. 엘리자베타 쿠프만Elisabetha Koopman(1647-1693)에게 그런 역할을 한 남성은 남편이었던 천문학자 요하네스 헤벨리우스Johannes Hevelius였다. 쿠프만은 겨우 열여섯 살 때 쉰두 살이나 되는 그와 결혼했다. 10년 동안 쿠프만은 남편의 조수로 사설 관측소에서 일했고, 새로운 항성 목록[星表]을 만들고

---

* "우라니아"는 천문을 관장하는 뮤즈의 이름이다.

자 관측했다. 그의 사후에도 쿠프만은 혼자서 작업을 계속하여, 결국 그 당시까지 가장 방대한 항성 목록을 만들었다.[76] 뉘른베르크의 마리아 아임마르트Maria Eimmart(1676-1707) 역시 아버지에게 교육받았다. 아임마르트는 아마추어 천문학자이자 성공적인 화가, 판화가였던 아버지에게 학문과 예술을 배웠다. 이 두 가지 재주를 사용하여, 아임마르트는 정확한 천문도를 그리는 데 전문가가 되었다. 사진술이 없던 시절에, 이런 일은 학계에 없어서는 안 될 기술이었다. 1690년대에 아임마르트는 달의 상相에 관한 세밀화 250장을 그렸고, 이는 새로운 달 지도를 만드는 데 기초가 되었다.

17세기의 모든 여성 천문학자 중 가장 뛰어난 인물은 마리아 빙켈만Maria Winkelmann(1670-1720)이었다. 그러나 빙켈만이 거둔 성공은 그에게 낙심만 안겼다. 그 또한 히파티아나 쿠니츠와 마찬가지로, 아버지에게 교육받았다. 그러나 이런 가족 후원 외에도 동네 천문학자에게 상당한 훈련을 받았고, 그의 집에서 장차 남편이 될 독일의 대표적 천문학자 고트프리트 키르히Gottfried Kirch(1639-1710)를 만났다.[77] 빙켈만은 자신보다 서른 살이나 더 많은 키르히를 남편으로 택했는데, 그와 함께라면 자신의 천문학에 대한 열정을 계속 추구할 수 있으리라고 판단했기 때문이었다. 여성이 자신만의 학문적 장비를 갖출 수 없었던 시절에, 그런 장비에 접근할 수 있는 유일한 길은 남성을 통하는 방법뿐이었다. 그리고 그런 점에서 빙켈만은 키르히보다 나은 후보자를 고를 수 없었다. 결혼한 뒤에 그는 베를린 과학 아카데미의 천문학자라는 명망 있는 지위에 임명되었고, 그가 죽기까지 이후 십 년 동안 빙켈만은 그의 곁에서 일했다. 밤새도록 남편과 아내는 번갈아 하늘을 관측했고, 한 사람이 자는 동안 다른 한 사람은 망원경에 매달렸다.

어느 날 밤 일상적으로 관측하던 중에 빙켈만은 전혀 일상적이지 않은 것, 즉 새로운 혜성을 발견했다. 오늘날에는 혜성이 흔히 알려져 있지만, 18세기 초에는 중대한 뉴스였다. 남편을 깨운 빙켈만은 그에게 자신의 발견을 알렸고, 그는 즉시 왕에게 전갈을 보냈다. 그러나 그 보고는 아카데미 천문학자 키르히의 이름으로 이루어졌으므로, 모두가 혜성은 그의 발견이라고 여겼다. 개인적으로는 키르히도 그의 아내에게 우선권이 있음을 시인했고, 몇 년 뒤 그 보고서가 재발간되었을 때는 공식적으로 아내가 발견자임을 밝혔다. 마리아 빙켈만이 남자였더라면, 새로운 혜성을 발견한 그는 천문학계에서 흔들리지 않는 명성을 얻고 직업적 위치도 보장받았을 것이다. 키르히의 명성도 부분적으로는 약 20년 전에 혜성을 발견한 덕분이었고, 튀코 브라헤의 명성도 1577년의 혜성을 발견하여 크게 높아졌다. 빙켈만은 여자라는 이유로 혜성을 발견하고도 합당한 보상을 받지 못했다.

천문학계가 여성에게 얼마나 배타적이었던가는 1710년 키르히가 죽고 아카데미 천문학자의 자리가 비었을 때 명백해졌다. 빙켈만은 남편 곁에서 나란히 일해 오면서 그가 하는 모든 일을 함께 해왔음에도 감히 정식 천문학자 자리는 넘보지도 못했고, 달력을 제작하는 천문학 조수의 자리를 자신과 아들에게 달라고 아카데미에 청원했다. 아카데미 천문학자의 주요 책임 중 하나는 독일의 공식적 달력을 만드는 것이었고, 키르히의 만년에는 빙켈만이 이 일을 맡고 있었다. 빙켈만이 10년 넘도록 그 일을 해왔음에도, 아카데미 이사회는 그 청원을 거부했다. 빙켈만의 자질에 대해서는 아무도 이의를 제기하지 않았지만, 문제는 성별이었다. 아카데미의 간사였던 요하네스 야블론스키의 다음과 같은 글은 뒤이은 논란의 성격을 잘 보여준다. "빙켈만의 남편이 살아 있을 때부터도, 여자가 달력을 만든다는 이유로 협회는 야유받았다. 만일 빙켈만이 계속 그 일을 하도록 내버려 둔다면 구설은 한층 심해질 것이다."[78] 그러니까 여성은 명백히 능력이 있다더라도, 바로 그렇다는 점 때문에 아카데미의 위신에 위협이 된다는 것이었다.

빙켈만을 지지한 소수의 사람 중에는 아카데미 회장을 맡고 있던 고트프리트 라이프니츠Gottfried Leibniz(1646-1716)도 있었다. 뉴턴과 더불어 미적분을 발견한 인물로 17세기의 가장 위대한 물리학자 중 한 사람이었던 라이프니츠가 지지했음에도 아카데미는 빙켈만을 받아들이기를 거부했고 경험 없는 남자를 임명했으나, 그는 곧 무능이 드러났다. 그가 죽자 얄궂게도 천문학자 자리는 빙켈만의 아들에게로 돌아갔으며, 빙켈만은 다시금 무보수 비공식 조수로서 아카데미를 위해 일하게 되었다. 그러나 이 무렵에는 빙켈만에 대한 적대감이 매우 심해졌고, 그도 관측소에 방문객이 있다든가 할 때 뒷전에 물러나 있기를 거부했으므로, 얼마 안 가 아카데미 회원들은 빙켈만이 관측소를 아예 떠나달라고 요구했다. 그리하여 말년에 이 일급 천문학자는 집구석으로 물러날 수밖에 없었다. 장비를 사용할 수 없었으므로 천문학자로서의 경력도 끝난 것이었다.

마리아 빙켈만의 운명은 천문학에 종사하던 여성의 집단적 운명을 상징한다. 고등교육을 받지 못했음에도 여성은 일찍부터 이 신학문에 참여했으나, 분야가 제도화되면서 공식적 지위를 얻거나 공식적인 학계 참여가 허용되지 않는다는 것을 깨달았다. 여성 천문학자들은 집에서 남자 친척을 돕는 정도에서 받아들여졌고 때로는 환영받기도 했다. 이는 꼼꼼하고 일상적인 계산 작업을 하는 데 여성이 이용될 수 있었기 때문인데, 이런 작업은 천문학에서 중요한 비중을 차지했다. 8세기와 19세기 초에 걸쳐, 뛰어난 "아마추어" 여성 천문학자가 많이 나왔는데, 그 대표 인물로 남동생 윌리엄과 함께 항성 천문학을 수립하는 데 기여한 캐럴라인 허셜Caroline Herschel(1750-1848), 수학자 알렉시 클레로Alexis Clairaut와 함께 핼리혜성의 귀환을 최초로 계산한 니콜 드 라 브리에르 르포트Nicole de la Brière Lepaute(1723-1788) 등이 있다. 비록 알렉시 클레로가 처음에는 르포트의 기여를 제대로 인정했으나 나중에는 그렇게 인정했던 것을 철회했고, 오늘날은 그만이 공을 누리고 있기는 하지만 말이다.

어떻든 17-18세기에 여성이 새로운 천문학에 참여하였다는 사실은 여성이 "과학혁명"에 참여하고자 열심이었다는 명백한 증거이다. 하지만 여성을 기꺼이 받아들이는 대신, 많은 수학적 인간(남성)은 여성 앞에 장애물을 두었다. 여성이 수리과학에 종사하는 데는 당시 사회규범들도 장애가 되었지만, 과학을 연구하는 사람(남성)들이 이를 한층 더 어렵게 만들었다.

4장 기계론의 승리

코페르니쿠스는 그의 악명 높은 책 『천구의 회전에 관하여』의 서문에서 자신의 새로운 우주론을 지지해줄 고대 권위자 여럿을 언급하는데, 재미있게도 피타고라스의 제자들인 필롤라오스Philolaos, 헤라클레이데스Herakleides 등과 나란히 이집트의 현자 헤르메스 트리스메기스토스Hermes Trismegistos*의 이름도 실려 있다.[79] 오늘날의 진지한 과학자 중 헤르메스를 자기 선배로 인정할 사람은 아무도 없지만, 르네상스 시대에는 이 전설적인 이집트인이 막강한 지위를 누렸다. 르네상스 시대의 많은 지성인에게, 그는 고대의 가장 위대한 철학자 중 한 사람으로 여겨졌으며, 코페르니쿠스가 그의 권위에 호소한 것도 자신의 논란

---

* "세 배로 위대한 헤르메스"라는 뜻.

많은 주장을 뒷받침할 신용을 얻기 위해서였다. 하지만, 피타고라스의 제자들과 달리 헤르메스는 수학자나 천문학자가 아니라 마술사였으며, 그야말로 서양 마술의 원조로 여겨지던 인물이다. 어찌하여 근대 우주론의 "창시자"가 마술사의 권위에 호소한단 말인가? 비술Occult arts을 행하는 자가 수리천문학자에게 대체 무슨 신용을 더해줄 수 있단 말인가?

21세기를 사는 우리는 마술을 수상한 속임수로 치부하는 경향이 있지만, 15-16세기에 마술은 진지한 자연과학으로 여겨졌다. 고대 미학의 부흥과 더불어 르네상스 시대에는 고대 마술이 부흥했는데, 많은 사람은 이를 그들 주위 세계에 대한 진실하고 유용한 지식에 이르는 길로 여겼다. 비술은 악의 잠재력을 두려워하는 이들에게 의혹의 눈길을 받기도 했지만, 그렇다고 해서 배척당하지는 않았다. 코페르니쿠스와 그의 동시대인들에게 마술이란 자연의 숨은 힘들에 대한 섬세하고 진지한 이해에 기초한 진짜 능력이었다. 코페르니쿠스 자신이 헤르메스의 추종자였는지, 아니면 그 자신의 생각을 더 많은 사람에게 알리고자 고대 마술사의 이름을 빌리기만 한 것인지는 오늘날 알려지지 않았다. 분명한 것은, 그 당시 헤르메스의 이름이 폭넓은 호소력을 지니고 있었다는 사실이다.

그러나 케플러가 행성들의 타원궤도를 발견했다고 공표하던 17세기 초까지, 대개의 수학적 인간은 헤르메스를 높은 권위라기보다는 달갑지 않은 경쟁자로 여겼다. 수학적 과학자와 마술사 들은 경쟁이나 하듯, 앎에 이르는 진정한 길을 제각기 주장하고 나섰다. 양측 모두 옛 아리스토텔레스주의를 대신할 새로운 자연철학이 필요하다고 믿었으나, 그 밖에는 일치점이 거의 없었다. 오늘날의 물리학자들이 생각하기에는 케플러법칙이 수리과학의 효율성에 대한 강력한 논증이 되었을 것 같지만, 케플러의 동시대인들에게는 전혀 그렇지 않았다. 수학이 천상의 원리를 설명하는 데 유용하다는 것은 널리 인정되었지만, 지상의 영역을 이해하는 데도 도움이 된다고 믿는 사람은 거의 없었다. 반면, 마술은 광범한 자연 현상에 대한 진정한 통찰력을 지닌 듯이 보였다.

수리과학을 아리스토텔레스 과학의 계승자로 만들기까지의 싸움은 근대 서구 문명의 위대한 무용담 중 하나이다. 이는 자연 및 자연에 대한 인류의 관계를 보는 시각 그 자체가 달린 싸움으로, 근본적 세력 다툼이 결부되어 있었다. 어떤 것이 자연에 대한 옳은 지식이고 어떤 것이 아니라고 말할 만한 인식 능력을 가진 자가 누구이겠는가? 한마디로, 누가 자연계에 대해 "진리"의 횃불을 드는 자이겠는가? 17세기 물리학의 발전을 이해하려면 우리는 물리학을 연구하는 이들이 마술에 맞서 벌여야 했던 싸움을 이해해야 한다. 왜냐하면 이 싸움의 열기 가운데서 근대의 수학적 인간의 성격이 빚어졌기 때문이다. 새로운 물리학자들은 마술 및 그 이단 종교적 영향에 맞서 그들 나름의 자연철학을 구축했고, 이는 정통 신학과 양립할 수 있게끔 용의주도하게 재단되었다. 흔히 17세기는 과학과 종교가 결별하는 시기라고 하지만, 실상 새로운 물리학자들이 무엇보다도 원한 것은 정통 그리스도교와 조화를 이루는 자연철학, 마술의 사회적-종교적 위협을 물리치기에 적합한 자연철학이었다.

"과학"과 "마술"의 차이는 오늘날 우리가 생각하듯 명백하지 않았다. 13세기경에는 로저 베이컨이나 알베르투스 마그누스 같은 과학자도 비술을 연구했다. 중세에는 교회가 이단 사술을 금했으므로 공공연히 마술할 수 없었지만, 르네상스 시대에는 마술이 다시금 정당화되어 한동안 아리스토텔레스 과학의 대표적 경쟁자가 되었다. 게다가, 아리스토텔레스주의자들과는 달리, 마술사들은 그들의 지식을 광범한 실제적 문제들에 적용하고자 했다. 아리스토텔레스주의자들이 학문의 상아탑에 갇혀 있는 동안, 마술사들은 밖으로 나가 자신들의 기술을 실용화했다. 특히, 르네상스 시대 궁정들은 마술사를 고용했다.

르네상스 마술의 탄생은 이탈리아의 신부이자 물리학자였던 마르실리오 피치노Marsilio Ficino(1433-1499)에게까지 거슬러 올라간다. 그는 코시모 디 메디치Cosimo di Medici 대공의 궁정에서 일했는데, 많은 르네상스 군주처럼 코시모는 고대 필사본들을 수집했으며, 피치노는 희랍어 원문을 번역했다. 1460년경 코시모의 부하 한 사람이 마케도니아에서 가져온 자료는 대공에게 큰 흥미를 불러일으켰고, 그는 피치노에게 즉시 이 보물을 번역하라고 명령했다. 결국 마케도니아 필사본에는 고대 이집트 비교秘敎들에 대한 설명이 들어 있는 것으로 드러났다. 오늘날 『헤르메스 대전大全』으로 알려진 이 자료는 15-16세기에 되살아나는 고대 마술의 관건이 되는 문전의 하나이다. 르네상스 마

술의 복잡하고 특이한 체계는 이런 비전秘傳 문서들에 기초해 수립된 것이다.[80]

헤르메스 비전 문서들의 복구는 유럽이 고대인의 사라진 지혜를 되찾으려는 운동의 마지막 단계였다. 그러나 그 마술적 지식은 고대 그리스보다 더 옛날로 소급하는 것으로 여겨졌고, 그래서 르네상스 학자들은 이집트 최초의 현자 헤르메스 트리스메기스토스가 이 마술에 관한 문서들을 썼다고 믿었다. 이 문서들은 그처럼 오랜 연원을 지녔다고 여겨졌던 만큼 15-16세기에 걸쳐 엄청난 권위를 행사했고, 피치노와 그의 계승자들은 자신들이 서구 지식의 원천 자체에 접하고 있다고 믿었다. 그들은 헤르메스가 이집트 지혜의 원천일 뿐 아니라 그리스의 거인들인 피타고라스나 플라톤의 사상의 궁극적 원천일 것으로 생각했다. 그들은 프리스카 필로소피카prisca philosophica(최초이자 가장 순수한 세계 지식), 즉 자연과 그 숨은 힘들에 대한 진정한 이해의 기초가 바로 거기 있다고 생각했다. 그리하여 약 한 세기 반 동안, 이 비전 문서들은 아리스토텔레스의 오랜 권위에 도전하는 자연철학의 기초가 되었다.

그러나 17세기 초의 면밀한 문헌학 연구에 따라, 이 마술에 관한 문서들은 고대 이집트 시기가 아니라 로마제국 후기에 쓰인 것으로 밝혀졌다. 거기서 엿보이는 피타고라스나 플라톤적 음영은 그 어떤 이집트 현자의 예지를 나타내는 것이 아니라, 단순히 고대 로마 말기의 신플라톤주의적 분위기를 반영했다. 돌이켜보면, 그렇게 쉽사리 이 문서들이 정말로 고대 이집트 시대에 작성됐다고 믿었다는 것이 오히려 신기한 일이다. 그러나 그런 믿음은 르네상스 시대가 만들어낸 것만은 아니었으며, 이미 4세기부터 은연중에 퍼져 있었다. 아우구스티누스처럼 권위 있는 교부조차도 헤르메스 트리스메기스토스를 이집트의 현자로 인정했다. 피치노가 "헤르메스 대전"을 번역하던 무렵에는 그런 신화가 이미 천 년은 내려왔으니, 그도 다른 누구도 거기에 의문을 품을 이유가 없었다.[81]

신플라톤주의적 사상을 반영하여, 헤르메스 비전 문서들은 유기적 자연철학을 표방했다. 즉, 세계는 물질적인 육체와 비물질적인 "세계영혼world soul"을 가진 살아 있는 유기체라는 것이다. 물질계 너머에는 자연 가운데 드러난 "이데아"(또는 형상)들의 원천인 신적인 "지성"이 있으며, 세계영혼은 이 신적 지성과 물질계 간의 중개역을 하는 것으로서, 그 자체는 천상계에 속했다. 헤르메스 마술의 기초 원리는 마술사가 별들의 영향력을 끌어내림으로써 세계영혼의 힘을 조정하고, 그럼으로써 지상에 일어나는 사건과 인간사 들을 다스릴 수 있다는 것이었다. 르네상스 역사가 프랜시스 예이츠의 말을 빌리자면, 헤르메스의 마술은 "성계星界 마술astral magic"이었다.[82] 물론 천상의 별들이 지상의 영역에 영향을 미친다는 생각은 점성술의 기초를 이루며, 헤르메스주의만의 생각은 아니다. 그러나 점성가들은 별들을 해석하고 천상의 전조들을 점치는 데 그칠 뿐, 별들의 영향력을 조정하거나 바꾸려 하지는 않았다. 성계 마술을 하는 자들은 바로 그 일을 함으로써, 점성술에 내재하는 결정론을 극복하고자 했다. 성계 마술 뒤에는 천상계와 물질계 사이의 연결이 양방향으로 작용하도록 조정될 수 있다는 믿음이 깔려 있었다. 별들은 인간사에 영향을 미치며, 역으로, 인간은 별들에 영향을 미칠 수 있다. 마술사의 임무는 별들의 힘을 자기 뜻대로 움직이는 법을 배우는 것이었다.

구체적으로 말하자면, 그때까지 알려져 있던 천체(태양과 달, 행성과 황도십이궁黃道十二宮의 성좌)들은 각기 독특한 영향력을 행사했으며, 마술사는 그 각각을 다스리는 법을 배워야 했다. 가령, 토성Saturnus은 추상적인 연구와 관련이 있는 행성이었고 우울증에 영향을 주는 경향이 있는 것으로 여겨졌다. 태양과 목성Iuppiter은 건강한 영향력의 중심지였고, 금성Venus은 사랑의 행성이었다. 각 천체 또는 성좌는 독특한 암석, 금속, 식물, 동물 등과 관계있었고, 이런 것들에 그 영향력이 집중되어 있었다. 이런 사물들을 다룸으로써, 마법사는 자기가 바라는 별들의 영향력을 확대하고 바라지 않는 것들을 최소화하고자 했다.

성계 마술의 또 다른 양상은 부적의 사용이었다. 각 천체나 성좌에는 암석이나 식물 말고도 제각기 관련 이미지가 있었다. 알맞은 시기에 알맞은 정신 상태로 알맞은 물질에 알맞은 이미지를 부과함으로써, 마술사는 별들의 영향력에 대한 지배력을 얻을 수 있다고 믿었다. 가령, 태양의 이미지는 "머리에 왕관을 쓰고, 태양의 형상(또는 마술적 상형문자)을 발치에 두고, 왕좌에 앉아 있는 왕"이었고, 토성의 이미지는 "까마귀의 얼굴과 발을 하고, 왕좌에 앉아 있으며, 오른손에는 창, 왼손에는 창이나 화살을 들고 있는 남자"였으며, 금성의 이미지는 "머리칼을 풀어 내린 채 사슴을 타고 오른손에는 사과, 왼손에는 꽃을 들고 흰 옷을 입은 여자"였다.[83] 부적을 만드는 기술은 천문학과 수학과 음악과 형이상학에 통달해야 할 수 있을 만큼 복잡하고 어려웠 다. 헤르메스 문서들에 따르면, 철학에 통달하지 않고는 이 복 잡다단한 기술에 성공할 수 없다고 하며, 따라서 르네상스 마술 은 고도로 지적인 분야였다.

이렇게 지적인 마술로써 무엇을 얻을 수 있었는가? 헤르메스 문서들은 사업에 성공하고, 감옥에서 탈출하고, 적을 제압하고, 사랑하는 사람의 사랑을 얻고, 병을 고치고, 건강과 장수를 증 진하는 비결과 부적을 열거했다. 특히 마술로 병을 고치는 방법 이 피치노의 관심을 끌었다. 별들이 건강에 영향을 미친다는 생 각은 전혀 새로운 것이 아니었지만, 피치노는 『생명의 책』을 발 표하여, 부적으로 병을 고치는 새롭고 미묘한 마술적 비결을 제 시했다.[84] 이 책은 주로 학생을 위해 쓰였는데, 학업에 지나치게 열중한 학생은 생명이나 젊음의 생기와는 적대적인 토성의 영 향을 받아 병과 우울증에 걸리기 쉬웠기에, 피치노는 우울증에 걸린 학생과 노인(의 생명력 또한 쇠퇴일로이니까)에게 토성과 관 련한 암석이나 동식물을 피하고 태양, 목성, 금성 등과 관련이 있는 것들을 가까이 두라고 권했다. 또한, 금(명랑한 정신으로 가 득 찬 태양의 금속) 장식을 몸에 걸치고, 금성의 색깔은 녹색이니 전원을 거닐며, 장미나 크로커스 같은 태양의 명랑한 꽃을 꺾으 라고 했다. 그리고 비非토성적으로 식사하고 즐거운 향내를 맡는 것이 좋으며, 마지막으로 부적을 만들라고 했다. 장수하려면 깨끗한 흰 돌에 목성의 이미지를 새기거나, 사파이어에 토성의 이미지를 새겨야 했다. 분명 이는 가난한 자를 위한 의학은 아니었다.

신부였던 피치노는 마술 사용을 권유하는 데 따르는 신학적 위험성을 잘 알고 있었고, 그래서 그는 자신의 마술이 악마적인 것이 아니며 그저 자연의 힘들에 따르는 것임을 분명히 하려고 애썼다. 그는 마술이 자연의 이치를 깊이 이해하는 데서 나온다고 주장했으며, 신학이 금하는 경계를 넘어서지나 않을까 하여, 건강 외의 영역까지 마술을 적용할 엄두를 내지 못했다. 그러나 그의 뒤를 이은 많은 사람은 마술을 훨씬 폭넓게 적용하려 했으며, 그보다 젊은 동시대인 미란돌라는 피치노가 주장하는 자연 마술을 훨씬 넘어서서 유대인들의 카발라Kabbala* 마술을 헤르메스 전통에 도입했다. 미란돌라에 따르면, 카발라 마술은 별들의 자연적인 영향력뿐 아니라 신적 지성의 영역에서 초자연적인 영향력도 끌어내리게 해주므로, 순전한 성계 마술보다 훨씬 더 강력했다. 미란돌라의 마술은 단순한 별 마술이 아니라 천사 마술로, 거기에는 신의 이름에 대한 깊은 이해가 포함되어 있었다. 카발라 마술에는 히브리 알파벳과 성서 문헌들에 기초한 수비학數秘學도 포함되어 있었다. 하지만 이렇게 마술과 종교를

---

* 유대교의 신비주의. 12세기에 나타나 수백 년 동안 유행했다. 토라(신의 계시)에 성문화되지 않은 비전秘傳의 지식으로, 신에게 직접 다가가는 방법을 가르친다고 했다.

뒤섞는 것이야말로 마술의 정당성을 위태롭게 했다.

마술사들은 자연의 깊은 이해를 목표로 하면서도 심오한 종교적 운동을 이끌고 있었는데, 헤르메스 문서들이 신적인 지식의 원천으로서 성서를 보완하는 것으로도 여겨졌기 때문이었다. 실제로, 어떤 헤르메스 문서는 성서의 「창세기」와 놀랍도록 유사한 창조 이야기를 싣고 있으며, 르네상스의 헤르메스주의자들은 헤르메스 트리스메기스토스를 이집트의 모세라고 보았다. 이에 더하여, 몇몇 다른 문서는 그리스도의 도래를 예언하는 것처럼 보였으므로, 헤르메스주의자들은 이런 대목들을 헤르메스가 그리스 철학자들의 선구일 뿐 아니라 그리스도교 자체의 최초의 예언자라는 증거라고 해석했다. 그들에게 헤르메스는 서구의 모든 지혜, 종교적 지혜와 세속적 지혜들을 연결하는 원초적 연결 고리였다. 그들이 헤르메스주의를 그리스도교 안에 재통합함으로써 회복하려던 것은 이런 원초적 종합이었다. 아리스토텔레스주의와 그리스도교의 융합이 중세 후기 문화의 특징이라면, 르네상스의 마술사들은 중세 이후 문화를 그리스도교와 헤르메스주의의 융합으로서 정의하려 했다.

헤르메스주의의 종교적 가닥들은 처음부터 명백했다. 마술에 대한 교회의 적대적인 태도에 맞서, 피치노는 마술이란 신적 지성 안에 있는 이데아들이 물질 안에서 구현되는 과정을 깊이 이해하는 데서 출발한다고 정당화했다. 실제로 그는 마술사란 신이 우주를 창조한 것과 같은 방법들을 사용하는 반半신적 중개인이라고 주장했다. 한 역사가가 지적했듯이, 마술하는 것은

"거룩한 탐색"이요, "지식과 연구가 아니라 계시로써 얻어지는 지식의 모색"으로 여겨졌다.[85] 월터 롤리 경卿은 "마술이란 신을 숭배하는 기술"이라 했고,[86] 미란돌라는 헤르메스 문서들이 그리스도의 위엄을 입증한다고 옹호했다.[87] 르네상스 헤르메스주의의 종교적 저류의 증거는 시에나 대성당에서 구체적으로 볼 수 있다. 대성당에 들어서면 가장 먼저 모자이크 바닥에 상감한 헤르메스의 이미지가 보인다. 그리스도의 최초 예언자로서 역할을 인정받았기에 그는 이런 영광을 얻을 수 있었다. 그를 이집트의 모세로 공식적으로 인정한 또 다른 예는 바티칸의 보르지아 관館*을 장식하고 있는 핀투리키오Pinturicchio(1454-1513)의 그림들에서도 찾아볼 수 있다.

그러나 헤르메스주의자들이 처음에는 그처럼 교회 안팎에서 환대받았지만, 반대 또한 없지 않았다. 마술을 용인하지 않는 이들에게는 피치노가 별들의 영향력을 불러낸다는 것부터 이미 좋게 보이지 않았을뿐더러, 미란돌라의 천사 마술은 분명히 악마적인 낌새를 풍겼다. 반대자들의 불평으로, 교황 인노켄티우스 8세는 미란돌라의 논문들을 검열하라는 명령을 내렸고, 1487년 그중 다수가 단죄되었으며 미란돌라 자신도 한동안 투옥되었다. 2년 뒤, 미란돌라의 검열에 참여했던 스페인 주교 페드로 가르시아Pedro Garcia는 모든 마술이 로마가톨릭교회 신앙에 어긋난다고 주장하는 내용의 책을 펴냈다. 가르시아는 비술

* 15세기 말 교황 알렉산데르 6세가 쓰던, 바티칸 내 6개의 방.

의 효력을 부인하지 않지만, 이는 악마적인 도움 없이 이루어질수 없다고 선언했다. 마침내, 1563년의 트리엔트공의회는 마술을 엄히 경계했고, 마술에 관한 책들은 금서 처분되었다.

마을의 산파나 마녀의 민간 마술에 대한 교회의 적대감은 마술사들의 상황을 한층 더 복잡하게 만들었다. 마술사들은 자신들의 지적인 마술을 "조잡한" 흑마술黑魔術과 구분하고자 무척애썼지만, 자신들을 하층계급 점쟁이와 차별화하는 데 완전히성공하지는 못했다. 어떤 유식한 마술사들은 실제로 마을의 산파를 찾아가 민간 마술을 배우기도 했다. 대표 사례로, 16세기의 유명한 연금술사 파라켈수스Paracelsus(1493-1541)는 일평생 평민 대중을 옹호했다. 이렇듯 한때는 비술에 대한 학구적 흥미로마술이 사회적으로 존경받기도 했지만, 세기말에 이르면서 성직자들은 점차 모든 종류의 비술에 등을 돌렸다. 16세기 말과17세기 초는 유럽에서 대대적인 마녀사냥이 일어난 시기였고, 적어도 백만 명의 여성이 사술詐術을 행한 죄로 처형되었다.

마술에 대한 교회의 반응은 대중적이든 지적이든 모든 종교적 이설異說을 탄압하려는 더 광범한 노력의 일환이었다. 종교개혁의 여파로 유럽은 온갖 "이단"으로 들끓었고, 정통 그리스도교는 사면초가의 공세를 받았다. 가톨릭과 프로테스탄트의분리 외에도 새로운 분파가 수십 개 생겨났는데, 재세례파Ana-baptists, 침례교도Baptists, 청교도Puritans, 퀘이커파Quakers, 구도파Seekers, 랜터파Ranters, 가족파Familists 등 이루 다 열거할 수 없을 정도였다. 이런 분파 대다수는 정통 교회에서 멀리 떠났고,

특히 우려스럽게도 어떤 분파는 여성에게 중요한 역할을 허용했다. 이런 혁신에 씨앗을 제공한 것은 종교개혁이었고, 루터는 모든 인간이 평등하게 신과 직접 교통할 수 있다고 선언했다. 또한 종교개혁자들은 사람들에게 로마가톨릭교회의 성직자들이 내려주는 해석에 의지하기보다는 직접 성서를 읽으라고 권장했다. 그러나 몇몇 새로운 분파는 신 앞에서 모두가 평등하다는 개념을 종교개혁자들이 의도했던 것보다 한층 더 밀고 나갔고, 곧, 유럽 전역의 여성은 종교 생활에서 좀 더 적극적 역할(예언하고 설교하며 주님의 말씀을 해석하는 일 등)을 맡게 되었다.

로마가톨릭교회에서나 프로테스탄트에서나 여성 설교자는 혐오의 대상이었고, 곧 반격이 가해졌다. 영국에서는 1543년에 통과된 의회법으로 여성이 성서 읽을 권리가 제한되었다. 즉, 귀족 여성만 개인적으로 성서를 읽도록 허용되었고, 상인계급 여성은 남성이 보는 앞에서만 읽을 수 있었으며, 하층계급은 일체 사적으로 성서를 읽을 수 없게 되었다. 독일에서는, 여성끼리 성서에 관해 이야기하는 것을 당국이 나서서 금지하려 했다. 가톨릭과 프로테스탄트는 많은 소분파를 이단의 온상으로 보았고, 데이비드 노블의 지적대로[88] 점차 이단과 여성을 연관시키게 되었다. 이단 특히 여성에 의한 이단을 탄압하려는 교회의 결정은 종교적 열정이 걸핏하면 흑마술로 오인되는 분위기를 만들어냈다. 역사가 캐럴린 머천트는 눈에 띄게 행동하거나 남들 앞에 나서서 말하거나 남성의 권위에 도전하거나 하는 하층계급 여성은 특히 마녀로 고발될 소지가 컸다고 지적한다.[89] 엄밀히 따지면 남성도 흑마술을 부릴 수 있었으나, 기록에 따르면 재판받고 처형당한 절대다수는 여성이었다. 어떤 마을에서는, 여성 주민 전체가 몰살당하기도 했다.

사회적으로나 지적으로나, 마을의 마녀와 헤르메스주의 마술사 들은 극과 극이었지만, 양쪽 다 초자연적인 힘들과 교통하고 있다고 고발되었다. 많은 성직자가 보기에 그러한 교통은 어떤 것이건 이단이었고, 17세기가 시작되면서 마술사들은 갈수록 더 수세에 몰렸다. 그러나 교회 쪽에서 보기에 헤르메스주의의 위협은 기우가 아니었다. 여러 유명한 마술사가 마술을 부릴 뿐 아니라 급진적인 종교개혁의 메시지를 설파하고 있었기 때문이다. 그런 사람들은 헤르메스주의를 새롭고 급진적인 비정통적 그리스도교의 기초로 삼고자 했다. 이는 실로 중대한 이단의 발생이었다.

헤르메스주의의 종교적 위협을 한 몸에 구현한 인물이 조르다노 브루노Giordano Bruno(1548-1600)이다. 그는 가장 위대한 헤르메스주의 마술사의 하나로, 이탈리아에서 화형당했다. 브루노의 열광적 헤르메스주의는 단순히 그리스도교회 개혁뿐 아니라 그리스도교를 헤르메스 트리스메기스토스의 고대 이집트 종교로 대치하려는 꿈을 꾸게끔 했다. 이전의 어떤 선배들보다도 더 멀리 나아가, 브루노는 자신이 "진정한" 종교의 새 시대를 열 마술사-사제라는 새로운 부류의 선구자라고 믿었다. 그가 꿈꾸는 종교개혁의 일환으로서, 그는 일찍부터 코페르니쿠스를 지지했다. 그러나 그가 태양중심설을 지지한 것은 현대적인 의미에서 "과학적"이라 할 수 있는 이유에서가 아니라, 코페르니쿠스의 우주 도면을 세계의 마술적 상징으로 보았기 때문이었다. 브루노에게 태양중심설이란 이집트 종교의 새 시대, 그 자신이 열게 될 시대가 가까웠다는 신호였다.

브루노에게서 놀라운 점은 그가 그렇듯 급진적이고 궁극적으로는 반反그리스도교적인 개혁을 로마가톨릭교회의 심장부에서 일으킬 수 있다고 믿었다는 데 있다. 1592년 그는 교황에게 자기 생각을 이해시킬 작정으로 이탈리아로 갔다. 하지만 이런 만용의 대가로 그는 목숨을 잃었다. 브루노는 교황을 만나기는커녕 종교재판에 회부되었고, 8년간 감옥에 갇혔다가 화형대로 끌려갔다. 아이러니하게도 오늘날 과학자들은 종종 브루노를 태양중심설을 지지하고자 목숨을 바친 순교자쯤으로 여긴다. 그러나, 역사가 프랜시스 예이츠가 보여주었듯이, 문제는 그의 과학적 견해가 아니었다. 당대의 "진짜" 물리학자들도 성직자들 못지않게 그의 생각에 반대했다.

17세기에도 여전히 비술은 번창했고 심지어 로마가톨릭교회 내에도 비술 실행자들이 있었지만, 이러한 풍조는 점차 위험한 일로 여겨졌다. 브루노가 죽은 뒤로, 헤르메스주의자들은 고발당할 위험을 피하려 살얼음을 내디뎌야 했다. 새로운 수학적 과학자들이 자신들의 입장을 정해간 것은 이런 분위기 속에서였으며, 그들의 주요 관심사 중 하나는 정통 교회와 유대를 견지하는 것이었다. 마술에 대한 싸움에서 수학적 인간들의 지도자로 자처하고 나선 것은 미니미 수도회*의 수사 마랭 메르센

Marin Mersenne(1588-1648)이었다.[90] 데카르트의 친구이며 갈릴레이의 지지자였고 그 자신도 일급 물리학자였던 메르센은 모든 형태의 이단을 경멸했으며, 미니미 수도회라는 근엄한 배경을 업고서 마술적 세계관과 일전을 벌였다.

미니미 수도회는 프랑스에서 가장 금욕적인 수도회의 하나로, 교회에 대한 절대 순종, 정절, 겸손, 항시적인 사순절四旬節 절식을 규율로 삼았다. 앞의 셋은 모든 수도회의 공통 규율이었지만, 마지막은 미니미 수도회만의 규율로, 고기, 달걀, 치즈, 우유, 버터 등이 일절 금지되었다. 데이비드 노블에 따르면, "수도사들은 '수도적 완성'이라는 엄격한 계획에 따르기로 맹세"했고 "모든 해이함을 채찍질하는" 감독자들의 독려 가운데, 꽉 짜인 종교적 일과들을 수행했다.[91] 훈련, 복종, 절제는 미니미 수도회의 생활 철학이었으며, 한마디로 미니미 수도회는 로마가톨릭 교회의 방어 요새였다.

메르센은 마술의 근거인 유기적 자연철학이야말로 이단의 뿌리라고 보았다. 특히 그는 세계를 살아 움직이도록 하는 힘의 원천인 세계영혼이 있다는 생각에 반대했다. 세계영혼에 대한 믿음은 본래 플라톤에게서 나왔고 그 신봉자들을 신과 자연의 관계에 대한 비정통적인 견해로 이끄는 일이 허다했다. 무엇보다도, 이신론理神論, deism이라는 이단으로 흐르기 쉬웠다. 이신론자들은 신이 세계를 창조했으되 일단 창조된 세계는 순전히

---

* 이탈리아의 성聖 프란체스코 마르토틸라 일명 파올라의 프란체스코(1416-1507)가 세운 수도회.

자연적인 과정들에 따라 유지된다고 믿었다. 세계영혼을 믿는 어떤 사람은 세계영혼을 곧 신과 동일시했고, 또 어떤 사람은 세계영혼이라는 개념에서부터 지구는 살아 있는 동물이라는 주장에 이르기도 했다. 가령, 브루노는 모든 천체가 거대한 동물들이며 각기 개별적인 정신을 지닌다고 단언했다. 메르센은 이런 개념을 일체 부인했으며, 브루노를 유사 이래 가장 사악한 인물로 간주했다. 브루노의 헤르메스적-유기적 철학이 급진적 종교개혁 계획과 짝을 이루었다는 사실은 메르센에게 그런 사고가 얼마나 위험한가를 새삼 입증해주는 것이었다.

1620년대 동안에, 메르센은 르네상스의 마술 및 비술의 모든 양상을 통렬하게 공박하는 글을 써서 피치노, 미란돌라, 브루노 (이들은 이미 죽은 뒤였지만) 등 마술을 퍼뜨리는 자를 전부 단죄했다. 그러나 죽은 마술사는 살아 있는 마술사만큼 커다란 위협은 아니었다. 메르센의 가장 신랄하게 공격한 대상은 그와 동시대인이었던 로버트 플러드Robert Fludd(1574-1637)였다. 플러드는 최후의 위대한 마술사 중 한 사람으로서, 그를 공격하는 자 못지않게 사나운 반격으로 맞선 호전적인 적수였다. 메르센 대對 플러드의 논전은 전 유럽 학자의 흥미로운 구경거리였다.

메르센 편에서는 성계 마술, 부적, 동식물과 금석金石과 도상 圖象의 힘 등 사실상 자연 마술의 모든 수단을 인정하지 않았다. 그 대신, 그는 자연을 이해하려는 수학적 접근을 지지했다. 플러드와 논쟁하면서 메르센은 미니미 수도회의 여러 수사에게 도움을 받았고, 마침내 피에르 가상디Pierre Gassendi 신부의 협조를 얻었다. 반反아리스토텔레스적이지만 종교적으로는 정통주의를 고수하는 파리의 지적 동아리에 속해 있었던 가상디는, 메르센의 요청에 따라, 플러드의 유기적 세계상의 기초를 체계적으로 비판하는 예리한 논문을 썼다. 특히 그는 자연의 숨은 힘들이라든가 자연을 살아 움직이게 하는 세계영혼이라든가 하는 개념을 정면으로 비판하고 나섰다.[92]

메르센과 가상디는 마술의 핵심이라 할 유기적 자연관을 쳐부술 뿐 아니라, 나아가 정통 신학과 양립할 수 있는 새로운 자연철학으로 이를 대치할 작정이었다. 역사가 피터 디어의 지적대로, "[메르센의] 저작의 종교적 의의는 절대 사라지지 않았고, 늘 핵심 동기로 남아 있었다." 무엇보다도, 메르센은 "신과 그가 창조한 세계의 관계에 대한 정통 가톨릭의 입장들"과 양립할 수 있는 자연철학을 정립하려 했고, 그 해답을 기계론적 자연관에서 찾았다.[93] 그는 세계란 내적 생명력을 지닌 유기체가 아니라, 신이 외부에 부과한 법칙에 따라 엄격히 작동하는, 자동력 없는 기계라고 보았다. 여기에 가상디도 동의하여, "신은 세계영혼이 아니라, 관리자governor 또는 감독자director"라고 했다.[94]

메르센이 보기에, 기계론적 자연철학의 중요한 기능 하나는 기적의 가능성을 인정한다는 것이었다. 엄밀히 법칙적인 우주에서는, 자연은 법칙이 허용하는 것밖에 할 수 없으며, 모든 일이 자연 과정만으로 일어날 수는 없다. 그러므로 법칙 바깥에서 일어나는 모든 것은 신의 섬세한 개입에 따른 것이다. 메르센은 기적이라는 개념 자체가 일정한 자연 질서와 또 그 질서의 파기

가능성을 의미한다고 이해했다. 메르센은 기계론으로써 이신론의 이단에 맞서고자 했다. 산문적인 20세기를 사는 우리에게, 기계론 탄생의 계기 중 하나가 초자연적인 것을 자연 속에 조화시키려는 욕망이었다는 사실은 퍽 재미있다.

가상디는 기계론적 세계상에 원자原子라는 기초를 제공했다. 그는 세계란 숨은 힘들의 영향을 받는 개별적이고 영혼을 지닌 생명체가 아니라, 자동력 없는 물질의 미세한 조각들로 이루어져 있다고 했다. 물론 이는 새로운 생각이 아니었고, 가상디는 이를 고대 그리스 철학자 에피쿠로스에게서 배웠다. 그러나 그리스식 원자론은 위험한 무신론으로 통할 수 있었으므로, 역사가 윌리엄 애슈워스가 말하듯이, 독실한 로마가톨릭교회 신부 가상디는 "그리스도교적 방침에 들어맞는 원자론을 재단"해냈다.[95] 가상디의 기계론적 세계상에 따르면, 우주는 신이 부과하는 일련의 수학적 법칙을 따르는 자동력 없는 원자의 집합이 되었다. 마술적 세계관의 생동케 하는 힘이나 정신은 마치 도살당한 송아지에서 피가 빠져나가듯이 빠져나갔다. 마술사의 스스로 살아 움직이는 우주는 도살되었고, 그 자리에는 자동력 없는 기계가 들어섰다.

캐럴린 머천트는 기계론 확립의 또 한 가지 양상에 주목한다. 신플라톤주의 전통 가운데서, 세계영혼이란 대개 여성으로 여겨졌다. 그런데 기계론자들은 이 여성적인 힘을 죽이고 모든 힘을 남성인 신에게 이양함으로써, 우주의 여성적 힘이라는 개념을 백지화했다. 머천트가 지적했듯이, 이처럼 자연에서의 "여성적인" 것에 대한 억압은 당시에 마녀사냥으로 이루어졌던 사회적인 여성 탄압을 반영했다. 17세기 초에 국가 권력자, 성직자, 과학자 모두는 자연과 사회에서의 여성적인 힘을 견제 대상으로 보았다.[96]

우주 전체가 남성적 신성으로 다스려지는 자연철학을 구축함으로써, 기계론자는 그들이 정당화하려는 사회, 즉 가부장적이고 군주적인 사회를 반영하는 세계상을 창조했다. 르네 데카르트René Descartes(1596-1650)는 메르센에게 "왕이 자기 왕국에서 법을 제정하듯이, 신은 자연 속에 수학적 법칙들을 세우셨소"라고 썼으며,[97] 메르센과 그의 지지자들은 신을 우주의 법제적 군주로 만듦으로써 로마가톨릭교회와 왕권 국가를 의식적으로 옹호했다. 머천트에 따르면, "프랑스에서 기계론적 세계관의 발흥은 중앙 집권화 및 왕권 강화 경향과 때를 같이한 것"이었다.[98] 기계론 철학의 정치적 의의를 분명히 표현한 또 한 사람은 메르센의 동아리에 속해 있던 영국 왕당파 토머스 홉스Thomas Hobbes(1588-1679)였다. 그는 대표 저서 『리바이어선』에서 "사회적 무질서에 대한 해결책으로서 기계론적 사회 모형"을 제시했다.[99] 마술, 유기적 자연관, 사회적 불안, 여권의 대두 등에 맞서 구축된 기계론적 세계상은 단순히 과학의 산물이라기보다는 사회적·정치적 보수파의 반격이었다고 보아야 할 것이다.

새로운 자연철학을 구축하는 것과 그 철학을 폭넓게 수용시키는 것은 완전히 별문제이다. 기계론자들은 마술사들의 발판을 제거하는 것만으로는 충분치 못하다는 점을 잘 알고 있었으며, 자신들의 견해가 얼마나 정당하고 유효한가를 입증해야만 했다. 그들은 수학이 정말로 자연에 대한 새로운 이해의 견고한 기초라는 것을 보여주어야 했다. 수리과학의 산물에 둘러싸여 살아가는 우리로서는, 17세기 초에 그런 관점을 입증할 자료가 거의 없었다는 것을 이해하기 힘들다. 오늘날 우리는 물리학을 당연시하지만, 메르센과 그의 동료 기계론자들로서는 물리학의 유효성을 보여준다는 것이 전혀 쉽지 않았다. 메르센 자신은 당시 수학적 과학을 통해 알려졌던 것들(광학 법칙, 역학, 정역학 靜力學, 음악적 화성법 등)을 모조리 나열함으로써 손쉬운 해결책을 찾으려 했다. 그러나 자연 연구에 수학적 접근을 가장 확실히 옹호한 사람은 데카르트였다.

메르센이나 가상디와는 달리, 데카르트는 마술사나 유기적 자연철학자와 싸우는 데 직접 가담하지 않았으며, 그보다는 수학이야말로 진정한 지식의 기초였음을 논리적으로 증명하는 데 진력했다. 하지만, 합리주의자로서 그가 쌓은 명성에도, 그 유명한 논증의 핵심에서 우리는 다름 아닌 신을 발견하게 된다. 비록 신부나 수도사는 아니었지만, 데카르트는 독실한 로마가톨릭교회 신자였으며, 메르센이나 가상디와 마찬가지로 정통 로마가톨릭교회 신학과 조화를 이룰 과학을 구상하고 있었다. 실상 그는 자신의 자연철학이 제국주의와 함께 퍼져나간 예수회를 거쳐 전 세계에서 가르쳐지기를 바랐다.

데카르트의 인생 목표는 그가 스물세 살이던 1619년 11월 10일에 분명해졌다. 그는 독일 시골을 여행하다가 울름 근처에서

묵었다. 답답하고 후끈한 방 안에서 몸을 녹이다가 그는 몽상에 빠져들어 환상 중에 진리의 천사를 만난다. 역사가 에드윈 버트에 따르면, "그 경험은 신비가의 몰아경에나 비견될 수 있을 것"이었다.[100] 환상은 그날 밤 세 가지 이상한 꿈으로 이어졌는데, 이 꿈들은 초자연적 통찰 가운데서 "수학이야말로 자연의 비밀을 푸는 열쇠"라는 그의 평소 신념을 확고히 해주었다.[101] 그러나 진리의 천사를 누구나 개인적으로 만날 수는 없으므로, 데카르트는 이 계시의 본질을 논리를 통해 보여주고자 했고, 그리하여 마침내 그 논증을 저 유명한 "나는 생각한다, 그러므로 존재한다"라는 불멸의 구절이 들어 있는 저서 『방법서설』로 제출했다.[102]

데카르트 저서의 논리적 결구에도, 결국 독자는 자연의 수학적 법칙성을 보장하는 것은 신의 불변성임을 알게 된다. 데카르트의 세계상에서도 자연법칙이 매 순간 작용하게 유지해주는 힘은 신성의 지속적 존재이다. 데카르트는 가상디 같은 원자론자는 아니었지만, 그의 물질에도 생동케 하는 영animating spirit이나 비의적인 힘은 없었다. 물질은 엄밀히 신의 법칙에 따라 움직이는 것이었다. 물질, 운동, 수학적 법칙, 이 세 가지만을 데카르트는 실재의 기초라고 보았다. 이렇게 삭막한 뼈대 속에 마술 같은 것은 있을 수 없었다.

데카르트의 세계관에는 인간 정신이라는 한 가지 요소가 더 있었으나, 그의 철학에서 정신은 물질과 전적으로 별개였다. 여기에서 연장자延長子, res extansia 즉 물질과 운동으로 이루어지는 물질세계와 사유자思惟子, res cogitans 즉 사상과 느낌과 감정의 비물질적 세계라는 그의 유명한 이원론이 나오게 되었다. 정신과 물질을 이처럼 확연히 분리하는 것은 서구 정신에 막대한 결과를 가져올 것이었다. 한마디로, 고통과 두려움과 기쁨을 느끼는 "자아"라는 것이 근대의 물리학자들이 묘사하는 수리적-물질적 세계와 어떻게 조화를 이루겠는가?

프랜시스 예이츠는 물리학자들이 연구하는 세계에서 정신(또는 영혼)을 추방한 것은 마술에 대한 반격을 한층 더 밀고 나간 것이라고 보았다. 마술사들과 새로운 수학적 인간들 사이의 기본적인 차이는 마술사가 세계를 내재화internalize하려고 하는 것과 달리, 기계론자는 세계를 외재화externalize하여 자신의 심령과 완벽히 분리하려고 한다는 데 있었다. 예이츠는 "역학과 수학이 애니미즘과 마술 대신에 들어섰을 때, 무슨 수를 써서라도 피해야 했던 것은 바로 이 내재화, [정신과] 세계의 내밀한 연관이었다"라고 지적했다.[103] 옛 마술적 인식 태도와는 반대로, 새로운 수리과학은 세계와 감정적이고 주관적인 연대가 아니라 초연하고 가능한 한 객관적인 이해에 이르고자 했다.

하지만 데카르트가 물리학자의 연구 대상인 세계에서 정신을 제거했다고는 해도, 그런 세계에 대한 인간 정신의 승리를 선언한 것 또한 그였다. 자연의 진정한 법칙을 발견할 수 있는 것도 수학적 정신이요, 실재에 대한 진정한 지식에 이를 수 있는 것도 수학적 정신이라는 것이었다. 과학에서의 데일 카네기Dale Carnegie라고나 할까, 데카르트는 근대의 수학적 인간에게 세계의 비밀을 반드시 풀 수 있으리라는 확신을 주었다.

17세기 중반에는 마술이 퇴치된다. 그러나 수학적 인간이 결코 일반적 의미에서 그들의 이론을 증명한 것은 아니라는 사실을 다시금 지적할 필요가 있다. 그들이 내세우는 주요한 과학적 성과란 여전히 케플러의 행성 법칙들이었으며, 그나마도 널리 알려지거나 이해되지 못하고 있었다. 17세기 후반 뉴턴의 업적 덕분에 비로소 수리과학의 효율성이 진정으로 증명될 수 있었다. 유기론에 대한 기계론의 승리, 마술에 대한 수학적 과학의 승리를 단순히 "좋은" 과학이 "나쁜" 과학을 이겼다는 문제로만 이해해서는 안 된다. 결정적인 증거가 없는 상황에서, 논전의 주요 쟁점은 이단이냐 정통이냐에 있었기 때문이다.

기계론자들은 물론 자기들만의 힘으로 마술과 싸워 이긴 것이 아니었다. 이 싸움에서 주요한 무기는 로마가톨릭교회의 강력한 이단 섬멸 장치와 그보다는 덜 조직적이었지만 못지않게 효과적이었던 프로테스탄트의 세력이었다. 하지만 성직자들에게 정통 신학과 맞물리는 자연관을 제공함으로써, 기계론자들은 성직자들에게 더없는 도움을 준 셈이었다. 교회의 승리는 곧 그들의 승리이기도 했다.

새로운 물리학자들은 정통주의를 지지할 뿐 아니라 그들의 일을 남성 전유물로 만드는 데에도 열심이었다. 성서의 해석이 오랫동안 남자들만의 일이었듯이, 신의 "또 다른 책"인 자연의 수학적 해석 또한 남성의 특권으로 남아야 했다. 새로운 물리학의 여성 참여를 막는 한 가지 결정적인 방법은 17세기 후반에

우후죽순처럼 생겨난 과학 협회에 여성 입회를 막는 것이었다.

　앞서 보았듯 여성은 애초부터 대학에는 갈 수 없었지만, 천문학과 더불어 새로운 물리학 연구의 상당 부분이 학계 바깥에서, 가령 메르센 같은 학자들 주변의 비공식 모임들에서 이루어지게 되었다. 세기 중반부터, 이런 모임들은 공식 학회를 결성했고, 거의 한결같이 여성 회원을 받아들이지 않았다. 20세기까지도 대다수 학회에서 이 기조는 변함없었다. 예컨대, 1666년 파리에서 메르센의 동아리로부터 생겨난 프랑스 과학 아카데미는 창설 이후 300년 넘게 지난 1979년에서야 여성을 정회원으로 받아들였다. 후보자가 없지는 않았다. 1911년 이 고매한 학회는 이미 노벨 물리학상을 받은 마리 퀴리의 입회조차 거절했다.

　물론, 17세기에 물리학을 연구하려던 여성이 아주 많지는 않았다. 여성은 애초부터 그런 주제를 생각할 만한 수준까지 교육받는 일이 드물었다. 하지만, 교육 수준이 높은 상류층에서는 이런 방면에 관심을 기울인 여성이 있었다. 이런 개척자들을 자신들의 신생新生 학회에 받아들이기는커녕, 대다수 남성 회원은 의식적으로 과학의 공식적 장소를 여성 출입 금지 구역으로 만들려 했다. 여성은 새로운 연구에 구경꾼은 될 수 있고, 심지어(6장에서 보게 되듯이) 전파자 역할도 할 수 있지만, 과학을 토론하고 이론을 만들고 명예를 얻는 공식적 장소에서는 물러나 있어야 했다. 다시 말하지만, 이러한 방침은 여성 물리학자에게 특히 불리한 것이었는데, 물리학은 과학의 모든 분야 중에 가장 공식화된 기초에서부터, 공식화된 공동체 내에서 발전한 학문이기 때문이다.

게다가, 과학은 이제 점차 세속적인 환경에서 연구되고 있었지만, 신생 학회들에서도 종교적 기조는 여전했으며, 특히 물리학자들 사이에서 그러했다. 데이비드 노블을 비롯한 여러 역사가가 한결같이 지적하는 대로, 초기의 과학 협회에서 여성을 받아들이지 않은 것은 새로운 과학자들이 자신들의 기구를 수도원 전통의 연장선상에 두기를 바랐기 때문이라고도 이해할 수 있다.[104] 초기 학회의 하나로, 이탈리아의 군주 프레데리코 체시 Frederico Cesi의 후원으로 1603년에 창설된 린체이 아카데미Accademia dei Lincei*는 그런 예를 잘 보여준다. 체시는 로마가톨릭교회와 깊은 유대를 맺은 부유한 가문(그의 형은 주교였고, 숙부 중에는 추기경과 수도원장과 또 한 사람의 주교가 있었다) 출신으로, 린체이 아카데미는 어떤 의미에서 체시 자신의 사적인 종교 단체가 되었다. 역사가 마사 온스타인에 따르면, 본래 린체이 계획은 전 세계에 "과학적이고 비非수도적인 수도원들"을 만드는 것이었다고 하며, 이런 선교적 팽창은 실제로 일어나지 않았지만, 린체이 학회원들에게 수도원적 이상은 진지한 것이었다.[105]

그들은 이런 이상을 철저히 고수한 나머지 정절을 서약하기까지 했다. 초기에는, 만일 회원이 이 규율을 어기고 성관계를 맺으면 사흘 동안 다른 회원들에게서 멀리 떨어져 있다가, 마땅

---

* "살쾡이 눈을 한(눈이 좋은) 자들의 학회"라는 뜻.

한 회개를 한 뒤에 형제들에게 다시 동아리에 받아줄 것을 탄원해야 한다는 규율도 있었다. 훗날의 규율들은 굳이 이 점을 강조하지 않게 되었지만, 린체이의 공식 선언문은 "방탕한 행동"이나 "비너스의 유혹", 여성과의 일상적인 접촉을 꾸짖는 훈계로 가득 차 있었다. 이런 정신에 발맞추어, 린체이 학회원은 결혼이란 과학적 활동을 저해하는 구속이라고 보았다. 체시와 그의 추종자들(1611년 이후로는 갈릴레이도 거기 속했다)은 오로지 "순수한" 남성적 정신만이 진정한 지식을 발견할 수 있다고 주장했다. 다시 말해, 여성은 진정한 구도자에게 위협이 되며, 가능한 한 멀리해야 한다는 것이었다.[106]

영국 왕립학회(아마도 모든 과학 협회 중에 가장 권위 있을 것이다)가 생기기에 앞서, 창립 회원인 존 에벌린John Evelyn은 "극히 적합한 천재성을 지닌 몇몇 신사"들이 실험과학에 헌신할 일종의 과학적 수도원을 세우자고 제안했다.[107] 에벌린이 상상했던 협회에서는, 회원이 수도복을 입고 수도사처럼 독방을 쓰며, 기도와 금식과 영성체도 할 것이었다. 전 세계적 조직을 갖춘 과학적 수도원에 대한 체시의 꿈과 마찬가지로, 에벌린의 계획도 열매는 맺지 못했지만, 그는 왕립학회 창설에 한몫했고, 학회의 이름을 지은 것도 그였다.

왕립학회는 회원에게 정절의 맹세를 요구하지는 않았지만, 초기의 대표적 회원 중에는 자진하여 정절을 지킨 이가 많았다. 에벌린의 친구였고 근대 화학의 "아버지"로 널리 알려진 로버트 보일Robert Boyle(1627-1691)은 스물한 살 때 깊은 영적 위기를 경험한 귀족이었다. 이 고비를 넘긴 뒤 그는 "신에 대한 사랑"을 위해 정절을 지키기로 스스로 맹세했고, 평생토록 정절을 지켰다. 데이비드 노블은 그를 "수도복을 입은 후작"으로 묘사했고, 그에게 "[자연]철학이란 지상적 욕망으로부터의 순화를 요구하는 일종의 예배"였다고 했다.[108] 보일의 조수였고 나중에 왕립학회 서기가 된 로버트 훅Robert Hooke은 17세기의 가장 위대한 물리학자 중 한 사람으로, 역시 결혼하지 않겠다고 맹세했다. 20년 이상을 왕립학회장으로 재임했던 뉴턴 또한 동정童貞으로 죽었다.

세기 초의 프랑스 기계론자처럼, 영국 과학의 새로운 지도자들도 혹시 이단적으로 보일 만한 것(여자도 포함되었다)을 멀리하기에 열심이었다. 왕립학회의 또 다른 창설 회원인 월터 찰턴Walter Charleton은 여성에 대한 자기 동료들의 적대감을 다음과 같은 말로 요약했다. "그대들은 살가죽의 아름다움으로 우리를 미혹하는 하이에나들이요 …… 지혜에 대한 배신자들이요, 산업에 대한 방해물이요, 미덕에 대한 장애물이요, 우리 모두를 악덕과 불경건과 파멸로 몰고 가는 선동자들이오."[109] 학회의 초대 서기였던 헨리 올덴부르크Henry Oldenburg는 학회의 시급한 목적은 "남성적인 철학을 북돋아 …… 인간(남성)의 정신이 견고한 진리들에 대한 지식으로 고상해지게 하는 것"이라고 선언했다.[110] 영국 과학의 이 방어 요새는 1945년 이전까지 여성을 정회원으로 받아들인 적이 없었다. 역사가 론다 시빙어가 심술궂게 지적했듯이, "거의 300년 동안, 왕립학회에 유일하게 상주했던 여성은 해부학 표본으로 보존된 해골이었다."[111]

하지만 여성이 새로운 과학의 공식적 장소에 들어가지는 못했을지언정, 과학을 연구하는 여성이 전혀 없지는 않았다. 남성들이 비공식적인 과학적 연계를 형성했듯이, 몇몇 여성도 비공식적인 경로로 과학을 접할 수 있었다. 물론 그런 기회는 귀족 여성만 누릴 수 있었고, 이들은 사회적 신분을 효과적으로 이용하여 과학 지식을 얻었다. 예를 들어 보헤미아의 엘리자베트 공주Elizabeth of Bohemia(1618-1680)는 사회적 신분을 이용하여 데카르트와 서신을 교환했다. 이 프랑스 철학자는 그의 급진적 이원론에 대한 엘리자베트의 반론들을 진지하게 받아들였고, 공주의 질문과 비판 들은 그가 『철학의 원리』에서 개진할 견해들을 한층 가다듬게 해주었다. 그래서 그는 그 책을 공주에게 헌정했고, 공주의 기하학 및 형이상학 지식을 치하하여 이렇게 썼다. "당신 지성의 비할 데 없는 탁월성은 당신이 극히 단기간에 과학의 비밀들에 통달하고 그 모든 것에 대한 완전한 지식을 얻었다는 사실에서 명백히 드러납니다."[112] 훗날 데카르트는 스웨덴 여왕 크리스티나Christina(1626-1689)에게 고용되었는데, 그가 맡은 일은 스웨덴 과학 아카데미의 규칙을 정하고 여왕에게 새로운 철학을 가르치는 것이었다. 17세기 내내, 새로운 물리학에 대해 진지한 관심을 표명한 여성은 실로 적지 않았다.

데카르트 자신의 철학도 여성이 과학에 중대하게 기여할 수 있다는 생각에 신빙성을 더했다. 정신과 물질이 전적으로 구분된다는 그의 주장은 여성 신체가 남성 신체보다 덜 완전하므로 여성의 정신도 열등하다는 아리스토텔레스적 견해에 대한 도전이었다. 만일 정신이 물질과 상관없이 작용할 수 있다면, 여성의 어떤 신체적 특징도 여성의 지성적 결함을 의미할 수는 없었다. 그러므로 17세기 말과 18세기 초에는 데카르트가 여권주의자로 환영받았다. 하지만 데카르트가 몇몇 여성을 개인적으로 지지했다고는 해도, 결코 자신의 철학을 여성 일반을 옹호하는 데 사용하지는 않았다. 그는 과학이 여성에게도 개방될 수 있다고 보았지만, 그의 저서에서 "여성 문제"는 전혀 언급되지 않았다. 시빙어는, 이 점에서 과학혁명 시대의 그나마 개방적인 철학자 대다수가 마찬가지였다고 지적했다.[113] 고트프리트 라이프니츠와 존 로크는 여성에 대해 비교적 계몽된 태도를 보였지만, 여성의 역할이 많이 논의되는 시대에 살면서도 그 문제를 진지하게 철학적으로 따져볼 생각은 하지 않았다.

그러나 그 문제에 접근한 사람이 있었으니, 바로 여성의 고등교육을 일찍부터 주장했던 전前 예수회 신부 프랑수아 풀랭 드라 바르François Poullain de la Barre였다.[114] 그는 당시의 표준 교육을 통해 여성은 "괴물"이라는 아리스토텔레스적 견해를 배웠으나, 스콜라철학으로부터 돌아서서 데카르트주의에 심취했고 데카르트가 감히 꿈꾸지 못했던 영역에 뛰어들어, 데카르트의 체계적 회의라는 방법을 사회 영역에 적용했다. 론다 시빙어에 따르면, 풀랭은 "데카르트주의의 신조들을 사용하여" "남녀 간에 대단한 차이는 없음을 보여주려고 했다. 그가 펼친 주장의 핵심은 정신(신체와 구분되므로)에 성별이 없다는 것이었다." 풀랭은 여성이 수학, 논리학, 물리학, 공학, 형이상학, 천문학, 의학, 해부학 등에서 창조력을 발휘할 수 있다고 주장했다. 한마디로, "여성에게 너무 어려운" 것은 없었다.

불운하게도 이렇게 생각하는 남자는 드물었으며, 데카르트주의는 그럴 만해 보였음에도 여성에게 기회를 열어주는 데 별 힘이 되지 못했다. 여성도 높은 신분을 이용하여 비공식적으로 과학을 접할 수는 있었지만, 새로이 생겨나는 과학 기구들의 공식적인 주요 모임에 들어갈 길은 어디에도 없었다. 이런 한계를 생생히 보여주는 예가 뉴캐슬 공작 부인 마거릿 캐번디시Margaret Cavendish(1623-1673)이다.[115] 콜체스터의 신사 계급에 속하는 가문에서 마거릿 루카스Lucas로 태어난 그는 일반적으로 숙녀가 갖춰야 할 교양(노래 부르기, 춤추기, 책 읽기 등) 이상의 교육은 받지 못했다. 그러나 루카스 양孃은 그 이상을 원했고, 여자가 지식을 접하려면 남자를 통하는 길밖에 없다는 사실을 깨달은 뒤, 신중하게 남편을 골랐다. 결국 루카스 양이 택한 뉴캐슬 공작 윌리엄 캐번디시는, 비록 그보다 서른 살이나 많았지만, 과학 동아리들과 친분이 두터웠다. 결혼 직후, 캐번디시 가家는 프랑스로 유배되었고(이는 잉글랜드 내전 동안 왕당파들이 자주 겪은 일이었다) 거기서 윌리엄은 새로운 사상가들을 주위에 불러 모았는데, 그중에 메르센, 가상디, 데카르트, 홉스 같은 인물도 있었다. 윌리엄의 아내로서, 마거릿은 만찬석 주위에서 이런 남자들과 대화할 수 있었다.

하지만 캐번디시의 관심은 과학혁명을 그저 구경만 하는 데 있지 않았다. 공식 교육이라고는 받아본 적 없었지만, 그는 자연철학에 관한 책을 여섯 권 썼고, 모두 남편이 비용을 부담하여 사적으로 출판되었다. 철저한 물질주의자로서, 캐번디시는 새로운 기계론의 많은 양상을 기꺼이 받아들였지만, 당시 많은 사람이 그랬듯 데카르트의 급진적 이원론은 거부했고, 홉스의 물질관을 비판했다. 또 당대의 경험주의자들을 날카롭게 공격했는데, 비록 공공연하게 드러나지는 않았지만, 그 대상은 아마도 보일과 훅이었을 터이다. 이렇게 자연과 지식에 관한 당대의 토론에 진지하게 참여하려던 여성이 있었으나, 그 노력은 거의 완전히 무시되었다. 유럽의 주요 학술지들은 캐번디시의 책을 전혀 언급하지 않았고, 과학적 주제에 관해 캐번디시와 서신을 교류했던 인물은 캐번디시가 자신이 쓴 저작들을 보냈던 네덜란드의 위대한 물리학자 크리스티안 하위헌스Christian Huygens (1629-1695)[호이겐스]뿐이었다.

캐번디시가 처해 있던 상황의 어려움은 1667년 왕립학회 연구 모임 진행 견학을 요청했을 때 학회가 보인 반응에서 명백히 드러난다. 이 부유한 공작 부인이 케임브리지 대학의 너그러운 후원자이며 곤궁해진 학회에 큰 원조를 줄 수 있으리라는 점을 고려해보면, 회원들이 그런 방문을 환영했을 것도 같다. 그러나 캐번디시의 요청은 회원들의 격분을 불러일으켰을 따름이다. 많은 논란 끝에, 캐번디시는 보일이 그의 유명한 실험을 시연하는 강좌에 참석을 허락받았지만, 단 한 번뿐이라는 단서가 붙었다. 이런 사태의 의미를 제대로 이해하려면, 당시 과학 협회들이 모임의 위신을 높이고자 귀족 남자들은 대개 받아들였다는 점을 상기해야 한다. 남작 계급 이상의 남자는 학문적인 소양이 없어도 자동으로 왕립학회 회원이 될 수 있었다. 그러나 여성은 돈으로도, 작위로도, 저서로도, 이 공식적인 학문의 장에 들어가는 입장권을 구할 수 없었다.

마거릿 캐번디시, 보헤미아의 엘리자베트, 크리스티나 여왕 같은 여성은 공식적으로 교육받을 수 없었음에도 여성 역시 과학혁명에 참여하는 데 관심이 있었다는 증거이다. 하지만, 그런 관심을 북돋기는커녕 대다수의 새로운 수학적 인간(남성)은(그리고 과학자 일반은) 중세 대학인처럼 여성혐오의 노선을 따랐다. 여성에 관한 한, 17, 18세기에 과학 협회들의 탄생은 13, 14세기에 대학들의 탄생에 맞먹는 일이었다. 자연도, 성서와 마찬가지로, 여전히 수학적 남성만의 영역이었다.

5장 수학적 인간(남성)의 등장

데카르트는 독실한 로마가톨릭교회 신자로서, 신에 대한 견해와 신과 세계의 관계에 대한 정통적 견해가 양립할 수 있는 자연철학을 정립하고자 했다. 하지만, 신학자들은 데카르트의 물질이론이 가톨릭 신앙의 지주 중 하나인 성찬 교의를 잠식하고 있음을 차츰 깨달았다. 가톨릭 교의에 따르면, 신자가 성체를 받아 모실 때, 빵은 그리스도의 몸으로 변화한다. 이것이 이른바 성聖변화transsubstantiation의 기적이다. 그러나 그러한 변화는 데카르트의 물질관과 양립할 수 없었다. 만약에 데카르트가 옳다면, 영성체한 사람은 그리스도의 몸에 참여하는 것이 아니라 그저 마른 빵조각을 씹을 뿐이며, 가톨릭 미사의 핵심은 신과 교통하는 일이 아니라 맛없는 간식을 먹는 일이 되고 만다. 두말할 것도 없이, 신학자들은 그런 일을 반기지 않았고, 데카르트의 물질 이론은 여러 예수회 신부(데카르트가 자신의 철학을 세계 전역으로 전파해주기를 바랐던 사람들)에게 신랄하게 비판받았다. 그런 비판에 맞서, 데카르트는 자신의 이론이 가톨릭의 기적과 어떻게 조화되는지를 보여주려 했으나, 그가 죽은 뒤 문제는 교황청 재판소의 주의를 끌게 되었고, 1663년 그의 『제일철학에 관한 성찰』[116]은 금서 목록에 올랐다.

데카르트는 과학과 종교가 별개의 분야로 나뉠 수 있으며, 각 분야에서 상호 독립적으로 추구될 수 있다고 믿었다. 그러나 이런 믿음에서, 그는 로마가톨릭교회 신앙을 벗어난다. 성찬 교의에서 보듯이, 과학과 신학은 제각기 자연에 관해 주장하고 있으므로 상호 중첩되는 분야이다. 그러니 두 분야가 어떻게 타협할 수 있겠는가? 마술에 대한 싸움에서, 신학자들은 기계론자들과 인식 능력을 나눠 갖기로 협상한 셈이다. 성직자들은 수리과학자들과 자연에 대한 해석을 함께하는 데 동의했다. 즉, 그들은 기계론자들의 세계상을 마술사들의 혐오스러운 유기론에 대한 대안으로 받아들임으로써, 기계론자들의 과학을 암묵리에 공인했다. 그러나 바로 이 과학이 이제 정통 신앙에 대한 위협이 되었으니, 새로운 과학자들과 교회는 자연의 본질에 관한 잠재적 갈등들을 어떻게 다룰 것인가? 수학적 인간들은 얼마나 큰 인식 능력을 요구할 것인가? 신학자들은 어디까지 그들에게 양보할 것인가? 그리스도교와 과학이 일으켰던 갈등 중에도 가장 악명 높은 사건, 즉 갈릴레오 갈릴레이Galileo Galilei(1564-1642)의 재판이라는 사건 이면에는 이런 문제들이 있다.

갈릴레이의 재판이 실제로 일어난 것은 1633년, 데카르트의 물질 이론을 둘러싼 갈등이 일어나기 훨씬 전이었지만, 근본 문제는 같았다. 교회는 수리과학자들이 세계의 본질을 규명하는 것을 어디까지 허용할 것인가? 이는 결코 이성 대 신앙이라는 단순한 문제가 아니었는데, 당시 로마가톨릭교회는 새로운 수리과학의 제일가는 후원자였기 때문이다. 17세기 초에, 예수회는 수학, 천문학, 물리학 연구의 최첨단에 있었다. 자유낙하 하는 물체의 가속도를 처음으로 알아낸 것은 갈릴레이가 아니라 예수회 신부 잠바티스타 리치올리Giambattista Riccioli였다. 흔히 알려진 것과는 달리, 갈릴레이와 종교재판소 간의 대결을 단순히 종교적 탄압과 과학적 합리성의 싸움으로 해석할 수는 없다. 갈릴레이가 지성의 수호 기사로서 진리와 정의와 과학적 방법론을 지키려 담대히 싸웠다는 얘기는 퍽 근사하게 들리지만, 진상을 좀 더 알고 보면 그렇게 간단하지만은 않다. 사실상, 갈릴레이의 무용담은 인식 능력 특히 천체들을 해석하는 능력에 대한 영역 다툼이었다.

갈릴레이는 1564년 저 유명한 사탑斜塔이 있는 피사Pisa에서 태어났다. 후세의 전설에 따르면, 그는 모든 물체가 같은 속도로 떨어진다는 것을 증명하고자 그 탑에서 물체들을 떨어뜨렸다고 한다. 실제로 그가 그런 일을 했다는 증거는 전혀 없지만, 갈릴레이의 생애에 관한 다른 많은 이야기가 그렇듯이, 이 이야기도 근대과학의 신화 중 하나가 되었다. 갈릴레이의 숙명은 그의 아버지 빈센초(피사의 하급 귀족에 속한 가난뱅이)의 생애에서 이미 읽을 수 있다. 빈센초는 급진 성향의 지식인으로, 탁월한 작곡가였고 음악 이론 연구가였으며 화성和聲의 수학적 연구에 상당히 기여한 인물이었다. 빈센초는 아들에게 최상의 교육을 했으나, 가족의 재정적 궁핍 때문에 한때는 아들을 상인으로 만들려고도 했다. 맏아들인 갈릴레이는 누이동생 세 명에게 지참금을 줄 책임이 있었다. 하지만, 빈센초는 아들의 드문 재능을 알아보았고, 그를 한갓 장사꾼으로 만드는 대신에 피사 대학에 보냈다. 의학을 공부한다는 명목이었지만, 젊은 갈릴레이는 이미 수학과 열애에 빠져 있었다.

분명히 재능이 있었음에도 갈릴레이는 처음부터 눈부신 학문적 경력을 쌓지는 못했다. 대학은 그에게 가난한 학생을 위한 장학금을 주지 않았으며, 그는 결국 학위도 얻지 못한 채 대학을 떠났다. 이미 재학 시절에 중요한 과학적 발견(일정한 길이의 진자振子는 항상 같은 주기로 진동한다는)을 했던 갈릴레이가 장학금을 타지 못했다는 것은 주목할 만한 사실이다. 이 사실을 놓고, 어떤 역사가는 대학의 거부를 혁신적 사상가를 좌절시키려는 구舊세력의 사전 공작이라고 해석하기도 한다. 그러나 사실 그러한 음모는 전혀 없었을지도 모른다. 왜냐하면, 갈릴레이는 과학의 천재인 동시에 적을 만드는 데도 천재였기 때문이다. 그는 한 전기 작가가 그의 "냉정하고 조소적"이라고 묘사했던 그 성격 때문에 장학금 심사관들의 반감을 샀을 수 있다.[117] 어쨌든 이 젊은 물리학자는 학교에서 인정받지 못했다고 해서 좌절하지 않았고, 집에서 연구를 계속했으며, 곧 기계장치들을 고안하고 연구하는 데에 몰두했다. 뉴턴도 그랬지만, 갈릴레이는 기계 장치들을 만드는 재주를 타고났고, 그가 젊었을 때 발명한 장치에는 온도계의 전신인 "온도경鏡thermoscope", 맥박을 재는 "박동계計pulsilogium" 등도 있다.

갈릴레이는 자신의 역학 연구 보고서들을 필사본 형태로 유포했고, 곧 학자들의 시선을 끌었다. 르네상스 시대 전통대로, 그는 후원자를 찾기 시작했다. 가장 일찍부터 가장 충실히 그를 후원한 인물은 델 몬테Del Monte 추기경이었다. 델 몬테의 도움으로 갈릴레이는 스물다섯 살에 피사 대학에서 수학 강사직을 얻을 수 있었고, 3년 후에는 역시 추기경의 도움으로 파도바 대학의 수학 교수직에 임명되었다. 아인슈타인이 그를 근대 동역학의 아버지라고 일컫게 한 그의 업적 대부분은 이 파도바 시절에 이루어졌다.

갈릴레이는 새로운 운동 물리학의 기초를 놓았지만, 자기 생각을 이따금 몇몇 사람과만 서신으로 교환할 뿐이었다. 거의 평생 자기 생각을 혼자 간직했던 갈릴레이가 급진적 신新사상의 주창자로 여겨지게 된 것은 과학사의 가장 큰 아이러니에 속한다. 그의 행동은 종교적 박해가 두려워서라기보다는, 여전히 완고한 아리스토텔레스주의자였던 동료 교수들에게 조롱받을까봐 두려워서였다. 갈릴레이는 대담하기로 유명했지만, 실상 조롱당할까 봐 두려워했다. 그래서 코페르니쿠스를 지지하면서도, 공식적으로는 여전히 아리스토텔레스 물리학과 프톨레마이오스 우주론을 가르쳤다.

그러나 1609년, 새로운 발명품 하나 덕분에 갈릴레이는 폐쇄적인 우주론을 박차고 나올 수 있었다. 그해에 그는 네덜란드의 안경사들이 텅 빈 관쓸 안쪽에 렌즈를 두 개 설치하여 멀리 있는 물체를 볼 수 있게 하는 도구를 만들었다는 소식을 들었다. 그 원리를 재빨리 간파한 그는 동네 안경상에서 구한 렌즈로 자신의 장비를 만들었다. 그러나 이 조잡한 장치는 물체를 고작 세 배까지만 확대할 수 있었기에 그는 직접 구조 개선에 착수했다. 그 작업을 위해 직접 렌즈 연마술도 배웠는데, 이는 꼼꼼함과 인내심이 필요했다. 그렇게 그는 아홉 배까지 확대할 수 있는 장치를 만들어냈다.

   항상 상금을 노리던 갈릴레이는 이 놀라운 장비를 베네치아의 유지들에게 내보였다. 그 장비가 있으면 항구로 들어오는 배를 맨눈으로 보는 것보다 두 시간은 미리 볼 수 있었다. 그런 장비는 베네치아 같은 물의 도시를 방어하는 데 더없이 소중하지 않겠는가? 며칠 생각할 여유를 준 다음, 갈릴레이는 그의 "광학관쓸optic tube"을 시市에 선물로 바치면서, 자신의 과학적 연구에 많은 재정적 도움이 필요하다고 넌지시 전하는 편지를 곁들였다. 그는 자신이 연구를 계속하면 베네치아에 유익할 더 놀라운 결실이 있으리라고 암시했다. 다가올 기술 혁신을 놓치고 싶지 않았던 시의 유지들은 그의 교수직을 종신직으로 하는 동시에 급료를 배로 올려주었다. 하지만 이 일은 베네치아 사교계의 웃음거리가 되었다. 얼마 안 가 비슷한 도구들을 동네 가게에서 은화 몇 냥*만 주면 살 수 있게 되었기 때문이었다.

이렇게 실무를 처리한 뒤, 갈릴레이는 겉보기에 별로 대단찮은 일을 시작했다. 그의 탐색경spyglass을 별들로 돌린 것이었다. 거기서 그는 혁명을 일으켰다. 물론, 갈릴레이가 네덜란드의 탐색경을 천문학 도구로 사용한 최초의 인물은 아니었다. 그 몇 주 전에 영국 과학자 토머스 해리엇Thomas Harriot이 달을 탐색경으로 관찰한 일이 있었다. 하지만 시간상으로는 해리엇이 앞섰더라도, 이제 곧 망원경이라는 이름을 얻을 이 도구의 진정한 의의는 갈릴레이가 먼저 이해했다. 그리하여 며칠 사이에 우주론은 면모를 일신했으며, 이제 문제는 맨눈으로 보이는 것들을 이해하는 데 있지 않았다. 인류는 "광학경"을 통해 밀려들어 오는 신비들까지도 다루어야 할 터였다.

갈릴레이가 망원경으로 본 것은 전 유럽에 충격을 일으켰다. 무엇보다도 그가 목성 주위를 도는 위성 넷을 발견했다는 사실이 중요했다. 오늘날은 천문학적인 발견이 워낙 흔한 일이 되어 우리로서는 당시 그 발견이 얼마나 놀라운 사건이었을지 상상하기 어렵다. 하지만, 17세기 초 천문학자들은 고대 수메르인도 알았던 천체 외의 다른 천체를 알지 못했고, 망원경 발명 이전의 하늘에는 하나의 태양, 하나의 달, 다섯 행성, 일정한 성좌의 별들만 알았다는 사실을 떠올려보자. 난데없이 천체가 넷이나 더 나타난 사건은 신대륙을 넷이나 발견한 것만큼 획기적인 일이었고, 갈릴레이가 하늘의 콜럼버스를 자처한 것도 무리가 아

---

* 냥scudi은 scudo의 복수형으로 19세기까지 쓰이던 이탈리아 은화 단위.

니었다.

게다가, 갈릴레이의 발견은 코페르니쿠스의 이론에 막강한 상황 증거를 제시했다. 왜냐하면 목성에 위성들이 있다는 것은 모든 천체가 지구 둘레를 돌지 않는다는 증거였기 때문이다. 그렇다고 해서 천체들이 태양 주위를 돈다는 증거는 될 수 없지만, 적어도 아리스토텔레스주의자들이 주장하듯이 지구가 모든 천체의 중심은 아니라는 사실이 확실해졌다. 그러나 만일 지구가 만물의 중심이 아니라면, 도대체 그것이 무엇인가의 중심이라야 할 이유가 있겠는가? 목성의 위성들은 여전히 다수를 이루던 지구중심설 지지자에게 커다란 심리적 타격을 입혔다. 더욱 난감하게도, 갈릴레이는 곧이어 금성도 달처럼 위상이 변한다는 사실을 발견했다. 마침내 적어도 하나의 행성은 태양 주위를 돌고 있다는 직접적인 증거가 제시되었다.

갈릴레이는 자신의 발견을 『별들의 메신저』[118]라는 제목의 예쁘장한 소책자로 세상에 알렸고, 이는 케플러가 『새로운 천문학』Astronomia nova으로 타원궤도의 발견을 알린 지 꼭 1년 뒤에 발간되었다. 그러나 갈릴레이 자신을 포함한 대부분이 케플러의 업적이 지닌 의의를 충분히 파악하지 못했던 반면에, 목성의 위성들을 발견한 일은 갈릴레이를 하루아침에 저명인사로 만들었다. 제대로 된 광학관을 구할 수 있는 사람이라면 누구든지 목성의 위성들을, 그리고 사랑의 행성(금성)이 차고 이우는 것을 자기 눈으로 확인할 수 있었다(실제로, 당시의 망원경은 너무나 조잡해서 도무지 무엇을 보기 어려울 정도였다고 한다. 한 역사가는 갈릴레이가 위성들을 발견한 것이 아니라 목성을 찾을 수 있었다는 사실 자체가 기적이라고 빈정대기도 했다).[119] 아무튼, 명성을 얻은 갈릴레이는 약삭빠르게도 목성의 위성들을 메디치의 별들이라고 명명함으로써 코시모의 환심을 샀고, 그리하여 목성 위성들의 위대한 발견자는 곧 대大 코시모 디 메디치 궁정의 수석 수학자이자 철학자로 임명되었다. 망원경을 통한 발견들이 있고 나서 갈릴레이는 새로운 천문학의 대변자로 자처했고, 심지어 망원경으로 이루어진 모든 발견은 오로지 자신의 업적이라고 주장하기까지 했다. 무엇보다도 수십 년 동안 폐쇄적인 우주론에 갇혀 있던 갈릴레이가 "나왔다"라는 사실이 중요했는데, 이때부터 그는 점점 소리 높여 코페르니쿠스를 지지하기 시작했다.

그렇지만, 문제가 저 악명 높은 재판으로까지 비화한 것은 그로부터 20년이나 지나서였다. 이 사건의 촉매는 과학이 아니라 정치였고, 그의 성격이었다. 역사가 마리오 비아졸리가 보여주었듯이, 갈릴레이의 경력은 후원자와 힘의 관계에서 이해해야 한다.[120] 메디치 가家의 "클라이언트"로서, 그는 코시모와 그의 신하들에게 학문 논쟁이라는 형태의 오락을 제공하게 되어 있었다. 바로크 궁정에서 그러한 논쟁은 기사의 무술 시합에 버금가는 일로 여겨졌고, 갈릴레이는 말하자면 지적인 분야에서 코시모의 기사였던 셈이다. 중세 기사처럼 그는 주군에 대한 봉사로서 지적인 명예를 거두기 위해 용기와 재주를 다할 의무가 있었다. 갈릴레이는 그의 정신만큼이나 예리한 혀로 이 역할을 능란하게 해냈으며, 절묘하고 재미난 방식으로 자신의 적수들을 해치웠다. 특히 재미난 시합으로는 왜 어떤 것들은 물에 뜨고 어떤 것들은 가라앉느냐 하는 문제가 있었다. 물체의 모양에 따라 뜨거나 가라앉는다고 주장하는 아리스토텔레스주의자들에 맞서, 갈릴레이는 그 부침浮沈이 물체의 밀도에 달려 있다는 아르키메데스의 견해를 지지했다.

불행하게도, 이런 지적 시합들에서 그와 겨루던 적수 중에는 예수회의 대표적 과학자가 많았고, 갈릴레이는 그들을 전혀 봐주지 않았다. 실로 그는 성직자를 조롱할 기회를 즐겼고, 궁정 사람들이 보기에도 성직자들은 답답한 현학의 전형이었다. 그는 특히 코페르니쿠스에게 반대하는 예수회 학자들을 통렬히 공박했다. 그러나 메디치 궁정의 신사 숙녀 들을 즐겁게 해주려는 의도는, 그야말로 기념비적인 자만심과 합쳐져서, 갈릴레이에게 때로 전혀 유쾌하지 않은 전술을 쓰게 했다. 악명 높은 일화에 따르면, 그는 태양의 흑점들을 자기가 먼저 발견했다고 거짓으로 주장했으며, 흑점들을 먼저 발견했다는 예수회 학자를 자기 생각을 도용했다며 무고하기까지 했다. 마침내 그는 그런 전술들로 한때 자기 후원자였던 사람들의 막강한 집단인 예수회 전체의 앙심을 사는 데 성공했다. 이는 교황의 후원을 바랐던 갈릴레이로서는 정말이지 바보 같은 전략이었는데, 예수회란 어쨌든 교황의 "군사들"이었기 때문이다.

1623년, 그의 옛 친구인 마페오 바르베리니Maffeo Barberini 추기경이 우르바누스 8세로 교황직에 올랐을 때, 갈릴레이는 태양중심설을 옹호할 좋은 기회를 얻은 셈이었다. 우르바누스는 세련된 인물로, 새로운 과학에도 상당히 밝았으며 갈릴레이에게 태양중심설에 관해 공개적으로 글을 써도 좋다고 보장했다. 그러나 다른 사람들처럼 그도 태양중심설을 단지 가설로만 논해야 하며, 입증된 사실인 양해서는 안 되었다. 하지만, 이후 10년 동안 갈릴레이는 이 허락받은 권리를 점점 더 대담하게 휘둘렀고, 태양중심설이 명백히 입증된 듯이 말하게 되었다. 마침내 1632년 그는 교황이 코페르니쿠스의 행렬 마차에 선뜻 올라타지 못하는 것을 조롱하는 듯한 책을 펴냈다.[121] 우르바누스는 기분이 몹시 상했고, 고집 센 물리학자는 곧 교황청의 종교재판소로 불려가 심문당했다.

재판받을 무렵, 갈릴레이는 예순아홉 살이었다. 그의 평생 가장 열성적 후원자들은 교회 인사들이었고, 예수회에 대한 경거망동에도 세력 있는 성직자 친구들은 여전히 있었다. 여러 성직자가 나서서 재판만은 막아보려고 타협을 시도했지만, 갈릴레이는 그들의 노력을 고집스레 물리쳤다. 그러나 그는 동네 점쟁이가 아니라 유명한 철학자였으므로, 감옥에는 단 하루도 있지 않았고, 심문받는 동안에는 호화로운 숙소에 머물렀다. 재판 마지막 날에, 종교재판관들은 갈릴레이가 자신의 금지된 주장을 철회하리라는 사실을 이미 알고 있었다. 그에게 낭독된 고문의 위협은 순전히 법적 절차였을 뿐이다. 물론 그렇다고 해서 재판 자체가 정당했다는 말은 아니지만, 어쨌든 흔히 상상하듯 극적인 사건이 아니었다는 점은 중요하다. 지하실에서 화형 장작더미에 불을 지피거나 고문대에 기름칠하는 사람 따위는 있을 리만무했다. 갈릴레이는 예정된 날에 자기 믿음을 번복했고, 종교 재판관들은 그를 놓아주었다.

교회가 갈릴레이를 해치거나 그의 과학 연구에 간섭할 뜻이 없었다는 것은 그에게 만년을 자기 별장에서 가택 연금 상태로 지내는 벌을 내린 사실에서도 드러난다. 이 시기 동안에 그는 물리학사에서 진정으로 자신의 명성을 높일 책을 썼고, 운동의 수학적 연구에 관한 이 책은 근대 동역학의 기초가 되었다.[122] 가택 연금으로 자유가 제한되기는 했지만, 그렇다고 해서 과학 연구에 저해될 것도 별로 없었다. 갈릴레이의 처우 문제를 놓고 왈가왈부하는 이들은 마녀로 몰려 화형당한 여성 수십만 명을 상기해야 할 것이다. 현대의 과학 수호자들은 갈릴레이의 이야기를 제멋대로의 신화로 만들어왔지만, 이는 교회나 과학 모두에 모욕이 될뿐더러 진짜 쟁점을 감추는 일이기도 하다.

이 사건 전체의 핵심은 진리의 문제라기보다는 증명의 문제였다. 과학자들은 교회에서 저 하늘 위 세계에 대한 권위를 넘겨받기까지 얼마나 많은 증거를 제출해야 했던가? 코페르니쿠스의 우주론은 지구가 우주의 중심이라고 주장하는 성서 구절들뿐 아니라 인간의 직접적 경험과도 어긋났다. 하늘을 쳐다보면 천체들은 실로 우리 주위를 돌고 있는 것처럼 보인다. 지구중심설은 그리스도교적 상상력의 산물이 아니라 명백한 감각에서 논리적으로 유추한 결과물이었으며, 오히려 태양중심설이야말로 상상력이 풍부한 우화였다. 그럼에도 코페르니쿠스 우주론의 지지자들은 16세기 중엽 이래로 점차 증가했고, 개중에는 수도회에 속한 이들도 있었다. 그리하여 교회와 코페르니쿠스주의자들은 어느 정도 타협점에 이르렀는데, 태양중심설은 어디까지나 "현상을 구제"하는 가설로서 논해야 한다는 것이었다. 그들은 지구가 정말로 태양 둘레를 도는 것이 아니라 천체들의 운동을 묘사하기 위한 유용하고 편리한 방식으로서 태양중심설을 사용하고 있을 뿐이라는 점을 명백히 밝혀야 했다. 실제로 코페르니쿠스주의자들은 태양중심설이 입증된 사실이 아니라 가설임을 인정했으며, 당시 이용할 수 있었던 증거들만으로는 가설 이상이 될 수도 없었다.

그러나 갈릴레이는 현상을 구제하는 것만으로는 만족할 수 없었다. 그는 태양중심설이 사실이라고 말하기를 원했다. 게다가, 그는 교회가 이를 인정하기를 원했고, 코페르니쿠스의 글과 어긋나는 성서 구절들은 문자적이 아니라 은유적으로 해석해야 한다고 은근히 주장했다. 그러니 그처럼 중요한 신학 문제를 성서 해석으로 어떻게 다루어야 하는지를 가르치려 드는 속인이 신학자 눈에 곱게 보였을 리 없다. 과학이 제아무리 옳다고 해도, 그 타당성을 성서 해석에까지 확대할 수는 없었다.

만일 갈릴레이에게 지구가 태양 둘레를 돈다는 것을 증명할 결정적 증거가 있었다면, 상황은 달라졌을 것이다. 그러나 금성의 위상 변화는 금성이 태양 둘레를 돌고 있다는 증거는 되었지만, 지구의 공전에 대한 직접 증거까지는 될 수 없었다. 오히려, 당시의 물리학에 따르면, 만일 지구가 움직이고 있었다면 사람들은 전에 보지 못하던 것을 보게 될 터인데(가령, 화살은 쏜 방향에 따라 다르게 날아갈 터인데) 그렇지 않다는 것은 태양중심설에 대한 반대 증거였다. 과학적으로 말해, 지구가 완전히 부동이라고 생각할 만한 이유는 얼마든지 있었다. 종교재판관들은 만일 갈릴레이가 결정적 증거를 제시한다면 자신들의 관점을 재고하겠다는 의사를 분명히 밝혔지만, 갈릴레이는 그렇게 하지 못했다. 결국, 그는 태양중심설이 하나의 가설일 뿐이라고 인정해야 했다. 이것이 저 유명한 재판의 결과였다. 갈릴레이는 태양중심적 우주론 및 그것이 지구 물리학에 미치는 영향 등에 관해 생각하기를 포기하라는 명령을 받거나 하지는 않았다. 그는 단지 그 주장이 가설일 수밖에 없다는 사실을 인정해야 했던 것뿐이다.

17세기 초에, 로마가톨릭교회는 수리과학에 반대하는 상황이 아니었다. 다만 교회는 고작 그렇게 빈약하고 애매한 증거만으로 저 하늘 위의 일에 관한 권위를 수학적 인간들에게 넘겨야 할 이유가 없었다. 역사가 에드윈 버트가 지적했듯, "오늘날의 경험주의자들도 만일 16세기에 살았더라면, 새로운 우주 철학을 궁정에서 몰아내기에 앞장섰을 것"이다.[123] 요는 갈릴레이가 수리과학의 권위를 그 당시에 지지할 수 있는 이상으로 지지하려 했다는 것이다. 결국 태양중심설의 타당성이 입증되었더라도 교회가 잘못이었다고는 할 수 없다. 급진적인 신新이론에 대해 구체적인 증거를 요구하는 것은 폭정이 아니라 훌륭한 과학적 태도이며, 과학자들 자신도 그보다 덜 요구하지는 않았을 터이다.

아이러니하게도, 갈릴레이는 자만심 때문에 당시로서는 태양 중심적 우주론의 가장 신빙성 있는 증거였던 케플러의 타원 궤도설을 거부했다. 타원궤도설은 태양 중심적 체계에 대한 확실한 경험적 증거였다. 그러나, 갈릴레이는 남의 발견을 지지해주는 사람이 아니었고, 또 개인적으로도 타원궤도설에 찬성하지 않았다. 돌이켜보면, 이 두 사람이 (케플러가 간절히 바랐던 것처럼) 힘을 합치지 않았다는 것은 매우 유감스럽다. 그랬더라면 얼마나 막강한 연구 팀이 되었을 것인가! 깊은 종교심을 지닌 케플러는 갈릴레이의 정면 대결이 지닌 위험을 내다보고 있었고, 교회가 그렇게 근본적인 변화를 받아들이는 데에는 시간이 걸리리라는 점도 이해하고 있었다. 데카르트와 마찬가지로, 케플러는 신학자들도 조만간 자발적으로 관점을 바꾸리라고 믿었고, 갈릴레이가 정면 대결하지 않았더라면 실제로 그랬으리라고 생각할 만한 이유도 여럿 있었다.

　갈릴레이의 행동과 그에 따른 재판의 결과로, 이탈리아에서는 과학과 신학 사이에 불신의 분위기가 생겨났으며, 그 때문에 세기 후반 이탈리아에서는 물리학의 발전이 위축되었다. 그러나 갈릴레이가 이탈리아에 남긴 유산이 무엇이었든, 교회와 새로운 물리학은 근본적으로 양립 불가능한 것이 아니었다. 갈릴레이가 죽던 해인 1642년에는 역사상 가장 위대한 수학적 천재가 태어났다. 그는 태양중심설의 타당성을 단번에 입증하고, 물리학과 그리스도교를 훌륭하게 화해시켰다. 물리학과 종교가 반드시 사이가 나쁘지 않다는 증거가 필요하다면, 아이작 뉴턴

Isaac Newton을 두고 달리 찾을 필요가 없다. 갈릴레이가 성직자들을 적으로 보고 그들에게서 인식 능력을 탈취하려 했던 반면, 뉴턴은 성직자들을 협력자로 보고 그들과 함께 인식 능력을 나누고자 했다. 피타고라스적 전통을 충실히 따르면서, 물리학을 마침내 "과학의 여왕"으로 수립한 그는 자신의 필생의 과업은 신의 탐구라고 믿었다.

갈릴레이와는 대조적으로, 뉴턴의 가문에서는 그가 장차 어떤 인물이 되리라는 예상을 전혀 찾을 수 없다. 어린 아이작이 태어나기까지, 뉴턴 집안(적어도 아버지 쪽 집안)은 일자무식이었다. 아이작의 아버지는 자기 이름도 서명할 줄 몰라서 유언장에는 엄지 도장을 찍어야 했다. 하지만 뉴턴 家 사람들은 비록 글은 읽지 못했으나 확실히 사업 수완이 있었고, 여러 대를 내려오는 동안 꾸준히 농사를 짓고 양을 쳐서 상당한 부를 축적했다. 뉴턴이 태어난 무렵에는 시골에 장원도 있고, 그의 부모는 그가 언젠가 아버지의 뒤를 이어 농장을 경영하리라고 기대했다. 그러나 운명이 이 시골 소년을 위해 마련한 계획은 전혀 달랐다.

뉴턴이 생후 3개월밖에 되지 않았을 때 아버지가 돌아가셨고, 3년 뒤에 어머니 해나는 재혼했다. 어머니의 새 남편은 스미스라는 이름의 이웃 마을 목사였는데, 아들을 어머니와 함께 데려갈 의사가 전혀 없었으므로 해나가 집을 떠나게 되자 아이작은 할머니에게 보내졌다. 이런 상실의 체험은 필시 어린아이에게 상처를 주었을 터이고, 그가 외톨박이 성격이 된 것도 어느 정도 그 때문이었으리라고 짐작할 수 있다. 뉴턴은 평생 독신이었고, 친구보다는 적이 더 많은 비사교적인 인물이었다. 케임브리지 대학의 트리니티 칼리지에서 그와 함께 공부한 동급생 중에서 그와 조금이라도 친했다고 하는 사람은 아무도 없다. 여성과의 관계는 한층 더 삭막해서, 그가 여성에게 관심 비슷한 것을 보인 때는 10대 초반에 학교장의 딸을 좋아했던 것이 전부였다.

뉴턴의 전기 작가 리처드 웨스트폴에 따르면, 그는 어린 시절에도 조숙했던 나머지 또래들과 어울리지 못했다고 한다.[124] 어린 뉴턴은 학교 동무들과 엎치락뒤치락 떠들썩하게 노는 대신, 풍차나 물레방아의 복잡한 실제 모형을 만드는 데 시간을 보냈다. 갈릴레이가 그랬듯이, 뉴턴도 제 나름대로 기계들을 만드는 경험을 통해 기계론적 자연철학에 가까워졌다. 이런 모형 메커니즘model mechanism들보다 더 의미심장한 것은 그가 만든 해시계들이었다. 아주 어려서부터 그는 태양에 매혹되었고, 온 집안에 그림자로 시간을 알 수 있는 장치들을 해놓곤 했다. 태양에 대한 열정은 평생 계속되었고, 어른이 되어서도 그는 자기 집의 모든 방에 드리워지는 그림자를 척 보기만 하면 시간을 알 수 있었다고 한다.[125] 웨스트폴의 지적대로, 해시계를 만지작거리며 보낸 이 소년 시절은 빛의 연구(훗날 그는 이 분야에서 주요한 기여를 남겼다)에 관한 관심에 불을 붙였을 뿐 아니라, 우주 질서에 관한 의식을 일깨워주었다. 날마다 해마다 그림자들이 지나가는 것을 기록함으로써, 어린 뉴턴은 우주라는 거대한 메커니즘의 규칙성과 반복성을 아주 구체적인 방식으로 경험했다. 정식으로 수학이나 과학을 배워본 적 없는 어린 시절부터도, 그의 정신은 저 멀리 우주로 뻗어 나가고 있었다.

성인이 된 뉴턴은 유명해진 만큼 많은 글을 썼고, 그의 방대한 문집이 아직도 남아 있다. 평생 그는 과학과 수학에 대한 통찰을 기록했고, 역사가들은 아직도 이 보물 창고를 뒤지며 그의 업적들이 갖는 의의를 십분 재발견하고 있다. 그런데, 뉴턴은 "합법적" 과학과 함께 연금술에 관한 수많은 기록을 남겼고, 차츰 물리학보다 연금술에 더 많은 시간을 할애했다. 다만, 뉴턴은 이 분야의 연구 활동을 극비에 부쳤는데, 이는 자신들의 지식을 무가치한 사람에게서 지켜야 하는 엘리트 선각자를 자처하는 연금술사 특유의 태도와 일치한다. 또, 17세기 후반의 반反마술적 분위기로 보더라도, 그렇게 비밀을 지키는 편이 신중한 처사였다. 행여라도 들킬세라, 뉴턴은 공식적으로는 연금술에 관한 말을 입 밖에도 내지 않았고, 만년에 이르러서는 그를 극히 정통적인 신자로 보는 견해를 영속시키고자 최선을 다했다. 역사가들은 그 뜻을 따랐고, 그리하여 300년 가까이 연대기 작가들은 뉴턴의 연금술을 카펫 밑에 쓸어 넣었다. 그러나 지난 몇십 년 동안, 이 "이단적" 부업은 그의 개인 생활뿐 아니라 과학자로서도 주요한 국면을 이룬다는 사실이 차츰 인정되었다. 수학자이자 마술사로서, 물리학자이자 연금술사로서, 그는 누구보다도 확고히 "진정한" 길을 내디뎠고, 누구보다 자주 심비深秘의 황야를 답사했다.

뉴턴이 정식으로 과학을 배우기 시작한 것은 케임브리지 대학의 학생 시절부터였다. 하지만 대학에서는 새로운 물리학을 전혀 가르치지 않고 있었다. 아리스토텔레스식式의 교과과정이 골수에 박힌 케임브리지의 학감들은 대륙에서 일어나고 있는 자연철학의 혁명을 접해본 적 없었다. 다시금 뉴턴은 독자적으로 케플러, 데카르트, 갈릴레이 등의 이론을 섭렵해갔다. 천재란 항상 어느 정도 타이밍의 문제인 데다가, 뉴턴보다 더 유리한 타이밍에 있었던 천재도 드물었다. 이처럼 비범한 선배들을 한꺼번에 갖는 행운은 누린 과학자는 전무후무했다고 하는 편이 아마 공정하리라. 케플러, 데카르트, 갈릴레이, 세 사람은 제가끔 나아가야 할 방향, 결실을 보게 될 방향을 지시하고 있었고, 뉴턴은 이렇듯 풍부한 유산을 최대한 활용하여 그 기초 위에 자신의 이론을 구축했다.

　　그러나 뉴턴이 거인들의 어깨 위에 섰다는 것이 사실이더라도, 그 또한 거인이었다는 사실도 부정할 수 없다. 1년 만에 그는 17세기 수학의 전모에 통달했고, 미적분학의 개발에 뛰어들었다. 이와 함께 그는 갈릴레이와 데카르트에게서 영감을 얻어 운동 물리학을 연구하기 시작했고, 이 열성적 학생은 곧 그 분야의 기수가 되었다. 스물다섯 살의 나이로 링컨셔 농장의 소년은 유럽 최고의 수학자가 되었을 뿐 아니라, 유럽 최고의 물리학자들과 어깨를 나란히 하게 되었고, 얼마 안 가 그들 모두를 추월하게 될 터였다.

　　전환점이 된 사건은 1666년에 일어났다. 뉴턴은 그해를 자신의 "기적의 해anno mirabilis"라고 부르곤 했다. 역병의 창궐로 케임브리지 대학은 휴교했고, 햇병아리 자연철학자는 그 기간을 어머니의 농장에서 보내고 있었다. 거기서, 산울타리와 양들 사이에서, 그를 별나게 쓸모없는 녀석 정도로 여기는 시골 친척에 둘러싸여, 뉴턴은 물리학의 기초에 관한 독자적 탐색을 계속했다. 어느 날, 그가 정원에서 사색에 잠겨 있었을 때, 나무에서 떨어지는 사과 한 알이 그에게 의문을 품게 했다. 과일을 땅으로 끌어 내리는 중력의 힘은 지구 너머로까지 확장되는 것이 아닌가? 그 힘은 달까지도 확장되는가? 얼마 전에 그가 발견했던 원운동에 관한 공식에 기초하여 재빨리 계산해본 그는 지구 위의 중력과 지구 둘레를 도는 달의 운동 사이에 실제로 상관관계가 있다는 것을 깨달았다.

그러나, 이런 전설적인 이야기와는 달리, 만유인력의 법칙은 떨어지는 사과 한 알과 함께 불쑥 젊은 뉴턴의 머릿속에 떠오른 것이 아니었다. 그 법칙이 구체적으로 완성되기까지는 자그마치 20년은 걸릴 터였다. 하지만 이렇게 오래 걸렸다고 해서, 뉴턴이 흔히 알려진 것보다 덜 천재적이라는 말은 결코 아니다. 단지, 중력에 관한 이해는 섬광처럼 스쳐 가는 일순간의 통찰을 넘어선다는 말이다. 리처드 웨스트폴의 논평대로, "[프랑스의 위대한 수학자] 조제프루이 라그랑주Joseph-Louis Lagrange(1736-1813)가 그를 우주에서 가장 운이 좋은 사람이라고 부른 이유가 단지 기발한 착상을 했기 때문만은 아니었다."[126] 과학에서는 흔히 그렇듯이, 영감이란 많은 땀으로써 보완되어야 한다.

과학적 문제와는 별도로, 극복해야 할 심리적 장애도 있었다. 무엇보다도 17세기 후반에는 빈 공간에 작용하는 보이지 않는 힘이라는 생각이 진지한 과학자로서는 받아들이기 힘든 착상이라는 점이 걸림돌이었다. 마술사와 그들의 이단적인 신통력에 맞서 힘든 싸움을 치르고 난 마당에, 새로운 수학적 인간들은 천체들이 보이지 않는 힘을 발산하고 있다는 생각에 동조하기 어려웠다. 뉴턴도 처음에는 철저한 기계론자였으나, 점차 행성들이 태양 주위의 궤도를 돌도록 붙들어주는 어떤 힘이 있어야만 한다는 사실을 깨달았다. 이는 마치 끈에 묶인 돌멩이와도 같은 것으로, 끈이 끊어지면 돌멩이는 날아가 버린다. 그렇다면 여기서 돌멩이를 궤도에 붙들어두는 힘은 끈이라고 할 수 있다. 천체들에 그렇게 눈에 보이는 구속력은 없지만, 반드시 무엇인가 그런 힘이 있어야 한다는 것이 뉴턴의 신념이었다. 성계 마술의 잔재든 아니든, 물리학자는 자연이 실제로 그런 천체 간의 기이한 힘을 드러내고 있음을 깨달았다.

오늘날 역사가들은, 기계론이 성행하던 시대에 뉴턴이 이렇듯 이단적인 생각을 받아들일 수 있었던 것은 연금술에 대한 그의 관심과 무관하지 않다고 본다. 근대 물리학의 창시자 중에서 천체 간의 보이지 않는 힘이라는 개념을 받아들인 또 한 사람이 점성술을 신봉하던 케플러였다는 사실도 그저 넘겨버릴 일은 아니다. 갈릴레이, 데카르트, 라이프니츠 등은 모두 그런 생각에 반대했고, 18세기까지도 대륙의 데카르트주의자들은 여전히 중력이라는 것을 농담거리로 삼았다. 그러나 개인적으로 비술을 체험한 케플러와 뉴턴은 그들의 좀 더 "이성적" 경쟁자들로서는 받아들일 수 없었던 개념을 받아들였고, 이런 "마술적" 개념을 통해 물리학이라는 학문은 한층 발전했다.

뉴턴은 보이지 않는 힘의 가능성을 받아들인 뒤, 중력에 관한 자료들을 예리하면서도 숨 막히게 간단한 방식으로 짜 맞추어 나갔다. 그는 사물을 지상으로 끌어내리는 힘은 달을 지구 둘레 궤도에 붙들어두는 힘과 동일하게 설명할 수 있으며, 그 힘은 또한 태양 둘레를 도는 행성들의 궤도도 설명할 수 있다는 점을 보여주었다. 그렇다면, 지구상의 사물과 위성 및 행성의 운동은 모두 같은 힘으로 설명할 수 있다. 뉴턴은 중력이란 사과든, 위성이든, 행성이든, 질량이 있는 모든 물체에서 나와 사물을 자기에게로 끌어당기는 힘이라고 설명했다. 나아가 뉴턴은 만유인력이라는 개념을 제시하는 데서 그치지 않고, 이 힘이 정확히 어떻게 작용하는가를 보여주는 방정식까지 밝혀냈다. 이 만유인력의 법칙이야말로 과학사에서 가장 단순하고 우아하고 강력한 방정식의 하나이다. 여남은 개의 상징으로 지구와 천체 간의 관계가 맺어졌고, 태양중심설은 마침내 확고한 수학적 기초를 얻었다. 코페르니쿠스가 시작하고 갈릴레이가 지지한 우주관의 변모가 한 세기 반이 지나서야 비로소 완성된 것이다.

그러나 갈릴레이와 코페르니쿠스가 모두 태양중심설을 주장한 선각자들로서 추앙되기는 하지만, 뉴턴의 이론에 핵심적인 기초를 제공한 것은 케플러였다. 첫째, 케플러의 행성 법칙들은 뉴턴에게 중력의 본질에 관한 단서를 제공해주었고, 둘째, 뉴턴은 자신의 중력 방정식을 만들어낸 뒤에도 그 타당성을 검증하는 데에 케플러의 법칙들을 사용했다. 케플러가 발견한 모든 행성 법칙들은 뉴턴의 중력 법칙의 논리적 결과들임이 드러났다. 관측과 이론 간의 이 경이로운 일치야말로 사람들이, 비술적인 힘들에 대한 반대에도 불구하고, 뉴턴이 옳다는 것을 납득하게 된 이유였다. 그리고 중력을 받아들이면서, 사람들은 태양중심설도 자연히 받아들이게 되었다. 그리하여, 뉴턴의 법칙은 서구 과학에 전환점을 이루는바, 그의 방정식과 더불어 저 하늘 위의 일들에 관한 권위는 마침내 신학자에서 물리학자에게로 넘어왔다.

아이러니하게도, 태양중심설은 지구 그 자체가 움직인다는 아무 직접적인 증거 없이도 받아들여졌다. 19세기까지만 해도 결정적인 증거는 없었다. 그러므로 갈릴레이에 대한 종교재판관의 요구는 여전히 충족되지 못한 채였다. 이런 점에서 만유인력의 법칙은 과학사에서 한층 의미심장한 신기원을 이룩했다. 구체적이고 물리적인 증거 대신에 방정식의 증거가 받아들여졌던 것이다. 이제부터, 물리학자들이 발견한 수학적 관계들은 현상의 묘사로서뿐 아니라 점차 자연에 대한 통찰력의 주_主 원천으로 사용될 것이었다. 마침내, 피타고라스의 후계자들은 아리스토텔레스의 계승자들을 능가하게 되었다. 뉴턴을 비롯한 수학적 인간은 인식의 보좌에 올랐다.

뉴턴은 만유인력의 법칙 하나만으로도 확고한 역사적 위치를 얻었을 것이다. 그러나, 그는 중력의 법칙과 나란히, 운동의

3대 법칙들을 발견했으며, 이는 200년 넘도록 과학적 법칙들의 원형으로 남아 있다. 중력 법칙도 사실 이 세 가지 중 두 번째 법칙을 특수하게 적용한 것일 따름이다. 뉴턴의 운동 법칙들은 천체들뿐 아니라 모든 물체에 적용되는 것으로, 물리학에서 이 법칙들은 그리스도교에서의 십계명과도 같이 모든 운동(행동)을 다스리는 근본 원리들이다. 이 간결한 세 가지 법칙 중 제1 법칙은 관성의 법칙으로, 물체는 어떤 힘이 가해지기 전에는 동일한 운동 상태를 유지한다는 것이다. 제2 법칙은 힘의 법칙으로, 물체에 어떤 힘이 가해지면 그 운동은 질량에 반비례하여 변화한다는 것이다. 이는 "힘=질량×가속도"라는 간단한 방정식으로 나타낼 수 있다. 널리 인용되는 제3 법칙은 모든 운동에는 동등한 반작용이 있다는 것이다.

뉴턴은 운동과 중력에 관한 그의 법칙들을 『자연철학의 수학적 원리』(1687), 흔히 『프린키피아』라고 부르는 저서로 발표했다.[127] 이것은 아리스토텔레스의 『자연학』 이래로 서양 과학사에서는 가장 중요한 책이었으며, 18세기 내내 뉴턴이 거둔 성과들은 과학 그 자체의 본보기가 되었다. 여러 분야의 사람들이 그를 본받아 자기 분야의 뉴턴들이 되고자 했다. 철학자들은 사고의 기본 법칙들을 만들어, 생각 간의 "일종의 인력"을 논했고, 화학자들은 화학반응을 물질 간의 인력과도 같은 힘으로써 설명하려고 했으며, 내과의들은 병과 건강을 뉴턴식 힘들로 나타내려 했다.

역사가 데릭 예르트센에 따르면, 뉴턴의 주치의 리처드 미드

Richard Mead 역시 건강을 인체의 체액이 작용하는 상태로 보았으며, 결국 "환자의 치료는 수력水力 방정식들을 푸는 일이나 마찬가지"라고 믿었다고 한다.[128] 심지어 사회과학까지도 뉴턴의 영향을 받았는데, 18세기의 한 사회학자는 『법의 정신』(1748)에서 『프린키피아』의 방법에 따라 여러 근본 원리에서 논리적으로 사회적 본성의 결과들을 도출하고자 했다.[129] 찰스 다윈 말고는 어떤 근대 과학자도 자기 분야뿐 아니라 사회 전반에 이처럼 지대한 영향을 미치지는 못했다. 나아가, 20세기 물리학의 엄청난 발전에도, 서양 정신은 여전히 뉴턴적인 틀 안에서 작용하고 있다.

이 위대한 수학 정신의 소유자는 또한 심오한 종교가이기도 했다. 과학과 연금술에 관한 저작 외에, 뉴턴은 방대한 신학 저술에도 손댔다.[130] 그 대부분은 성서 예언의 해석에 관한 것으로, 이는 뉴턴의 뇌리에서 떠나지 않는 주제였다. 그가 관심을 기울였던 모든 일에서 그러했듯, 뉴턴은 이 분야에서도 지칠 줄 모르는 열의와 노력을 쏟아부었다. 그는 예언자들의 말 뒤에 숨어 있는 진리를 좀 더 잘 찾아내려면 성서를 원문으로 읽어야 한다는 생각에서 히브리어를 배우기까지 했다. 뉴턴에게 신이란 우주의 창조주일 뿐 아니라 세계의 지속적인 통치자이며, 그의 섭리는 자연뿐 아니라 역사에서도 나타난다고 보았다. 그는 성서의 예언을 정확히 해석함으로써, 인간사에서 신의 전권全權을 보여주고자 했다. 또한 이 둘도 없는 물리학자는 솔로몬의 신전(천국의 청사진을 나타내는 것으로 여겨졌던 고대의 성전)의 규모를 정확히 알아내는 데에도 상당한 힘을 쏟았다. 갈릴레이가 자연의 책에만 관심을 두었던 반면, 뉴턴은 천체 운동을 연구하듯이 철저하게 성서를 연구했다.

신의 말씀에 대한 뉴턴의 존경은 성직자들(로마가톨릭이 아니라 영국 성공회)에 대한 존경심에서도 잘 나타난다. 갈릴레이가 성직자들을 조롱하기를 즐겼던 것과는 달리, 뉴턴의 지적 발전은 케임브리지를 기반으로 하는 일군의 신학자들에게서 깊은 영향을 받았고, 만년에 그가 그의 자연철학을 더 넓게 확장하고자 했을 때도 성직자들을 주요 협력자로 의지했다. 동시에 그도 그들의 협력자가 되었고, 케플러, 데카르트, 메르센 등의 전철을 밟아, 자신의 과학을 신학에 봉사하게 하는 것 이상을 원치 않았다. 『프린키피아』를 신에 관한 논증으로 사용할 수 있겠느냐는 영국 성공회 신학자 리처드 벤틀리의 질문에 대한 그의 다음과 같은 답변은 잘 알려져 있다. "제가 우리의 체계에 대한 논문을 썼을 때, 저는 인간을 고려하면서 신성에 대한 믿음을 위해 일할 수 있는 원리를 염두에 두고 있었습니다. 제 논문이 그런 목적에 쓰일 수 있다면 더없이 기쁘겠습니다."[131]

뉴턴은 자신의 과학이 종교와 양립할 수 있을 뿐 아니라 종교를 강화하는 것이기를 원했다. 그러기 위해, 그는 자신의 자연철학을 데카르트의 삭막한 기계론에 대한 해독제로 삼았다. 데카르트도 자신의 자연철학이 교회에 봉사하는 것이기를 바랐지만, 17세기 말에는 많은 사람이 그의 기계론을 무신론을 위한 처방으로 보았다. 그렇게 보는 사람 중에는 케임브리지의 플라톤주의자들, 젊은 뉴턴에게 영향을 준 자유주의 영국 성공회 신학자들도 있었다. 영국 성공회 신도인 케임브리지의 플라톤주의자들은 성찬의 빵에 관한 문제보다는 데카르트가 우주에서 신을 몰아냈다는 사실에 관심이 있었다. 프랑스 철학자는 신의 지속적인 현존이 우주의 법칙을 매 순간 유지하는 데 필요하다는 것을 인정했지만, 신이 우주를 설계하지는 않았다는 점을 강조했고, 이에 더해 일단 만들어진 우주에 대해 신은 어떤 식으로도 간섭하지 않는다고 강조했다. 케임브리지의 플라톤주의자들은 그렇게 동떨어지고 추상적인 신성의 개념이 어떻게 인간과 그 창조주 사이의 윤리적 관계의 기초를 제공할 수 있을지 의아했다.

데카르트의 자연철학과는 반대로, 뉴턴의 자연철학은 신이 우주의 섭리적 설계자이면서 그 적극적이고 자비로운 감독자라는 믿음에 기초해 있었다. 자신의 과학적 작업이 섭리하시고 돌보시는 신의 존재를 증명하는 데 쓰이는 것 이상으로 기쁜 일은 없다는 견해를 벤틀리에게 표명한 이래, 그는 편지들에서 어떻게 그런 증명이 이루어질 수 있을지에 대해 자세히 썼다.

그가 보기로는, 무엇보다도 먼저 태양계 그 자체가 증거였다. 뉴턴에 따르면, 어떤 자연적 원인도 모든 행성이 같은 면 위에서 같은 방향으로 구심적 궤도를 이루며 돌고 있는 체계를 만들어낼 수는 없었다. 그는 그렇게 체계적인 질서는 오로지 초자연적인 힘의 섭리적 행사에서만 나올 수 있다고 믿었다. 그는 "태양과 행성들과 혜성들의 더없이 아름다운 체계는 오로지 전지

전능한 존재의 감독과 지배에서만 나올 수 있다"라고 썼다.[132] 그리하여 태양계는 우주적 설계자뿐 아니라 우주적 유지자의 당위성도 입증한다. 그는 모든 물체는 다른 모든 물체에 대해 인력을 행사하므로, 다른 행성들이나 혜성들이 행성들에 가하는 미미한 인력이 장구한 세월 동안 축적되면 마침내는 전 체계의 균형이 파괴되리라고 생각했다. 그러므로, 그는 신이 이따금 개입하여 천체들의 위치를 바로잡아야 한다고 믿었다. 실상, 신은 우주적 시계공, 자신의 천체 메커니즘을 끊임없이 돌보고 다시 맞추는 시계공이라고 볼 수도 있었다. 그런 개입은 자연법칙에 어긋나지 않으며, 뉴턴은 신이 혜성들을 이런 목적으로 사용할 수도 있으리라고 시사했다.

뉴턴은 곳곳에서(저 하늘 위에서뿐 아니라 땅 위에서도) 적극적으로 섭리하는 신의 증거를 발견했다. 그는 이렇게 묻기도 했다. "자연이 헛수고하지 않는 것은 어째서인가? 우리가 세계에서 보는 저 모든 질서와 아름다움은 어디서 오는가?" 그가 발견한 대답은 신이었다. "시간과 장소에 따라 다양해지는 삼라만상은 당위적 존재의 계획과 의지에서만 나올 수 있다."[133] 그러나 뉴턴의 신은 어디 먼 산봉우리에서 세계의 유지를 감독하지 않았다. 데카르트의 신성과는 달리, 뉴턴의 신적인 군주는 물질계 전반에 존재했다. 그는 이런 편재偏在를 공간이라는 매개를 통해 달성했는데, 뉴턴에게 공간이란 신의 감각기관이나 마찬가지였다. 신은 (공간을 통해 매개되는) 편재로서, 모든 것을 보고, 모든 것을 식별하며, 마침내 모든 것을 다스리는 것이다. 뉴턴 자신의 말을 빌리자면, "그는 영원하고 무한하며, 전지전능하다. 즉, 그의 지속은 영원에서 영원에 이르며, 그의 존재는 무한에서 무한에 이른다. 그는 모든 것을 다스리며, 존재하는 모든 것과 가능한 모든 것을 안다."[134] 한마디로, 뉴턴의 신은 피조 세계의 절대적인 통치자로서, 데카르트의 신과 정반대였다. 데카르트주의의 동떨어지고 무심한 신성에 반대하여, 뉴턴은 일상적이고 친근하게 물질계에 개입하는 신으로 돌아갔다.

뉴턴은 자신의 과학으로 신학에 기여할 뿐 아니라, 자신의 신학이 과학에 영향을 미치게도 했다. 무엇보다도, 그는 공간이란 절대적인 신의 존재와 같은 뜻을 지니므로 역시 절대적이라야 한다고 주장했다. 그에게는 절대 공간(및 시간)이 형이상학적인 공리公理가 되었다. 이런 신학적 견해를 반영하는 공간(및 시간) 개념은 곧 근대 물리학의 지주 중 하나가 될 것이며, 물리학자들은 공간을 신과 연관시키지 않게 된 후로도 여전히 뉴턴의 절대적 시공時空 개념을 고수했다. 아인슈타인은 바로 이런 시공 개념을 부인해야만 했다. 뉴턴의 공간관은 그의 물리학이 종교적 사고와 얼마나 밀접하게 관련되어 있었던가를 잘 보여준다. 에드윈 버트의 말대로, 뉴턴의 종교는 "그의 과학의 부속물에 불과한" 것이 아니라 "그에게는 아주 근본적인 무엇"이었다.[135]

굳이 따지자면, 뉴턴에게는 과학이 종교의 부속물이었다고 해야 한다. 그의 전 생애를 놓고 볼 때, 물리학은 어디까지나 종교적인 목표를 갖는 원대한 계획 일부였을 뿐이다. 영국 성공회에 봉사하려는 뉴턴의 바람 너머에는, 그가 본래적이고 순수한 형태의 그리스도교라고 생각한 것을 되찾으려는 더 깊은 바람이 있었다. 역사가 퍼넬러피 국을 인용하자면, "뉴턴은 그의 자연철학을 진정한 고대 종교를 광범하고 철저하게 복원하는 일의 일부라고 보았다."[136] 국에 따르면, 이 진정한 종교는 본래 신이 노아에게 계시한 것이었다. 이 순박한 그리스도교에는 아마도 세계에 대한 진정한 지식이 들어 있었고, 뉴턴은 그 지식이 노아에서 모세로, 그리고 이집트인과 고대 그리스인 특히 피타고라스와 플라톤에게로 전해졌으리라고 믿었다. 뉴턴의 궁극적인 목표는 그 사라진 아담의 지식을 되찾는 일이었으며, 그의 개인적 노트는 그가 자신을 개척자가 아니라 신이 인류에게 주었던 고대 지혜의 복원자로 여겼음을 보여준다.

뉴턴은 자신이 『프린키피아』에서 제시한 것의 상당 부분을 고대인들도 알고 있었음을 증명하려고 광범한 자료를 수집하기도 했다.[137] 한 가지 흥미로운 "증거"는 헤르메스 트리스메기스토스가 "코페르니쿠스 체계의 신봉자"였다는 그의 주장이다. 저 이집트의 현자가 허구였음이 드러난 지도 한 세기 가까이 지난 시점에서 헤르메스의 권위를 진지하게 인용했다는 것은 뉴턴의 사고가 얼마나 비정통적이었던가를 분명히 보여주는 일례이다. 나아가 그는 피타고라스도 만유인력의 법칙을 알고 있었다고 주장했으며, 이 법칙이야말로 천구들의 조화라는 피타고라스적 개념에 감추어진 진정한 지식이었음을 증명하려고, 복잡다단한 논증을 짜 맞추기도 했다. 뉴턴은 혁신적인 미래를 바라보기보다 아득한 과거를 응시하고 있었다.

사라진 아담의 지식을 되찾으려는 그의 바람은 지식 그 자체를 위한 것이 아니라, 무엇보다도, 윤리적 개혁을 위한 것이었다. 역사가 피요 라탄시가 설명했듯이, 뉴턴은 "인간들이 신의 무한한 능력을, 신이 어떻게 만물을 만들고 끊임없이 돌보는가를 일단 이해하고 나면, 신과 동료 인간에게 마땅히 해야 할 의무를 더 깊이 이해하고 받아들이리라고 믿었다. 그러므로 진정한 과학적 설명의 회복에는 진정한 윤리의 회복이 따를 터이며, 이 윤리란 신과 그의 섭리에 대한 진정한 이해에서 출발할 것이다."[138]

우리는 세계에 대한 진정한 (과학적) 지식이 윤리적인 개혁을 고취하는 명분이 되리라는 뉴턴의 믿음에서 조르다노 브루노의 뚜렷한 영향을 읽을 수 있다. 그 또한 세계에 대한 진정한 (마술적) 지식을 통해 진정한 윤리성을 회복하고자 했다. 그러나 브루노는 이단자였고, 뉴턴은 영국 성공회의 독실한 신자였다. 하지만, 정말로 그랬던가? 공적으로는 자신의 과학으로 영국 성공회에 기여하고 있었지만, 사적으로는 그 또한 이단과 별다르지 않은 견해를 지녔다. 특히, 뉴턴에게 진정한 종교로 돌아간다는 것은 삼위일체 교의(신[성부]과 그리스도[성자]와 성령이 하나이면서 셋인 신성이라는 믿음)의 거부를 의미했다. 삼위일체 교의는 로마가톨릭교회와 영국 성공회 모두에서 핵심 교의였지만, 뉴턴은 그 교의가 참된 신앙의 타락이라고 보았으며, 오직 성부만이 진정한 신이라고(그러니까 그리스도는 그렇지 않다고) 믿었다. 신학적으로 볼 때, 삼위일체 교의를 부인한다는 것

(이른바 아리우스주의)은 대단히 심각한 죄였으며, 따라서 만일 뉴턴의 신앙 내용이 알려졌더라면, 그는 케임브리지에 남을 수 없었을 것이다.

다행히도, 뉴턴은 자신의 비정통적 견해들을 공개해도 무방하리라는 착각에 빠진 적이 없었고, 자신의 비밀을 개인적 노트에만 남겼다. 그러나 그가 공공연히 아리우스파의 주장에 동조하지 않았다고 해서 위선자라는 말은 아니다. 그는 자신의 종교적 신념들에 대해 거짓말을 하느니 학자로서의 경력을 기꺼이 포기했을 것이다. 뉴턴의 시대에 케임브리지의 연구교수fellow들은 영국 성공회 목사로 서품되어야 했고, 따라서 교회의 교의(물론 삼위일체 교의도 포함하여)에 대한 공식적 지지를 선언해야 했다. 뉴턴은 그럴 마음이 없었고, 1675년에 대학을 떠날 생각이었다. 그러나 서품 기한이 다가오자 왕의 특별 면제령이 내려졌고, 뉴턴은 목사가 되지 않고도 연구교수가 될 수 있었다.

뉴턴의 신앙적 깊이라는 문제와는 무관하게, 이 사건은 중요한 의문을 제기한다. 만일 그가 특별 면제령을 받지 않았더라면 어떻게 되었을까? 그가 케임브리지에 남지 않고 링컨셔의 농장으로 돌아가 시골 신사로서 살았다면? 그래도 『프린키피아』처럼 새로운 물리학을 전체론적 종합명제 가운데 포섭한 거작이 나올 수 있었을까? 전기 작가 리처드 웨스트폴은 도저히 그럴 수 없었으리라는 결론을 내린다.[139] 물론 뉴턴의 업적은 점진적으로나마 다른 사람들이 이루어냈을 테지만, 물리학사는 상당히 달라졌을 터이니, 이전 이후의 그 누구도 과학사에 그처럼 지워지지 않는 발자취를 남기지는 못했을 것이다. 그러고 보면 아이러니하게도, 이 결정적인 시기에 물리학의 역사는 한 개인에게 이단 신앙을 견지하는 것을 허용하느냐 여부에 달려 있었던 셈이다.

그러나 뉴턴이 사적으로는 어떤 이단 사상을 지녔든, 공적으로는 자신의 과학으로 정통 신앙에 기여하고자 했으므로, 뉴턴의 자연철학은 곧 과학과 그리스도교(특히 영국 성공회)의 강력하고 새로운 연합의 기초가 되었다. 과학은 점차 세속적인 환경에서 연구되었지만, 뉴턴의 영향을 받은 수학적 인간들은 여전히 재속사제在俗司祭나 다름없는 역할을 했다. 그를 본받아, 여러 세대의 뉴턴주의자들은 그들의 과학을 신 및 신과 세계의 관계에 대한 정통 프로테스탄트적 입장들을 옹호하는 강력한 도구로 삼았다. 갈릴레이가 물리학자와 신학자 간의 긴장 관계를 시사했다면, 뉴턴은 상호부조적 관계의 가능성을 보여주었다. 갈릴레이는 자연에 대한 인식 능력을 교회에서 탈취하는 데에 열심이었지만, 뉴턴은 그 힘을 교회와 나눠 갖고자 했다. 데카르트적 기계론의 무신론적 경향들을 물리치고, 자신의 우주론을 적극적으로 섭리하는 신성의 논거로 사용함으로써, 뉴턴은 과학만으로 설명할 수 있는 것에는 한계가 있음을 인정했다. 그에게는, 우리 주위의 세계를 완전하게 인식하려면 과학과 종교가 모두 필요했다. 이 불멸의 수학적 인간이야말로 교회의 가장 영향력 있는 협조자였으며, 물리학과 종교를 더없이 긴밀하게 결속시킨 인물이었다.

6장 신, 여성, 새로운 물리학

18세기 전반에는 뉴턴 과학과 영국 성공회 신학 사이에 여러 차원에서 상호 작용이 이루어졌다. 뉴턴 자신도 1727년에 세상을 떠나기까지, 이런 관계를 형성하고 강화하는 데 크게 기여했다. 오늘날 우리의 시각에서 볼 때, 이 관계의 가장 기이한 양상 중 하나는 새로운 물리학이 성서를 문자 그대로 믿기 위한 근거로 원용되었다는 것이다. 이 점에서도 뉴턴은 선도적 역할을 했다. 그는 새로운 과학의 견지에서 볼 때 엿새 동안에 천지를 창조한 성서 이야기는 문자 그대로 받아들일 수 있다고 설파했다. 만일 지구가 셋째 날이 되어서야 자전하기 시작했다면 처음 이틀의 길이는 무한정할 수 있으며, 따라서 신은 성서에서 단언하는 바와 같은 모든 것을 할 시간이 충분했으리라는 것이 그의 막중한 권위를 지닌 발언이었다. 이런 노력에서 그는 결코 혼자가 아니었다. 새로운 물리학이 성서적 사건에 대한 문자적 확증을 제공할 가능성은 뉴턴에 뒤이어 케임브리지 대학 루카스 석좌 수학 교수(스티븐 호킹도 1979-2019년 동안 이 자리에 있었다)가 되었던 윌리엄 휘스턴William Whiston 또한 재빨리 간파했다. 휘스턴은 자신이 관측한 특정한 혜성이 성서의 대홍수를 일으킨 원인이 되었으리라는 점을 입증하고자 했다. 중력 및 운동에 관한 뉴턴의 법칙을 사용하여 그는 혜성의 과거 궤도를 계산했고, 혜성이 대홍수를 일으킬 적시 적소에 있었으리라고 주장했다. 새로운 물리학은 종교를 무용지물로 만들기는커녕, 가장 문자적인 신앙을 활성화하는 역할을 했다.

종교적인 영국인 사이에서 뉴턴 과학을 어느 정도까지 신학에 유용할 수 있다고 믿었는지는 다음 사례에서도 잘 드러난다. 1699년에 존 크레이그라는 수학자는 『그리스도교 신학의 수학적 원리』라는 제목의 책을 발표했는데,[140] 이는 명실상부하게 뉴턴의 『자연철학의 수학적 원리』를 본뜬 것이었다. 수학적 원리는 우주를 비추듯이 그리스도교 신학도 조명할 수 있다고 크레이그는 주장했다. 뉴턴의 과학적 걸작을 본받아, 그는 뉴턴의 운동 법칙과 놀랍도록 비슷한 세 가지 단순한 법칙을 출발점으로 삼았다. 크레이그의 제1 법칙은 "모든 사람은 마음속 즐거움을 연장하거나, 늘리거나, 즐거운 상태 그대로 유지하려 한다"였고, 이는 일종의 즐거움의 관성의 법칙으로 의도된 법칙이었다.[141] 그리고 이 법칙과 정의에서, 크레이그는 뉴턴 풍風의 윤리적 신학적 원리를 도출했다.

역사가 데릭 예르트센은, 크레이그가 "이렇듯 명백히 뉴턴을 흉내 내면서 오도되기는 했지만 진지한 논점"을 추구하고 있었다고 지적했다.[142] 그는 「누가복음」의 한 대목*에서 출발해 그리스도가 지상에 돌아올 때면 적어도 그를 맞이할 신자가 한 명은 있으리라는 명제에 이르렀고, 이에 기초하여 "뉴턴식" 신학을 사용하면 구세주의 재림再臨 시한을 산정할 수 있으리라고 생각했다. 크레이그의 논증은 역사적 사건에 대한 믿음은 시간이 지날수록 줄어든다는 단정에서 출발했다. 실제로, 믿음은 중력과도 같은 것으로, 그 근원에서 시간상으로 더 멀어질수록 강도가 줄어드는 일종의 "힘"으로 다루어졌다. 이런 모형을 놓고, 크레이그는 만일 우리가 그리스도에 대한 사도들의 처음 믿음의 정도와 그 믿음이 줄어드는 비율을 정할 수 있다면, 수학을 사용하여 그리스도에 대한 믿음이 완전히 사라지는 시간을 계산해낼 수 있으리라고 보았다. 그 시기야말로 구세주 재림의 최후 시한이 될 것이었다. 예르트센의 지적대로, "많은 복잡한 추론과 계산 끝에 크레이그는 그리스도의 재림에 대한 신앙의 개연성이 3150년경에는 영零에 이를 것이므로, 그리스도는 그 이전에 반드시 나타날 것"이라고 결론지었다.

신학을 위해 물리학을 사용하려는 18세기의 시도는 대부분 이보다는 덜 문자적이었다. 뉴턴 과학과 영국 성공회 신학 간의 새로운 제휴에 앞장선 것은 보일Boyle 연사들이었고, 그중 상당

---

* "그러나 인자가 올 때에 이 세상에서 믿음을 보겠느냐"(18장 8절)라는 구절을 가리키는 듯하다.

수는 뉴턴의 개인적 친구들이었다. 보일 강연Boyle lectures은 17세기 과학자 로버트 보일이 개설했고, 보일의 유언에 따라 강연은 매년 그리스도교를 옹호하고자 성직자가 하기로 되어 있었다. 그리하여 1690년대에 시작된 강연은 성직자들이 뉴턴의 자연철학을 기초로 하여 신성의 존재와 본성을 논하는 권위 있는 강단이 되었다.[143] 역사가 마거릿 제이컵에 따르면, 이 강연은 곧 "자유주의"가 되었다.[144] 최초의 보일 연사는 리처드 벤틀리였으며, 그는 개강 준비 과정에서 뉴턴에게 신과 관련하여『프린키피아』에 어떤 의의가 있는지 묻는 편지를 썼다. 그리고 뉴턴에 뒤이어 벤틀리도 우주는 그 경이로운 계획에서, 또 신성한 유지력을 계속 필요로 한다는 점에서, 능동적이고 섭리적인 신성의 존재를 입증한다는 주제를 채택했다. 다른 많은 보일 연사도 그 뒤를 따랐다.

그런 노력의 핵심에는 자연 그 자체가 신에 대한 주된 계시의 원천이 될 수 있다는 믿음이 있었다. 중세 동안 성서는 계시의 원천 그 자체로 여겨졌으나, 케플러 이래로 수학적 인간들은 자연의 신학적인 위상을 눈에 띄게 격상시켰다. 18세기 초의 뉴턴주의자들과 더불어 "자연신학"에 대한 이런 경향은 극에 달했다. 모든 자연신학자 중 가장 영향력 있는 사람은 뉴턴의 친구이자 보일 연사였던 새뮤얼 클라크Samuel Clarke였다. 클라크는 강연 서두에서 공표하기를, 자신은 "단 한 가지 방식 또는 일관된 논증의 맥락을 사용하겠다. 즉, 그런 강론의 성격이 허용하는 한 수학적이 되겠다"라고 했다. 존 크레이그가 그랬듯이 클라크도 뉴턴과 겨루듯, 비례와 공리로 된 신학 논증을 제출했다. 그는 뉴턴의 방법론을 채택할 뿐 아니라, "해부학과 물리학에서 이루어진 발견"을 신성의 증거로 인용했다. 클라크는 뉴턴 과학 및 그 발견에 심취한 나머지, 뉴턴이 신의 존재를 입증할 더없이 견고한 기초를 제공했다고 선언했다.[145] 그리하여 역사가 로저 한의 지적대로, 18세기 초에는 "신에 대한 믿음이 점차 과학적 진보로 주어지는 증거에 기초하게 되었다."[146]

자연신학자들에 따르면, 과학을 원용하여 신성의 존재를 입증하는 두 가지 기본 방식이 있었다. 첫째, 과학은 이른바 자연의 의도적 계획을 드러냄으로써 의도를 지닌 계획자가 반드시 있음을 밝힌다. 여기서, 우리가 앞서 보았던 태양계는 대표적인 예이다. 그러나 뉴턴은 신의 예지로운 작업의 증거들을 우주에서뿐 아니라 곳곳에서 발견했다. 그 고전적인 일례가 인간의 눈이다. 뉴턴은 그처럼 경이로운 장치가 "맹목적이고 우연한" 원인에서 생겨날 수 없다고 했다. 마찬가지로, 동물들의 좌우 대칭은 그에게 수학적 질서를 선호하는 신성을 말해주었다. 18세기 초 동안, 이른바 자연 체계의 의식적 계획에 근거하여 신의 존재를 논증하는 작업이 크게 유행했고, 1714년 베르나르트 니우엔테이트는 『자연의 경이들로 입증된 신의 존재』라는 백과사전적인 저서를 발표하여, 그 무수한 예를 열거했다. 이는 새로울 것도 없는 생각으로, 이미 중세인에게도 알려져 있었지만, 새로운 과학은 그 복잡한 분석 기술과 관측기구(특히 현미경과 망원경)를 가지고서 "계획에서 출발한 논증"에 새로운 힘을 불

어넣었다.[147]

아이러니하게도, 과학이 신의 존재를 입증하는 데 원용되는 두 번째 방식은 과학이 설명할 수 없는 것을 통해서였다. 이는 이른바 공백의 신 논증God of the gaps arguments으로 이끌었으며 그 고전적인 예는 중력이란 항상 끌어당기는 힘이므로 만일 신이 저지하지만 않는다면 별들은 서로 충돌하여 부서지고 말리라는 뉴턴의 주장이었다. 운동과 중력의 법칙은 우주의 안정성을 설명할 수 없는 것으로 보였으므로, 뉴턴은 그 공백을 신으로 메꾼 것이다. 특히 흥미로운 "공백의 신" 논증은 네덜란드 물리학자 빌렘 스흐라베산더Willem 'sGravesande가 제출했다. 그는 매년 남아가 여아보다 더 많이 태어난다는 사실로 미루어볼 때 전지한 존재의 개입이 없다면 성년에 이르는 남녀의 수가 같을 수 없으리라고 논증했다. 그러니까, 신은 초창기의 확률 연구가 설명할 수 없었던 부분을 설명하는 데에도 동원되었다.

"공백의 신"과 계획 논증은 인식 능력을 과학과 종교에 분배하고 있었다는 점에서 주목할 만하다. 과학은 자연의 작용을 묘사하는 적절한 수단으로 여겨졌으나, 그 능력은 제한적이라고 생각되었으며, 어느 정도를 넘으면 모든 설명이 "더 높은" 힘에도 넘겨져야 했다. 여기서, 수학적 인간과 신학자 들은 자연이라는 인식 영역을 사이좋게 나눠 가졌다. 양편에서 모두 상대방의 강점을 인정했고, 그 관계에서 결국은 이익을 얻었다. 18세기 초, 신학에 과학의 지원이 필요했다면, 뉴턴 과학 또한 처음에는 신학의 지원이 필요했다. 흔히 생각하기에 뉴턴 물리학은 워낙 막강해서 당연히 성공이 보장되었을 것 같지만, 이는 당시에 뉴턴의 법칙을 이해할 만한 사람이 극히 적었다는 사실을 간과한 것이다. 모든 급진적이고 새로운 사상이 그렇듯이, 뉴턴의 세계상도 대중에게 먹혀들어야 했다.

뉴턴주의가 쉽사리 받아들여지지 않았다는 것은 대륙의 데카르트주의자들이 중력이라는 개념을 격렬히 거부했다는 사실에서도 드러난다. 실상, 뉴턴 과학의 "가치"는 절대 자명하지 않았고, 영국인에게 이를 주입하는 데에는 상당한 선전이 필요했다. 그것이 보일 강연의 주요 목표 중 하나이기도 했다. 뉴턴은 영국 성공회 신학에 자기 이름의 권위를 빌려주었지만, 반면 신학자들은 그의 자연철학에 종교적 권위의 도장을 찍어주었다. 신앙과 물리학은 의기투합하여 공조했다.

프랑스 기계론자들과 로마가톨릭교회의 관계가 그러했듯, 영국의 뉴턴주의자들과 영국 성공회의 관계도 부분적으로는 안정되고 법치적인 사회에 대한 공통된 바람에서 나왔다. 잉글랜드 내전 및 그 후유증과 더불어, 영국의 17세기는 사회적으로 매우 불안정한 시기였다. 군주제에 대한 정치적 정면 대결뿐 아니라 사술과 이단 분파들이 생겨났고, 그러는 가운데 영국의 극히 계층화된 사회는 잠시나마 심각하게 도전을 받았다. 이런 위기가 생겨나자, 많은 영국 성공회 성직자는 전통적 사회질서 옹호에 나섰다. 뉴턴의 자연철학은 전능하고 섭리적인 신이 다스리는 질서 정연한 우주를 제시함으로써 이런 성직자들이 수호하려는 것과 같은 사회의 본보기로 사용될 수 있었다. 역사가 마거릿 제이컵의 말을 빌리자면, "『프린키피아』에서 해명된 우주적 질서와 계획은, 뉴턴의 초기 추종자들의 손에서, 그리스도교 사회의 자연적 귀감이 되었다. 섭리로 비준되며 다양한 종교적 신앙에 대해서도 (이들이 정치적 안정을 위협하지만 않는다면) 이성적 관용을 베푸는 그리스도교 사회 말이다."[148]

그리하여 뉴턴 과학과 나란히, 사회를 신이 제정한 "자연적" 질서로 여기는 사회적 뉴턴주의가 생겨났다. 사회적 뉴턴주의자들은 "정치적 안정"을 지상 과제로 여겼고, 안정을 확고히 하고자 벤틀리, 클라크, 휘스턴 등은 강단에서 "자연적인" 통치자들에게 그들의 직위가 주어지는 것이 마땅하며 아무도 자신의 "삶에서의 위치"를 바꾸려 할 만큼 "불합리하게 준동적"이어서는 안 된다고 설파했다. 뉴턴적 사회는 뉴턴적 우주처럼 법치적이고 안정되고 불변인, 이른바 신이 내린 질서였다. 행성이 제각기 궤도에 고정되어 있듯이, 인간은 각자의 "위치"에 머물러 있어야 했다. 이런 뉴턴주의 성직자들이 주로 설교한 대상이 하층계급(이전 세기의 불온 세력의 대부분이었던)이 아니라 부유한 런던 거주 청중이었다는 것은 주목할 만하다. 제이컵에 따르면, 그들은 부유한 회중에게 "이성적인 사람은 신이 부과한 방대한 우주적 질서를 인정해야 하며, 주어진 사회와 정부에서 그 질서의 모방을 시도해야 한다"라고 확신시켰다.[149] 그러므로 뉴턴이 자연에서 발견한 질서를 사회 영역에서 실현하는 것이야말로 인류의 윤리적 과제였다. 그리하여, 17세기의 프랑스 기계론자들과 더불어, 18세기의 뉴턴 과학은 이런 사회적 정태성靜態性

을 정당화하는 데 사용되었다. 제이컵과 또 다른 역사가들이 시사한 대로, 뉴턴 과학의 수용에는 이런 사회정치적 과제도 한몫했다고 보아야 한다.

사회적 뉴턴주의가 보존하고자 했던 "자연적인" 또는 신이 내린 질서의 일부는 젠더 질서였다. 남성이 각기 제 궤도 또는 위치에 고정된 행성이라면, 여성은 "자연적으로" 남성 주위의 궤도에 머물러야 하는 위성으로 여겨졌다. 18세기 동안 여성은 과학 그 자체에 공식적으로 참여하는 위치에 있기를 바랄 수 없었다. 이 세기 동안 왕립학회는 여성 회원을 받아들이지 않았을 뿐 아니라, 영국의 어떤 대학에서도 여성은 단 한 명도 학위를 받지 못했다. 대륙의 주요한 과학 학회들도 여성을 정회원으로 받아들이지 않기는 마찬가지였지만, 이탈리아의 많은 지방 학회는 여성을 받아들였고, 독일에서는 몇몇 여성이 베를린 과학 아카데미에 준회원으로 받아들여졌다. 또한, 이탈리아와 독일에서는 극소수의 여성이나마 학위를 받았고, 이탈리아에서는 몇몇 여성이 대학에서 수학이나 물리학을 가르치기까지 했다. 공식적으로는 프랑스 여성이 영국 여성보다 전혀 유리하지 않았지만, 프랑스에는 살롱이 새로운 과학 문화에서 비공식적이나마 중요한 역할을 하고 있었으므로, 그 영역에서는 여성이 새로운 자연철학의 전파에 중요한 역할을 했다.

그러므로 이 시기 영국은 과학 분야에서 앞서가는 국가였을 뿐만 아니라 공식 과학 공동체에서 여성에게 자리를 내주지 않는 데에도 단연 앞서가는 국가였다. 사회적 뉴턴주의가 18세기 영국에서 여성 과학자의 진보를 저해하는 유일한 요인은 아니었지만, 뉴턴주의와 영국 성공회 간의 강한 유대는 "사제적인" 과학자상을 수립하는 데 기여했으며, 이는 여성에게 특히 불리한 사상적 분위기가 계속되는 결과를 가져왔다. 뉴턴의 유산 중 하나는 물리학의 종교적 기조를 강조함으로써 수리과학을 성스러운 활동으로 여기는 사고방식, 수학적 여성에게 오랜 장벽이 되어온 사고방식을 강화한 것이었다.

프랑스에서도 새로운 물리학은 극히 종교적인 분위기 속에서 일어났지만, 17세기 말 프랑스 사회의 현실은 차츰 과학 문화의 사제적 저류를 희석시켰다. 특히, 프랑스에서 과학은 살롱을 통해 전파되었으므로, 적어도 여성이 과학 활동에 참여할 수 있는 장소가 하나는 있었던 셈이다. 17세기와 18세기 초반 동안 프랑스의 살롱은 거대한 사회적·정치적·문화적 세력의 구심점이었고, 랑베르 부인Madame de Lambert, 탕생 부인Madame de Tencin 같은 살롱 안주인salonnière들은 야심만만한 재사들의 브로커 노릇을 톡톡히 했다. 이 여성들은 단순한 안주인 이상으로 경력을 만들 수도 망가뜨릴 수도 있었다. 아카데미 프랑세즈에 들어가고 싶으면 먼저 랑베르 부인의 살롱을 거쳐야 한다는 말까지 있을 정도였다. 다른 야심가들과 마찬가지로, 많은 프랑스 과학자가 살롱에 참여했고, 살롱 특유의 사교와 정치와 권력의 독특한 조합을 이용했다.

프랑스의 살롱이 과학자들이 여가를 보내는 유일한 장소는 아니었다. 역사가 메리 테랄이 보여주었듯이, 살롱은 신新과학의 합법화에도 중심적 역할을 했다. 무엇보다도, "과학의 대표자들은 대중에게 수학과 실험의 가치를 이해시킬 필요가 있었다"라고 테랄은 지적한다.[150] 그런데 프랑스에서는 선전 전략의 중요한 부분이 강력한 살롱 여성의 협력을 얻는 것이었다. 17세기 말과 18세기 초에 걸쳐 이런 노력의 선봉에 섰던 것이 파리에 있던 왕립 과학 아카데미 종신 서기였던 베르나르 드 퐁트넬 Bernard de Fontenelle(1657-1757)이었다.

테랄에 따르면, 퐁트넬의 전략 중 한 가지는 과학을 비전문가인 청중(그가 주로 여성들을 포함하는 것으로 보았던 청중)에게도 접근할 수 있고 흥미로운 형태로 제시하는 것이었다. 그의 대단한 성공작이었던 『세계의 다수성에 관한 대화』에서, 퐁트넬은 "순진하지만 지적으로 수용력이 있는 후작 부인이라는 허구적 장치를 통해 접근할 수 있는 합리성이라는 이상을 증진했다."[151] 이 책은 화자인 수학자가 새로운 우주론에 관해 재치 있는 대화를 나누며 복잡한 심리의 젊은 후작 부인에게 구애하는 지적 유혹의 틀을 갖추고 있었다. 다른 저자도 곧 그 뒤를 따랐다. 그중 가장 성공한 사례로 프란체스코 알가로티가 1737년에 쓴 『숙녀들을 위한 뉴턴주의』가 있다.[152] 그러나 퐁트넬은 귀족 여성을 새로운 과학의 잠재적 동업자로 보았다고는 하지만, "학문 활동을 살롱의 대화와는 상반된 것으로 정의했다"라고 테랄은 지적한다.[153] 그는 새로운 과학을 전파하고 합법화하는 데에는 여성의 도움을 이용했지만, 과학 지식이 실제로 생산되는 공식적인 장소에까지 여성을 초대할 의사는 전혀 없었다. 여성은 과학의 관중이고 전파자는 될 수 있어도, 그 활동은 남성의 특권으로 남아야 했다. 바꿔 말하자면, 아카데미 회원은 살롱에 갈 수 있었지만, 살롱 여성은 아카데미에 갈 수 없다고 퐁트넬은 분명히 선을 그었다.

『세계의 다수성에 관한 대화』에서 그는 후작 부인은 이해할 수 있는 데까지만 이해하면 되고 그 나머지 많은 부분은 여성으로서는 몰라도 된다고 강조했다. 이 "고차원의" 진리는 학회의 고상한 남성적 정신의 몫으로 남겨졌다. 그리하여, 프랑스에서도, 과학은 "사제적인" 핵심을 견지하고 있었고, 그 공식 장소(아카데미)는 엄밀히 남성적인 것이었다. 그러나 새로운 과학에 구경꾼이 되는 것으로 만족하지 않았던 진짜 후작 부인이 한 사람 있었는데, 바로 에밀리 뒤 샤틀레였다.

가브리엘 에밀리 르 토넬리에 드 브르퇴유Gabrielle Emilie Le Tonnelier de Breteuil(1706-1749)는 열아홉 살 때 샤틀레 후작 플로랑 클로드Florent-Claude와 결혼했다. 그러나 세 아이를 낳은 뒤, 점차 과학에 관심이 쏠린 젊은 후작 부인은 새로운 철학을 공부하기 시작했다. 그러던 중 볼테르Voltaire(1694-1778)와 연인 관계가 되었는데, 볼테르도 그 얼마 전부터 뉴턴의 철학에 심취해 있었다.[154] 볼테르는 자신의 친분을 통해 샤틀레를 여러 초기 프랑스 뉴턴주의자에게 소개했고, 그중 물리학자 피에르 모페르튀이Pierre Maupertuis(1698-1759)는 개인적인 호의에서 샤틀레에게 수학을 개인 지도하는 데 동의했다. 샤틀레는 아주 뛰어난 학생이었고, 그래서 볼테르가 뉴턴 철학에 관한 책을 쓸 때 그의 부족한 수학 지식을 보충해주기도 했다. 볼테르는 책을 샤틀레에게 바치는 헌사를 써서 그 공을 치하했다.

1738년에 샤틀레는 비밀리에 뉴턴 물리학에 관한 책을 쓰기 시작했다. 그러나 또 다른 개인교수를 통해 라이프니츠의 형이상학에 입문한 샤틀레는 전 작품을 다시 썼다. 그러나 책이 거의 완성될 무렵 우연히 그 몇 페이지를 보게 된 개인교수 사무엘 쾨니히Samuel König(1712-1757)는 자신이 고작 귀부인의 개인교수로 알려지는 것은 불명예라고 여긴 나머지 책의 진짜 저자는 자신이라는 소문을 퍼뜨렸다. 샤틀레의 염려대로, 그 소문은 남성 과학자 모두 기꺼이 믿을 만한 이야기였으며, 자기 작품을 공정하게 평가받을 기회를 잃었다. 결국 샤틀레는 익명으로 책을 출간했다.[155] 이런 치명타에도, 샤틀레는 뉴턴을 프랑스인에게 소개하려는 결심을 바꾸지 않고, 『프린키피아』의 번역·주석 작업에 착수했으며, 이 일에서는 아직도 샤틀레의 이름이 남아 있다.[156] 오늘날까지도 이 책은 『프린키피아』의 유일한 프랑스어 번역이며, 여러 세대의 프랑스인에게 영국 물리학자를 소개하는 역할을 했다. 뉴턴의 텍스트가 기술적으로 어렵다는 점을 고려하여, 샤틀레는 방대한 설명적 주석을 첨부하여 프랑스인에게 도움을 주었다. 불운하게도, 이 방대한 작업을 마칠 무렵, 샤틀레는 마흔두 살의 나이로 임신한 것을 알게 되었고, 슬프게도, 아이가 태어난 지 며칠 만에 세상을 떠났으므로, 자신의 책이 출판되는 것도 보지 못했다.

마거릿 캐번디시가 그러했듯이, 에밀리 뒤 샤틀레는 새로운 과학에 관한 담화에 참여하려 했고, 여성으로서 남성 경쟁자들이 자신을 진지하게 받아들이도록 하는 일이 얼마나 힘든가를 몸소 겪었다. 샤틀레 역시 자기 작품에 대해 아카데미 회원들과 (감히 그들의 영역을 침범했다는 이유만으로 비판하는 사람들과도) 토론할 기회라면 사양하지 않았으나, 남성 지배적인 학문 세계에서 여성이란 처음부터 비정상이었으며, 에밀리 뒤 샤틀레는 끝내 이방인으로 남았다.

18세기 초에 중요한 과학 텍스트를 자국어로 읽을 수 있게 한 대륙 여성은 샤틀레만이 아니었다. 주세파 엘레오노레 바르바피콜라Giuseppa Eleonore Barbapiccola(1702-1740)는 1722년에 데카르트의 『철학의 원리』의 이탈리아어 번역을 출판했다. 이는 바르바피콜라가 10대 후반부터 20대 초반에 걸쳐 이루어낸 일로, 데카르트가 이 책을 보헤미아의 엘리자베트 공주에게 헌정했음을 지적하면서, 바르바피콜라는 데카르트가 여성을 주요한 독자로 의도했듯이 자신이 이르고자 하는 독자도 여성이라고 했다. 바르바피콜라는 서문에 이렇게 썼다. "나는 이 책을 다른 많은 사람, 특히 여성에게 읽히고 싶어서 번역했다. 여성은, 르네가 자신의 한 편지에서 말하듯이, 남성보다 철학에 더 적합하다."[157]

세기 후반에, 마리아 안젤라 아르딩겔리Maria Angela Ardinghelli (1728-1825)는 뉴턴 이후로 가장 중요한 초기 뉴턴주의 과학자라 할 스티븐 헤일스Stephen Hales(1677-1761)의 저작을 이탈리아에 소개했다.[158] 아르딩겔리는 헤일스의 글을 번역했을 뿐 아니라,

그의 모든 결과를 다시 계산하고 그의 실수를 바로잡았으며 자신에게 분명하지 않은 실험은 직접 다시 해보았다. 역사가 폴라핀들런에 따르면, 아르딩겔리는 "그의 저작을 단계마다 규명함으로써 자신의 탁월한 수학적 능력을 입증하기를 게을리하지 않았다."[159] 샤틀레가 자신이 받은 교육의 조야한 상태를 노상 한탄했던 것과는 달리, 아르딩겔리는 어려서부터 수학과 물리학 개인 교습을 받았고, 스무 살 때 전기(당시의 첨단 과학에 속하는 것이었다)에 관한 지식으로 나폴리의 살롱들을 경악케 했다. 아르딩겔리는 프랑스의 물리학자이자 사제였던 장앙투안 놀레Jean-Antoine Nollet(1700-1770)와 알게 되었고 놀레는 곧 아르딩겔리의 멘토가 되어, 여러 해 동안 폭넓은 과학적 주제에 관해 서신을 교환했다. 파리 과학 아카데미 회원이었던 놀레는 자신의 동료 회원들도 아르딩겔리와 서신을 교환하도록 권유했으며, 아르딩겔리가 그들의 근엄한 기관에 가입할 수 없음을 한탄했다. 이 현저히 유능한 여성에 대해서조차 가입 정책을 바꿀 수 없었던 계몽된 놀레는 아르딩겔리의 초상화를 아카데미 회랑에 걸게 했다. 이 남성들은 여성의 이미지까지만 허용했다.

그러나 18세기에는 한 이탈리아 여성이 과학의 제도적 장벽을 부수고 그 공동체의 정식 참여자가 되었다. 하지만 라우라 바시Laura Bassi(1711-1778)는 그의 성공 가운데서도 당시의 여성 물리학자가 이룰 수 있었던 성취의 한계를 드러낸다. 지금까지 우리가 살펴본 모든 수학적 여성이 그러했듯이, 바시도 역시 집에서 교육받았다. 볼로냐의 변호사의 딸이었던 그는 집안의 주치의였던 가에타노 타코니Gaetano Tacconi에게 배웠고, 스무 살이 되었을 때는 데카르트와 뉴턴의 자연철학에서 두각을 나타내기 시작했다. "철학의 귀재"로 평판이 난 바시의 박학을 공개적으로 보이라는 압력이 커짐에 따라, 타코니는 교수와 유식한 신사 들을 엄선하여 다양한 주제를 놓고 벌이는 토론을 바시가 들을 수 있게 해주었다.[160] 그들은 깊은 인상을 받았고, 다음 달에 그들은 바시를 볼로냐 과학 연구소 아카데미에 선출하면서 볼로냐 대학 학위 시험에도 초대했으며, 1732년 5월 12일 바시는 이 시험을 쉽게 통과하고 학위를 얻은 사상 두 번째 여성이 되었다. 첫 번째 학위자는 1678년에 파도바 대학에서 철학으로 학위를 얻은 베네치아의 귀족 여성 엘레나 코르나로 피스코피아Elena Cornaro Piscopia였다. 마침내, 유례없이, 볼로냐 대학은 바시에게 교수직을 주었다. 그리하여 1732년에 그는 세계 최초의 여성 교수가 되었다.

그러나 젊은 "여성 철학자"는 결코 남들 같은 대학 선생이 아니었다. 대학 평의회는 가혹한 조건하에 바시를 임명했다. 바시는 그들이 지정할 때만 강연할 수 있었고, 사실상 특별한 대중 강연에 국한했다. 폴라 핀들런에 따르면 실상 대학은 바시를 특이한 장식 정도로 채용하고 있었다.[161] 한때 이름을 날렸으나 이제는 쇠퇴하는 대학에 명성과 주의를 끄는 선전용으로, 바시는 대단한 성공이었다. 사람들은 바시의 강연을 들으려고 몰려들었으며, 유럽 전역의 학자들이 고명한 여성 박사를 직접 보고자 볼로냐를 찾았다.

그러나 바시에게는 그 나름대로 생각이 있었고, 그저 대학의 마스코트 역할로 만족할 수 없었으므로, 자기 역할을 확대하기 시작했다. 바시는 결혼하겠다고 결정하며 독립적인 정신을 드러내기 시작했다. 여성이 결혼 말고는 할 일이 거의 없던 시절에, 결혼하겠다는 결정은 전혀 급진적인 행동으로 보이지 않지만, 평의회는 바시를 일종의 상징적 처녀 학자로 간주하고 있었다. 이런 기대에서, 바시는 "수도회의 여성을 그리스도의 신부로 간주하던 종교적 전통과 처녀의 순결로 공화정부의 기초를 공고히 했던 공민적 전통"을 상기하게 했다고 핀들런은 지적한다.[162] 학위 수여식에서, 바시는 시와 대학에 대한 결혼을 의미하는 반지를 받았다. 바시는 이런 기대에 순응하기를 거부하고 1738년에 물리학자 조반니 주세페 베라티Giovanni Giuseppe Veratti와 결혼했으며, 여덟 자녀를 낳았다.

어머니가 되어 가정을 돌보는 것도 물리학 연구를 계속하려는 바시의 결심을 약화하지는 못했고, 바시는 대중 강연 일정을 늘려달라고 대학에 요구했다. 그러나 대학에서 바시의 요구를 받아들이는 데는 한계가 있었고, 바시는 끝내 정식 대학교수는 되지 못했다. 1760년 무렵에는 "대학 총장을 제외한 다른 어떤 교수나 직원보다 높은 보수를 받고 있었지만", 대학에서 바시의 역할은 어디까지나 형식적이었다.

다시금 바시는 대학 평의회에서 허용한 활동 범위에 만족하지 못하고 1749년부터 자택에서 실험물리학 개인 교습을 했고, 당시까지도 이탈리아에는 잘 알려지지 않았던 뉴턴 물리학의 옹호자가 되었다. 또한 남편과 협동하여 전기에 관한 연구도 시작했다. 전 생애 동안, 바시는 대학의 탁월한 일원이었으며, 학회에 과학 논문을 써내고 실험물리학의 학파를 이끌었다. 또한 당대의 여러 위대한 물리학자와 서신을 주고받았는데, 그중에 루제르 보슈코비치Ruđer Bošković(1711-1787),* 알레산드로 볼타Alessandro Volta(1745-1827)(전기 연구의 선구자)도 있었다. 마침내 예순다섯의 나이로, 바시는 실험물리학의 교수직에 임명되었으며, 이번에는 남편이 조수가 되었다!

바시의 업적은 실로 괄목할 만하다. 그러나 뉴턴의 자연철학과 실험물리학을 이탈리아에 도입하는 데 주요한 역할을 했음에도, 바시는 항상 학문보다는 "예외적 입장" 때문에 유명했다. 만일 바시가 18세기 과학이라는 제도 안의 여성이라는 독특한 역할을 얻는 특권을 누렸다고 한다면, 또 한편으로는 그 때문에 구속되기도 했다. 핀들런이 강조한 대로, 바시는 자신의 위치를 "정규화"하려 부단히 노력했으나, 결코 그냥 물리학자는 될 수 없었고, 어디까지나 여성 물리학자였으며, 일거수일투족이 토론과 논쟁거리가 되었다. 비록 샤틀레로서는 꿈도 꿀 수 없었던 방식으로 받아들여졌고 존경받았지만, 그럼에도 바시는 남성적인 세계에서 비정상으로 남아 있었다. 게다가, 개인적인 성공은 거두었으나 다른 여성을 위한 길을 여는 데에는 성공하지 못했다. 핀들런은 이렇게 말한다. "바시처럼 야심과 끈기를 지닌

---

* 자연의 보편적인 힘이라는 개념의 창시자. 9장에서 설명할 것이다.

여성이 대학에서 얼마나 성공할 수 있는가를 발견한 아카데미의 남성 회원들은 또 다른 여성에게 그런 여지를 허용하는 것을 분명히 원치 않았다."[163] 한 세기 넘게 지나 마리 퀴리가 나오기 이전에는 다른 어떤 여성도 물리학이라는 남성 지배적인 문화 안에서 그처럼 강력히 자신을 수립하지 못했다.

지금까지 살펴보았듯이, 역사상의 모든 수학적 여성은 교육과 기회에 접하고자 계몽된 남성의 도움에 의존해왔고, 바시도 예외가 아니었다. 바시에게 과학을 교육받게 해주었던 아버지, 바시를 가르친 타코니, 바시의 비정통적인 선택을 뒷받침하고 자신보다는 바시가 실험물리학 교수직을 얻도록 막후공작까지 해준 남편 등이 모두 멘토였다. 그러나 바시의 가장 중요한 지지자는 프로스페로 람베르티니Prospero Lambertini(추기경, 대주교를 거쳐 마침내 교황 베네딕투스 14세가 된 인물)였다. 볼로냐 출신의 람베르티니는 자기 고향의 과학적인 영광을 되찾도록 돕는 데에 열심이었고, 바시가 얼마나 훌륭한 대중적 선전이 될지를 일찍이 간파했다. 처음부터 그는 중요한 후원자였고, 대학이 바시에게 학위를 주도록 종용한 것도 그였다는 소문이 있다.

다른 사람도 아닌 교황이 과학 분야에서 여성의 지지자가 될수 있었다는 것은 교회가 반드시 여성혐오적 학문을 조장할 필요가 없다는 증거이다. 마리아 아르딩겔리의 멘토가 장 앙투안 놀레였으며, 그 또한 바시와 서신을 주고받았다는 사실도 이런 견해를 강화한다. 람베르티니가 바시를 지지할 궁극적인 동기가 있었다고는 하나, 그렇다 하더라도 여권주의적 태도는 탄복

할 만한 것이다. 그의 영향 아래 볼로냐는 여성이 과학에 진출할 기회(비록 제한적이었지만)가 있는 유일한 도시가 되었다. 볼로냐 아카데미는 바시뿐 아니라, 에밀리 뒤 샤틀레에게도 회원이 될 것을 요청했다. 1751년에도, 볼로냐 대학은 또 다른 여성 (천재 크리스티나 로카티Cristina Roccati(1732-1797))에게 학위를 수여했으며, 그는 학위를 얻은 사상 세 번째 여성이었다. 로카티는 제2의 바시가 될 수도 있었으련만, 가족이 파산하는 바람에 시골인 로비고로 낙향할 수밖에 없었다. 람베르티니는 볼로냐를 위해서 수학자 마리아 가에타나 아녜시Maria Gaetana Agnesi(1718-1799)도 동원하려고 했지만, 이번에는 그 자신이 그 드문 기회를 이용하기를 원치 않았다.

어쩌면 다른 누구보다 통렬하게, 마리아 아녜시는 18세기에 과학을 연구하는 여성이 겪었던 한계들을 조명한다. 히파티아처럼 수학자의 딸이었던 아녜시는 아버지에게서 수학을 배워 일급 수학자가 되었으나, 바시나 샤틀레와는 달리 살롱의 사교적 분위기를 싫어했고 조용한 종교적 삶을 열망했다. 책 두 권(한 권은 새로운 자연철학에 관해, 다른 한 권은 데카르트와 뉴턴과 라이프니츠의 수학을 종합한 미적분에 관해)을 쓴 뒤,[164] 아녜시는 사교계에서 물러나 유산을 자선사업에 쓰며 경건한 여생을 살았다. 여성은 타고난 기질이 어떠하든 사교계에 나가게 되어 있었는데, 아녜시는 그런 역할을 할 마음이 없었다.

18세기의 어떤 여성도 뉴턴과 같은 삶을 살 권리, 자신의 과학 활동에만 전념하는 반사회적 외톨이로 살 권리는 누리지 못했다. 만일 아녜시가 남자였더라면, 아베 놀레가 물리학을 계속 했듯이, 종교 단체에 속해 있으면서 수학을 계속 연구할 수 있었으리라. 그러나 아녜시는 여성이었으므로 그런 선택을 누릴 수 없었고, 두 가지 이상 중에 하나만을 택해야 했다. 아녜시가 수학자로서의 가능성을 성취했더라면 어떤 업적을 이루어냈을지 누가 알겠는가? 이는 우리가 이번 장에 나오는 모든 여성에 관해 물어도 좋을 질문이다. 그들 중 누구라도, 그들의 남성 경쟁자들이 당연시하던 기회를 누릴 수 있었더라면, 어떤 업적을 이루었겠는가?

18세기 초의 수학적 여성에게는 미약하나마 기회가 있었지만, 세기 후반 여성의 선택 범위는 한층 축소되었다. 아이러니하게도, 이런 침체는 물리학과 종교가 크게 갈라져 가는 길목에서 일어났다. 초기 뉴턴주의자들은 기꺼이 신학을 위해 자신들의 과학을 사용했지만, 세기 후반으로 넘어갈수록(그리고 뉴턴주의가 유럽 전역에 풍미할수록) 수학적 인간들은 자신들의 과학을 전통적인 종교적 지주와 분리하고자 했다. 하지만 물리학 연구가 점차 세속적 분위기 속에서 이루어지게 되었음에도, 계몽주의 시대의 수학적 인간들은 여전히 자신들의 활동에 대해 거의 종교적인 태도를 견지하고 있었고, 또한 물리학에 종사하는 자를 반¥성직자로 취급하는 일반의 태도도 여전했다. 특히 그들은 물리학이 당연히 남성만의 과업임을 계속 강조했다. 계몽주의 시대의 합리주의와 걸맞지 않게도, 이 같은 구습은 새로이 등장하는 철학에서 신선한 활력을 얻었다.

18세기 말에는 사회적 합리주의, 공화주의, 반反교회주의 등과 더불어 수학적 인간에게 뚜렷한 의식의 전환이 일어났으며, 특히 프랑스에서 그러했다. 뉴턴과 초기의 영국인 추종자들은 자연에 대한 인식 능력을 신학자와 나눠 갖기에 열심이었지만, 세기 후반으로 갈수록 물리학자들은 자연 전체를 자신들만의 영역으로 독점하기를 원했다. 그들은 자연이 자족적이며 신의 도움 없이도 얼마든지 유지될 수 있다고 믿기 시작했다. 가령, 뉴턴처럼 중력을 더 높은 권능의 소산으로 보는 대신, 물리학자들은 그것이 단순히 물질의 내재적 속성이라고 보았다. 게다가 뉴턴 시절만 해도 과학이 설명할 수 없었으므로 지고의 존재 덕분이라고 믿었던 것의 상당수를 점차 물리학자의 분석이 정복하고 있었다.

이런 경향은 프랑스 물리학자 피에르시몽 라플라스Pierre-Simon Laplace(1749-1827)의 연구에서 최고조에 이르렀다. 뉴턴과는 반대로, 18세기 중엽 대개의 천문학자는 태양계가 신적인 개입 없이도 영구히 운행되리라고 믿게 되었다. 그러나 이런 믿음은 천문학적 증거들로 뒷받침할 수 없는 듯 보였다는 데에 문제가 있었다. 관측 결과, 목성은 천천히 가속하는 반면, 토성은 점차 느려지고 있었다.[165] 결국 그런 체계는 안정적일 수 없다. 하지만 과학적 사고의 경향이 워낙 달라졌으므로, 이제 이런 변칙은 신이 개입하여 때때로 우주적 메커니즘을 바로잡아야 한다는 증거라기보다는 천문학자들 자신의 계산 방식에 결함이 있다는 의미로 받아들여졌다. "공백"은 우주에 있는 것이 아니라 단지 그들 자신의 이해에 있다는 것이었다.

마침내 라플라스가 태양계의 자족성에 대한 확증을 제시했다. 1786년 그는 프랑스 과학 아카데미에 목성과 토성의 변칙적인 운행이 몇백 년 후면 역전되리라는 수학적 증명을 제출했다. 라플라스는 이런 변칙들이 주기를 이루어, 하나의 행성이 빨라지면 다른 행성들은 느려지고, 또 그 반대의 현상이 일어난다는 사실을 보여주었다. 그러므로 태양계는 본래 안정적이며, 뉴턴의 법칙만으로도 이를 설명하기에 충분하다고 보았다.

자연의 자족성에 대한 믿음은 물리학자들이 물리학과 신학의 분리를 주장하는 데 논거가 되었다. 태양계가 자족적임을 보여줌으로써, 라플라스는 태양계를 운행할 수 있게 하는 더 높은 권능의 필요성을 무산시켰을 뿐 아니라, 신의 존재에 대한 논거를 한 가지 부인한 것이었다. 점차로, 피에르 모페르튀이 같은 물리학자와 장 르 롱 달랑베르Jean Le Rond d'Alembert(1717-1783) 같은 수학자는 자연신학에 대한 반론을 펴고, 물질세계는 신성의 존재에 대한 증거가 될 수 없다고 주장하기 시작했다. 이런 견해를 대표하는 인물이 독일 철학자이자 물리학자인 이마누엘 칸트Immanuel Kant(1724-1804)였다. 칸트에 따르면, 현 과학적 이해의 공백은 신의 증거로 삼기보다는 미래의 과학이 해명하도록 남겨두어야 했다. 요컨대, 칸트는 "공백의 신"이라는 논증이 무효라고 선언했다. 그는 계획자로서의 신이라는 논증도 용인하지 않았다. 칸트는 자연 신학 전체를 재검토 대상으로 삼았고, 그럼으로써 초기 뉴턴주의자들이 세운 과학과 신학 간의 관계를 무너뜨렸다.[166] 그는 신의 존재를 부정하지는 않았지만(칸트 자신은 독실한 신자였다), 과학이 신학에 봉사할 수 있다는 생각은 부정했다.

우주의 적극적 감독자로서의 신이라는 개념을 부정하는 데에 그치지 않고, 칸트와 라플라스는 신의 창조주 역할에도 도전하기 시작했다. 1796년에 라플라스는 태양계가 자연적 과정만으로도 형성될 수 있었으리라는 가설을 제출했다.[167] 이 가설의 세부 내용은 중요하지 않다. 중요한 것은 수학적 인간들이 우주발생을 종교보다는 과학으로 설명할 수 있다고 생각하기 시작했다는 사실이다. 칸트는 한술 더 떴다. 데카르트에 뒤이어, 그도 전 우주는 기계적 과정mechanical process을 통해 생겨날 수 있으리라고 믿었다. 그는 실상 자연은 절로 생겨난 것이며, 우주 창조 과정에서 신은 없어도 그만이었다고 했다.

이런 견해에 대한 공적 승인은 『방법적 백과전서』Encyclopédie méthodique*에서 이루어졌다. 그 "우주의 질서" 항목에서는 신이 "세계라는 메커니즘에서 여분의 바퀴"로 제시될 날도 머지않았다는 대담한 주장이 실렸다. 그러나 신이 창조와 무관하다는 명제로는 라플라스의 말이 가장 유명하다. 1802년, 이 프랑스 물리학자와 나폴레옹은 대화 중에 화제가 새로운 천체역학celestial

---

* 1782-1832년에 걸쳐서 프랑스 출판업자 샤를 조제프 팡쿠크Charles Joseph Panckoucke가 딸 테레즈샤를로트Thérèse-Charlotte 및 사위 앙리 아가스Henri Agasse와 함께 펴낸 주제별 백과사전. 드니 디드로와 장 르 롱 달랑베르의 알파벳 순 『백과전서』의 전신이 되었다.

mechanics에 이르렀고, 나폴레옹은 순진하게도 이 경이로운 우주 체계를 지은 이가 누구냐고 물었다. 전설에 따르면, 라플라스는 신에 관해 "그런 가설은 필요 없다"라고 대답했다고 한다. 난생처음, 나폴레옹은 대꾸할 말을 잃었다.

신을 자연에서 몰아냄으로써, 라플라스와 칸트는 자연을 전적으로 과학의 몫으로 삼고자 했다. 갈릴레이가 행성 체계를 신학에서 분리하려 했다면, 라플라스와 칸트는 물리적 우주 전체를, 그 창조 과정까지 포함하여, 물리학의 영역으로 요구했다. 그럼으로써 그들은 의식적으로 신학자들과 대립했다. 우주의 자연 발생을 주장하면서 신학의 영역을 침범하지 않을 수는 없었다. 하지만 이번에도 문제는 단순히 이성과 신앙의 대결에 국한되지 않았다. 갈릴레이 시대의 과학이 지구가 움직인다는 것을 입증할 수 없었듯이, 라플라스 시대의 과학도 태양계가 또는 우주가 자연적 과정에 따라 움직인다는 것을 증명할 장비는 갖추고 있지 않았다. 라플라스와 칸트의 주장은 과학적 증거가 아니라 또 다른 신앙 즉 궁극적으로는 과학이 자연의 전모를 해명하게 되리라는 신앙에 기초했다.

그런 신앙의 상당 부분은 18세기 동안 이루어진 수학적 분석 기술의 진보에서 비롯했다. 라플라스가 태양계의 자족성을 절묘한 수학으로 증명했듯, 궁극에는 자연의 가장 깊은 비밀까지도 수학적 분석으로 드러나리라는 확신이 점점 커졌다. 이 세기 동안에 조제프루이 라그랑주를 비롯한 수학자는 뉴턴의 법칙을 유체流體 운동이라든가 비강체非强體의 거동behavior of nonrigid bodies 같은 광범한 상황에 적용할 수 있게 하는 고도의 기술을 개발했다. 수학이라는 프리즘을 통해, 물리학자들은 빛, 열, 소리, 유체의 흐름, 탄성, 전기 등에 관한 통찰력을 얻었다. 한마디로, 수학은 감각의 베일 저편에 가려진 질서를 꿰뚫어 보는 막강한 도구임이 입증되었다. 수학이 규명하지 못할 것이 대체 어디 있겠는가?

라플라스에 따르면, 수학적 분석은 인간을 신에 가까운 전지全知로 인도할 수 있었다. 그는 만일 우주의 모든 구성 요소의 정확한 상태를 한순간에 알 수 있는 "지성"이 있다면, 자연의 모든 법칙을 아는 이 지성은 과거나 미래의 어느 순간에 우주가 처한 상태라도 정확히 계산할 수 있으리라고 말한 것으로 유명하다.[168] 로저 한의 지적대로, 라플라스가 말하는 "지성"이란 신의 잔재라고 볼 수도 있으며, 저 오래된 그리스도교-피타고라스적 신성은 모든 윤리적, 구속적, 섭리적 기능을 박탈당하고, 단순히 수학적 계산자로서의 신이 된 것이다. 라플라스의 "신"에게서 가장 놀라운 점은 물리학자 자신의 이상형과 너무나 닮았다는 것이다. 차이가 있다면, 라플라스 자신은 행성들의 상태를 계산할 수 있었던 반면, "지성"은 전 우주의 상태를 계산할 수 있다는 정도였다. 하지만 라플라스의 신이 일종의 슈퍼 물리학자였다면, 물리학자는 일종의 지상적 신이라는, 적어도 신이 되고자 한다는 역도 성립한다. 그러므로 라플라스는 그의 과학을 신학과 분리하려고는 했을망정, 물리학자들이 "더 높은" 진리를 요구할 권리를 축소할 생각은 없었다. 물리학을 제도적 그리스도교에서 떨어뜨리면서도, 그는 現現 과학에 대한 피타고라스적 종교 감정은 간직하기를 원했다. 그리고, 점차 세속화되어 가는 분위기에도, 18세기 후반의 물리학자들은 여전히 신성에 가까운 지식에 관한 탐구에 몰두해 있었다.

그런 태도는 뉴턴의 신격화라고밖에는 할 수 없을 현상에서 명백히 드러난다. 이는 뉴턴 생전에, 『프린키피아』의 서문에서 천문학자 에드먼드 핼리Edmund Halley(1656-1742)*가 "어떤 필멸의 존재도 신들에게 더 가까이 다가가지 못하리라"라고 썼을 때, 이미 시작된 일이었다.[169] 그런 감정을 한층 더 밀고 나가, 시인 알렉산더 포프Alexander Pope(1688-1744)는 저 유명한 묘비명에 이렇게 썼다.

자연, 그리고 자연의 법칙들은 어둠 속에 숨겨져 있다.
신이 말하기를, 뉴턴이 있으라! 하자 모든 것이 빛이었다.

7년 뒤인 1735년, 영국 정부는 위인들의 전당을 지으면서 이 국민적 천재를 기리는 것을 잊지 않았고, 뉴턴의 흉상에는 이렇게 시작되는 말을 새겨 넣었다. "아이작 뉴턴 경卿, 자연의 신이 자신의 작품을 이해시키고, 단순한 원리에서 미증유의 법칙을 발견하게 한 자."

18세기 후반에는 프랑스인들이 뉴턴의 신격화에 한층 더 극

---

* 영국 천문학자, 수학자. 나중에 그의 이름이 붙여진 혜성(핼리혜성)의 궤도를 처음으로 계산해냈으며, 『프린키피아』 출간에도 주요한 역할을 했다.

성이었다. 건축가 에티엔루이 불레Etienne-Louis Boullée는 뉴턴에게 바치는 거대한 기념비를 설계했다. 실제로 만들어지지는 못했지만, 거기에는 "숭고한 정신이여! 광대하고 심오한 천재여! 그대는 신성하도다!"라는 말이 들어갈 예정이었다. 그런가 하면 샹플랭 드 라 블랑슈리Champlain de la Blancherie는 영국인들이 뉴턴의 신성을 충분히 기리지 않는다고 비난했다. 블랑슈리가 보기에 뉴턴에게 걸맞은 경의란 뉴턴이 태어난 1642년을 새로운 원년元年으로 삼는 것이었다. 뉴턴은 그리스도를 대신하여 기원이 될 터였다.

이처럼 물리학에 대한 유사 종교적 태도는 자연의 "법칙들"에 대한 탐색은 오로지 남자에게만 어울리는 "사제적" 행위라는 오랜 믿음에 기름을 끼얹는 부작용을 낳았다. 칸트(신학자 훈련을 받았고, 평생토록 여성을 멀리했다)는 과학은 의당 "남성적인 풍모"를 지닌다고 선언하면서 감히 이 신성한 영역에 들어서려는 여성들에게 악담을 퍼부었다. "다시에Dacier 부인처럼 머릿속에 희랍어가 가득한 여자, 샤틀레 후작 부인처럼 복잡한 역학 토론에 끼어드는 여자는 수염이 나는 편이 좋을 것이다. 왜냐하면 그러는 편이 그가 추구하는 심오함을 더 알아보기 쉽게 해줄 테니까." 또 다른 글에서는 이렇게도 썼다. "여성은 데카르트의 소용돌이가 영구히 돌도록 상관 말고 내버려 두라."[170] 이렇듯, 18세기 후반의 물리학 분야에 여성이 없는 것은 과학의 종교적 기조 탓만이 아니라, 교육받은 여성 일반에 반대하는 계몽주의적 감정이 만연했기 때문이다. 가령, 1788년 괴팅겐 대학 교수이던 크리스토프 마이너스는 네 권짜리 역사책을 써서 유럽을 "현학적 여성이라는 재앙"에서 구하고 했다.[171] 그뿐만 아니라, 그런 사회적 반대가 아니더라도 물리학의 기저에 있는 암암리의 종교성은 여전히 여성에게 강력한 또 하나의 장벽으로 작용했다.

18세기 중엽에 과학의 "남성적인 풍모"를 견지하려는 사람들은 차츰 살롱 문화 전반을 공격하기 시작했다. 앞에서도 지적했듯이, 살롱이란 여성이 과학을 연구하는 남성과 자유로이 어울릴 수 있는 유일한 장소였다. 장자크 루소에 따르면, 여성이 함께 있으면 남성 간의 대화 수준이 낮아지고, 그리하여 국가의 지적 강도가 약해지게 된다고 했다. 여성 앞에서는 남성이 "이성理性에 사교의 옷을" 입히지 않을 수 없지만, 남성끼리는 좀 더 "진지하고 중요한 이야기"에 들어갈 수가 있다는 것이었다. 살롱의 사교와는 대조적으로, 루소는 유식한 대화를 일종의 전투에 비유하여, 남자들은 논쟁에서 마치 지적인 전투를 치르듯 자신들의 생각을 방어한다고도 했다. 그는 강한 정신은 강한 육체에 깃드므로, 여성에게는 과학에 참여할 힘이 부족하다고 역설했다. 그러므로 그는 진지한 지적 토론을 하려면 남성은 그들만의 클럽이나 서클에 따로 모여야 한다고 주장했다.[172]

루소는 살롱이 과학 저술에 용인할 수 없는 시적이고 "여성적인" 문체를 장려한다고도 비판했다. 시, 담화, 그 밖의 문학적 장치는 과학 저술에 늘 사용되어왔고, 많은 살롱 여주인은 당당히 우아한 문체를 채택했다. 저 위대한 『백과전서』의 편집자였던 드니 디드로Denis Diderot(1713-1784)나 박물학자 뷔퐁Buffon 백작 같은 남성은 우아한 문장 구사를 자랑하기까지 했다. 디드로와 뷔퐁은 살롱 여인이 함께 있는 것은 남성의 생각을 명확하고 세련되게 만듦으로써 남성적 지성에 유익한 효과를 미친다고 믿었다. 디드로에 따르면, "여성은 우리가 지극히 무미건조하고 골치 아픈 문제들조차 산뜻하고 발랄하게 토론하도록 한다."[173] 그러나 살롱과 결부된 시적 문체는 점차 비난의 표적이 되었고, 적대자들은 문학적 수사 없는 좀 더 "남성적"으로 보이는 산문을 주창했다.

과학 저술의 문체가 어떻게 변했던가는 뷔퐁과 라플라스를 비교해보면 알 수 있다. 라플라스가 태양계의 발생에 관한 그의 성운星雲 가설을 제출하기 수십 년 전에, 뷔퐁은 그의 『박물지』에서 비슷한 생각을 제시한 바 있었다.[174] 뷔퐁의 책은 "우주론적 소설"로 제출되었던 반면, 세기 후반에 비슷한 생각을 하게 된 라플라스는 새로운 확률 수학에 주로 의지했다. 역사가 론다 시빙어의 지적대로, 다음 세기 중엽의 공식적인 과학 저술은 시를 제거하고 좀 더 추상적이고 수학적이고 기술적으로 바뀌었다.[175] 이런 신경향은 모든 비전문가에게 불리했으며, 특히 여성에게 그러했는데, 여성에게는 여전히 고등교육을 받을 기회가 차단되어 있었기 때문이다.

그러나 시빙어가 강조하듯, 시적인 문체의 글쓰기가 본래부터 여성적인 것은 아니었고, 시가 남성 특유의 것으로 여겨지던 시대도 있었다. 여기서 문제는 과학이 점차 여성과 연관되는 듯 보이는 모든 것과 반대되는 것으로 정의되는 한편, 여성은 과학에서 배제된 것들과 연관되고 있었다. "과학"이라든가 "여성성"이라는 개념 자체가 반대항으로 수립되고 있었다. 과학은 이성, 객관성, 사실 등과 연관되는 반면, 여성은 감정, 주관성, 문학적 연상 등과 연관되었다.

여성을 과학과 반대되는 것으로 상정하는 계몽주의적 태도는 상호 보완 이론에 기초를 두고 있었다. 그에 따르면, 여성과 남성은 상이하지만 보완적인 두 종류의 존재이다. 보완주의자들은 자연이 남성과 여성을 전혀 다른 목적으로 만들었고, 사회 전체가 제대로 기능하는 데에는 둘 다 필요하다고 믿었다. 따라서 이론적으로는 남녀가 평등하지만, 실제 차이는 곧 우열을 의미했으며, 더 높이 평가되는 가치는 전부 남성의 것이고, 더 낮게 평가되는 가치는 여성과 결부되었다. 특히, 보완주의자들은 과학을 연구하는 데 필요한 추론은 남성의 속성으로 분류했다. 론다 시빙어에 따르면, 보완주의자들은 "여성에게는 추상적이고 사변적인 진리 탐구에 참여할 만한 재능이 없다"라고 가르쳤다.[176] 실제로, 루소, 칸트, 마이너스 등을 비롯한 많은 계몽주의 지성인은 모두 "과학에서 창조적 작업은 여성의 타고난 능력을 넘어서는 것이라고 주장했다."

오래지 않아 과학 그 자체가 보완주의적인 입장을 지지하고 나섰으며, 새로이 발달하기 시작한 해부학에 종사하는 이들은 여성의 지적 열등성에 대한 과학적 근거를 찾아내고자 했다. 면밀한 측정 끝에, 해부학자들은 여성의 머리뼈가 신체 비례상으로 남성의 머리뼈보다 작다는 것을 "발견"했다. 해부학자들에 따르면 이런 사실은 여성이 생각하는 존재이기는 하되 남성보다는 열등하다는 증거였다. 그러나 이런 추론의 문제점은 실제로는 여성의 머리뼈가 신체 비례상으로 남성의 머리뼈보다 더 크다는 데 있었다. 19세기 해부학자들은 이런 사실을 인정하지 않을 수 없게 되자, 여성이 더 머리가 좋다는 결론을 내리는 대신, 머리가 크다는 것은 불완전한 성장의 표지라고 해석했다. 여성의 머리뼈가 크다는 것은 여성이 아이에 더 가깝다는 것을 의미하며, 아이의 머리 또한 신체 비례상으로 보면 크다는 것이었다. 그러므로 다시금 여성은 정신적으로 열등하며, 따라서 과학 연구에는 부적합하다고 치부되었다.

18세기 여권운동의 기수였던 메리 울스턴크래프트Mary Woll-stonecraft(『프랑켄슈타인』의 작가 메리 울스턴크래프트 셸리M. W. Shel-ley의 어머니)는 여성이 과학을 연구할 능력이 없다는 것은 남성 과학자의 발견이라기보다는 정의defining에 속한다고 지적했으며, 여권운동가는 남녀를 불문하고 이처럼 명백한 아전인수의 논리를 거부했다. 쾨니히스베르크의 시장이자 칸트와도 친분이 있던 테오도어 폰 히펠Theodor von Hippel은 해부학자들의 발견이 정신적 우열과는 아무런 관계가 없다고 갈파했다. 어떤 차이를 발견했든, 히펠은 그런 차이가 지적 능력의 차이와 결부될 수는 없다고 생각했다. 그러나 여권주의자들은 과학의 권위 앞에 무력했고, 과학의 권위는 새로운 계몽주의 철학과 합세하여 과학뿐 아니라 정치 일반에서도 여성을 배제하기 위한 강력한 기초를 구축했다.

이 세기는 프랑스에 "자유!"와 "평등!"의 외침이 울려 퍼지던 시대였지만, 혁명의 구호 셋 중에 여성과 가장 긴밀히 연관되는 것은 "박애[형제애]Fraternité!"였다. 프랑스혁명 초창기에, 공화 정부는 여성에게 정치적 권리를 부정하면서, 여성에게 시민권 행사에 필요한 "정신적 신체적 힘"이 없다는 근거로 여성의 본성에 관해 새로이 수립된 정의들을 인용했다. 역사가 조앤 랜디스의 지적대로, "민중"이라는 새로운 개념은 남성만을 인정했으며, 사상 처음으로 여성의 권리 박탈이 법으로 규정되었다.[177] 공민적 영역에 참여하도록 권장되기는커녕, 계몽주의 후기의 여성은 그들의 고유한 행동반경은 가정이라는 사적인 영역이라고 배웠다. 루소, 칸트, 헤겔 등의 철학자는 자연 및 자연법에 호소하여 이런 사회 구분을 정당화했다. 사회질서에 관한 그들의 관점은 불변의 "자연적" 질서라는 개념에 기초해 있었는데, 그 질서에 따르면 여성은 즉각적이고 사적이고 가정적인 영역에 뿌리박고 있으며, 남성은 나면서부터 보편적인 관심사 특히 국가의 공법에 적합하다고 여겨졌다.

이런 공사公私, 남녀 이원론은 자연법칙 연구가 남성만의 과업이라는 오래된 성직자적 편견에 새로운 활력을 제공했다. 만일 여성이 "자연히" 사적 영역에 속하고 남성은 "자연히" 공적 영역에 속하는 것이라면, "자연법칙"은 (그야말로 가장 공적인 법칙이므로) 자연히 남성의 영역에 들어오는 것이었다. 그리하여 계몽주의 철학은 양성평등을 증진하는 힘이 되기는커녕 구태

의연한 아리스토텔레스적 사고방식을 강화했으며, 그럼으로써 "현대"에도 여전히 과학이라는 공적 무대에서 여성을 배척하고 있다. 루소가 달랑베르에게 여성에게는 "천상의 불꽃"이 결여되어 있다고 썼을 때, 그의 말은 13세기의 문헌과 다르지 않았다. 예전처럼, 자연은 수학적 남성의 터전으로 남게 되었다.

프랑스혁명과 함께 살롱이 사라졌고 그와 더불어 여성이 과학을 연구하는 남성과 쉽게 어울릴 수 있었던 유일한 장소도 사라졌다. 앙시앵레짐(구체제舊體制) 아래에서는 적어도 일부 귀족 여성은 신분 덕택에 과학 지식에 접할 수 있었지만, 새로운 "평등"의 분위기 속에서는 모든 여성이 평등하게 과학에서 배척당했다. 세기 전반에 수학적 여성에게 열리기 시작했던 기회는 닫혀버렸고, 여성은 다시금 과학이라는 공적 세계에 대해 중세 때나 다름없이 깜깜해지게 되었다. 1796년 당대의 잡지 편집자가 받은 어느 편지에서 개탄하듯이, "어느 시대에나 남성은 여성을 지식과 떨어뜨리려 했지만, 오늘날에는 이런 의견이 그 어느 때보다도 유행하게 되었다."

7장 구원으로서의 과학

서로 다른 종교 또는 같은 종교의 다른 분파 사이에서 일어났던 전쟁의 참상을 상기한다면, 17-18세기의 그리스도교와 과학의 관계는 놀랄 만큼 조화로웠다. 그럴 수 있었던 이유는, 신학자들이 자연을 과학자들에게 내주었다고 해서 그리스도교 신앙의 핵심은 전혀 달라질 것이 없었기 때문이다. 그리스도교의 핵심은 물질세계가 어떻게 생겼느냐가 아니라 그 영적 차원, 특히 모든 인간이 계급이나 인종이나 성별과 관계없이 그리스도를 통해 영원한 은혜 가운데 대속될 수 있다는 약속에 있었다. 따라서, 물리학자들이 자연의 전 영역을 과학의 대상으로 삼기 시작한 후에도, 그리스도교의 영적 핵심은 고스란히 보전되었다. 물질적인 것과 영적인 것 사이의 이처럼 확연한 구분은 분명 이전 시대 그리스도교의 특징인 단일성을 깨뜨리는 일이었지만,

그렇다고 해서 양자의 동반관계가 불가능하지는 않았다.

과학을 연구하는 이들이 물질세계의 규명에만 전념하는 한, 과학과 종교가 행복한 공존을 이어나가지 못할 이유는 없었다. 그리스도교의 가장 큰 강점 중의 하나는 과학적 발견을 흡수하고 조화하는 능력이었으며, 이런 과정은 오늘날도 계속되고 있다. 예컨대, 1980년대 말부터 약 20년 동안 바티칸에서는 샌프란시스코에 거점을 둔 "신학 및 자연과학을 위한 센터Center for Theology and the Natural Sciences"와 합작으로 일련의 과학 및 종교에 관한 회의를 개최한 바 있다. 이런 회의에서, 신학자와 과학자와 철학자 들은 함께 모여 오늘날의 세계에서 과학과 신앙의 상호 작용을 주제로 토론했다.

그리스도교가 받아들일 수 없었던 것, 그래서 금세기에도 과학과 종교 간의 상당한 긴장의 원천이 되는 것은 그 영적인 핵심에 대한 도전, 즉 그리스도가 구원에 이르는 유일한 길이라는 생각에 대한 도전이다. 언뜻 보면 그리스도교의 대속 능력은 과학이 침범할 수 없는 영역일 것 같지만, 사실은 일찍이 17세기에도 과학은 그리스도교적 구원에 불가결한 보조 수단을 자처했다. 뉴턴이 세계에 대한 "진정한" 과학 지식을 회복함으로써 "진정한" 그리스도교를 회복하고자 했던 것을 떠올려보라. 그러나 19세기에 들어 과학의 투사들은 과학을 종교적 구원에 대한 단순 보조 수단이 아니라, 인류 구원의 길 그 자체로 제시하기 시작했다. 이처럼 새로운 경향은 과학에서 파생한 기술이 여기 지상에 "천국"을 창조하리라는 신념이 점차 확대되면서 생겨났다. 계몽주의에 뒤이은 세기의 주요한 특징은 인류 구원을 종교가 아니라 과학 및 그 기술적 부산물들로 이룰 수 있으리라는 생각의 확산이었다. 수학적 인간이 이런 움직임을 선도했는데, 19세기 신기술 대다수는 물리학에서 나왔기 때문이다.

과학을 통한 구원이라는 개념은 19세기 말에 이르러서야 확실히 표명되었지만, 그 기원은 케플러나 갈릴레이와 동시대인이었던 영국 철학자 프랜시스 베이컨Francis Bacon(1561-1626)에게까지 소급할 수 있다. 베이컨은 이렇다 할 이론으로 이름을 남기지는 못했어도, 근대과학의 정신이 제 모습을 갖추는 데는 누구보다 크게 기여한 인물이다. 1660년 영국에서 왕립학회가 결성되었을 때, 과학적 공동체에 대한 베이컨의 꿈이 실현된 것으로 널리 인식되었고, 과학이란 어떤 것이어야 하는가에 대한 그의 꿈은 이후로 과학을 연구하는 사람들에게 영감의 원천이 되어왔다.

프랜시스 베이컨은 처음부터 화려한 경력을 누릴 운명이었던 듯하다. 그의 아버지는 보잘것없는 신분으로 태어나 엘리자베스 1세 여왕의 국새상서國璽尙書에까지 오른 인물이었고, 그의 어머니는 교양 있는 여성으로 일찍이 아들의 조숙한 지적 재능을 알아보았다. 어머니는 어려서부터 그에게 고대 및 당대 작가들을 두루 읽게 했는데, 이런 르네상스식의 풍부한 교육 과정 덕분에 베이컨은 열두 살의 어린 나이에 케임브리지 대학에 들어갔다. 비범한 노력으로 열다섯 살에 케임브리지를 졸업한 그는 법률 공부를 시작했는데, 이것은 단순히 법조인이 되려는 것이라기보다 관직에서 일하기 위한 준비였다. 일반 사무변호사, 궁정 장관 관할 재판소의 판사, 법무 장관Attorney General 등의 관직을 거쳐, 그도 국새상서로 임명되었고, 마침내 대법관Lord Chancellor이 되었다. 베이컨은 국가에 대한 공로를 인정받아, 엘리자베스의 계승자인 제임스 1세에게 작위를 받았고, 더 나중에는 베룰람 남작 및 세인트올번스 자작의 작위도 얻었다.

이런 영예에도, 베이컨의 경력은 1621년 수치스럽게 끝나고 말았다. 그가 재판을 맡고 있던 범죄자들에게 뇌물을 받았다고 고발당한 것이다. 그는 돈을 받았다고 선선히 시인했지만, 뇌물 때문에 판결을 그르쳤다고 인정하지는 않았다. 하지만, 거기에 그의 실수가 있었다. 그는 뇌물에 대한 통상적인 대가가 무죄방면이라는 사실을 이해하지 못한 것이었다. 그의 비리가 드러난 것도 그가 "선물"을 받고도 여전히 유죄판결을 내려서 몇몇 범죄자가 불만을 터뜨렸기 때문이었다. 정의의 저울을 기울게 할 수 없다면 뇌물을 받고 무사하리라고 기대할 수도 없다는 것을, 세기의 가장 위대한 법률가가 이해하지 못했다니 어이없는 일이다. 그러나 비록 법률가로서의 생애는 끝났지만, 공적인 실추 때문에 그는 오히려 자신만의 정열을 자유로이 추구할 수 있게 되었다. 공직에서 쫓겨난 그는 문필가로서의 재능을 발휘하여, 우정, 사랑, 야망, 무신론, 진리 등에 관한 저 풍부한 『에세이』를 써냈다.[178] 하지만, 무엇보다도, 그는 새로운 과학철학을 발전시킨다는 원대한 계획에 뛰어들었으며, 독일의 케플러, 이탈리아의 갈릴레이와 어깨를 나란히 하여, 자연에 대한 새로운 접근을 주창하는 무리에 앞장섰다.

메르센이나 데카르트가 그랬듯이, 베이컨도 과학은 신앙에 봉사할 수 있다고 강조했다. 특히 그는 과학이 인류 구원에 기여하리라고 믿었다. 뉴턴이 자연에 대한 아담의 원천적 지식을 인류에게 되찾아준다는 생각에 사로잡혀 있었던 것처럼, 베이컨은 자연에 대한 아담의 원천적 능력이라고 믿었던 것을 되찾는다는 생각에 사로잡혀 있었다. 그는 과학을 통해 인류가 타락하기 이전에 에덴동산에서 누렸던 은총의 상태와 그에 따른 능력을 되찾을 수 있다고 믿었다. 베이컨은 과학의 목표가 "인간이 처음 창조되었을 때 가졌던 …… 주권과 능력을 되찾아주는 일"이라고 선언했다.[179] 과학으로 인류가 타락 이전의 은총 상태를 되찾을 수 있다는 믿음은 과학에서 인류의 물질적 생활 조건을 향상할 온갖 기술이 발원하리라는 믿음에 기초했다. 과학은 우리에게 모든 삶을 행복하고 건강하고 안락하게, 한마디로, 좀 더 낙원답게 만들 능력을 제공함으로써 우리를 "구원"하리라고 믿었다. 만일 인간이 과학을 통해 힘의 주체가 된다면, 그 힘을 행사할 대상은 자연이었다. 베이컨에 따르면, 과학은 우리에게 자연을 "정복하고 굴복시킬 능력"을 줄 것이었다. 또 다른 데서 그는 이렇게 선포하기도 했다. "진실로 말하노니, 나는 그대들에게 자연과 그녀[자연]의 모든 자녀를 이끌고 왔다. 그녀가 그대들을 섬기게 하고, 그녀를 그대들의 노예로 만들기 위해."[180]

베이컨은 과학이 가져올 세계에 대한 구상을 유명한 논저 『새로운 아틀란티스』(1627)에서 펼쳐 보였다.[181] 이 책은 마치 『걸리

버 여행기』의 한 장章처럼 읽히는 짧은 이야기로, 조녀선 스위프트Jonathan Swift(1667-1745)의 고전이 그러하듯, 베이컨의 이야기도 화자話者가 탔던 배가 풍랑을 만나 이상한 섬(새로운 아틀란티스)의 해안에 이르렀다는 식으로 시작한다. 그곳 시민들은 이상적인 사회에서 이상적인 그리스도교적 삶을 살고 있었는데, 이는 전적으로 솔로몬의 집이라는 과학 기관 겸 수도 단체 덕분이었다. 이 공상적 조직이야말로 세기 후반 왕립학회 창설자들에게 영감을 주게 될 것이었다. 새로운 아틀란티스에서는, 모든 민중이 조화롭게, 범죄도 난잡함도 없이 산다. 아무도 이웃을 강탈하거나 공격하지 않으며, 혼인성사 내에서가 아니면 엄격히 정절을 지킨다. 화자가 우리에게 알려주듯이, "하늘 아래 이처럼 정결한 민족은 없으며" 아무도 "온갖 더러움에서 그처럼 자유롭지" 않다.

새로운 아틀란티스의 고상한 생활의 일례로서, 화자는 모든 남자가 후손 30명을 가질 때 열리는 정교한 예식을 묘사한다. 그런 남자에게는 왕이 "연금과 수많은 특권과 면제 혜택과 명예를 선물로" 준다. 왕권의 상징 가운데는 황금 포도송이가 있는데, 이후로 그 가장家長이 대중 앞에 나설 때는 그의 아들 한 명이 그의 앞에 "명예의 표지"로 그 황금 포도송이를 가져다 놓는다. 하지만, 자녀와 친구와 통치자가 가장에게 경의를 표하는 동안, 가모家母는 칸막이 뒤에 숨겨져서, "거기 앉아 있되 보이지는 않는다." 새로운 아틀란티스에서, 여자는 자기 자리를 알 뿐 아니라 그렇게 보이지 않는 데에 분명 만족하는 듯하다. 그러니 여성이 이 고귀한 사람들의 진정한 영예 즉 과학을 연구하는 일에서 아무런 역할도 하지 않는다는 것은 전혀 놀랄 일이 못 된다.

이런 특징적 활동이 일어나는 곳인 솔로몬의 집은 수도원과 아주 비슷하다. 이 기관의 핵심은 "장로(아버지)" 36명인데, 이들이 스스로에게 부과한 임무는 "사물의 원인과 은밀한 움직임들에 관한 지식"을 발견하여 그런 지식을 "인류 제국의 경계를 넓히며 가능한 모든 것을 성취하는 데에" 사용하는 일이다. 무엇보다도, 솔로몬의 집의 장로들은 자연에 대한 지식을 새로운 아틀란티스 시민의 개선에 적용하고자 노력한다. 그리고 그들은 그저 과학자가 아니라 사제이기도 하므로, 그들의 사업은 물질적으로뿐 아니라 정신적으로도 더 나은 사회를 이룩하는 데 기여한다.

솔로몬의 집에서는, 정말이지 "모든 것"이 가능해진 듯하다. 각종 인공 금속, 보석, 석재, 놀랄 만큼 새로운 종류의 소재와 도기 들이 생산되며, 온갖 방식의 동력 기관과 기계가 제작된다. 가령, 하늘을 나는 기계, 잠수함, 새나 물고기 같은 생물의 동작을 모방한 기계들이다. 또 전쟁 기계와 새로운 종류의 화약도 있다. 이런 파괴의 방법들과 나란히, 장로들은 병자를 치료하고 생명을 연장하는 광범위한 의약醫藥들을 만들어냈다. 그들은 경이로운 광학 기구, 즉 안경, 망원경, 현미경, 조명 기구도 만들었다. 게다가, 청력을 개선하는 기구들, 관管을 통해 소리를 먼 거리까지 보내는 기구들도 있다. 또한 장로들은 바람, 비, 우박,

눈, 천둥, 번개 같은 기상 현상도 인위적으로 조작했고, 심지어 태양과 별들의 불과도 경쟁했다. 또한, 지진, 홍수, 질병, 역병 같은 자연 재난을 예견하고, 그리하여 민중이 예방 조처하게 할 수도 있다.

이 모든 것에서 한 가지 놀라운 점은 베이컨의 공상 중 얼마나 많은 것이 현대 과학으로 실현되었는가이다. 장로들이 성취한 일들의 목록을 읽어보면, 그것이 얼마나 광범위한가에 놀라지 않을 수 없다. 단 한 가지 빠진 것을 꼽는다면, 컴퓨터 정도일 것이다. 과학이 나아가게 될 방향에 대한 베이컨의 가장 예리한 통찰은 과학자들이 살아 있는 생물로 하게 될 일에 대한 예견이다. 솔로몬의 집의 장로들은 동물을 잡종 교배하여 괴물을 만들기도 하고, "본래의 종보다 더 크고 훌륭하게 만들거나, 아니면 반대로 성장을 저지하여 난쟁이를 만들 수도 있고 …… 색깔이나 모양이나 동작 등 여러 면에서 다르게 만들 수도 있다." 마찬가지로, 장로들은 "인체가 어떻게 될까"를 보기 위해서 동물 "실험"을 하며, 특히 "온갖 독과 약을 그들에게" 시험한다. 그러니까 동물을 약품이나 기타 화학물질 시험에 쓸 수 있다는 생각도 이 책에서 처음으로 표명되었다.

『새로운 아틀란티스』에 나타난 베이컨의 과학관觀은 그 규모만으로도 놀랍다. 인공 기상 조작 실험을 위해, 장로들은 산 전체를 떠내며 거대한 지하 동굴들을 파는데, "그중 어떤 것은 깊이가 3마일이나 된다." 그들은 대기 최상층까지 닿는 거대한 탑도 쌓아 올린다. 실험실과 작업장에서, 그들은 "수많은 노예와 조수"를 부린다. 실로, 그들의 자원은 무궁무진해 보인다. 태양을 모방할 수 있는 이 사람들은 절대적 자유를 누리고 고위 사제로 존경받으며 왕으로 대접받는다. 장로가 대중 앞에 나타날 때면 군중 전체가 그에게 절하고, "호화로운 수레를 타고 있는데 …… (그 수레는) 전부 삼나무로 만들어 금칠하고 수정으로 장식했으며, 앞쪽에는 금테를 두른 사파이어 널판들이, 뒤쪽에는 역시 같은 모양의 에메랄드 널판들이 있다." 장로의 뒤에는 하얀 공단 옷을 입은 50명의 젊은이가 따르며, 수레 앞에는 목자牧者의 지팡이와 주교의 상징인 주교장杖을 든 또 다른 수행원들이 걸어간다. 그런 경의와 존귀를 누린다니, 왕립학회 창설자들이 이 공상적 단체에 필적하기를 바랐던 것도 놀라운 일이 아니다.

그러나, 세계를 변화시키는 힘으로서의 과학관이 비록 17세기 초부터 있었다고는 해도, 그것이 실제로 결실을 보기 시작한 것은 19세기 말부터였다. 그 사이에 물리학자들은 상당한 이론적 이해에는 도달했지만, 그 지식이 구체적인 기술의 진보에 원용된 사례는 극히 드물었다. 시계, 망원경, 펌프, 광산 장비 등이 모두 개선되기는 했지만, 19세기 중반에 이르기까지 새로운 물리학은 이렇다 할 기술 혁신을 창출하지 못했다. 근대"과학"은 서구의 사고방식을 바꾸었지만, 물질적 생활 조건은 아직 바꾸지 못했다. 마침내, 세기 후반에, 물리학은 기술 혁명을 일으켜 서구의 생활양식을 완전히 바꾸었고, 그 변화는 점차 나머지 세계에도 전파되었다. 수학적 인간은 이제 피타고라스적 이상뿐 아니라, 베이컨적 이상까지도 실현한 것이다.

이런 신新베이컨적 혁명을 가져온 것은 열역학熱力學, thermo-dynamics으로 알려진 새로운 분야의 물리학이었다. 그 이름에서 알 수 있듯이, 열역학이란 열의 흐름에 관한 연구이며, 비록 물리학에서 가장 매력 없는 분야이긴 하지만, 과학의 어떤 분야도 일상생활에 그처럼 막강한 영향을 미치지는 못했다. 엔지니어들이 효율적인 증기기관을 고안할 수 있었던 것은 열역학 지식 덕분이었기 때문이다. 증기기관은 본래 18세기 초에 광산의 물을 퍼내려고 발명했으며 제분기, 제재소, 사탕수수 분쇄기, 목화 씨아, 탈곡기 등에 이용되고 있었다. 그리하여, 산업혁명이 시작되었다. 그러나 산업혁명 초기의 엔진은 극히 비효율적이었고 그래서 비용 효율이 그다지 높지 않았다. 증기의 힘으로 산업을 발전시키려면, 개선을 이루어야만 했다.

증기기관의 획기적인 발전은 1824년, 젊은 프랑스 엔지니어 니콜라 레오나르 사디 카르노Nicolas Léonard Sadi Carnot(1796-1832)가 열기관의 작동 효율을 측정하는 여러 과학 원리를 대강 밝혀내면서부터 이루어졌다. 이후 반세기 동안 발전한 열역학법칙은 엔진 설계를 개선할 공식화된 수학적 기초를 제공했다. 이런 이론적 이해는 훨씬 더 강력하고 효율적이고 경제적인 증기기관을 제작할 수 있게 했다. 그리하여 수학적 인간은 후기 산업혁명의 특징이 될 폭발적 기계화의 기초를 놓았다. 개량된 기관은 곧장 자동화된 농기구, 기선, 더 발전된 기차 등에 쓰였다. 그러나 무엇보다도, 강력하고 효율적인 기관은 지금껏 꿈도 꾸지 못했던 규모로 산업을 운영할 수 있다는 것을 의미했다. 이제는 곡식과 목재를 작은 동네 방앗간에서 가공하는 대신, 중앙화된 공장으로 운반하여 대량으로 가공했다. 마찬가지로, 2차, 3차 재화도 대형 공장에서 대량생산을 할 수 있게 되었다.

두 번째 베이컨적 돌파는 전혀 기대하지 않았던 영역에서 이루어졌다. 열역학의 창시자들과는 달리, 전자기電磁氣 이론의 창시자들은 실제적인 문제를 해결하려던 것이 아니라 그저 자기와 전기라는 신비한 현상을 이해하려 했을 뿐이다. 그러나 그들의 노력에서 근대과학의 둘도 없이 중요한 성과가 나왔으니, 바로 전력電力이다.

자기와 정전기는 일찍이 그리스의 황금시대부터 논의하였던 현상이지만, 19세기 초까지만 해도 여전한 수수께끼였는데, 이들을 뉴턴의 패러다임에 맞추기가 쉽지 않았기 때문이다. 이런 현상을 근대적이고 명백히 비非뉴턴적으로 설명한 사람은 또 다른 영국의 천재 마이클 패러데이Michael Faraday(1791-1867)였다. 과학계의 신데렐라라고 할 패러데이는 가난한 환경에 태어나 굶주린 어린 시절을 보냈다. 간신히 기초 교육만을 받은 뒤, 열네 살에 제본소 수습공으로 들어갔으며, 거기서 제본되는 책들을 읽을 기회가 있었다. 그의 관심을 끈 주제는 전기에 관한 새로운 연구였다. 패러데이가 살던 시절만 해도 과학이란 여전히 신사 계급이나 연구하는 것으로 되어 있었으므로 무식한 제본공에게는 거의 연구할 기회가 없었다. 그러나 그는 포기하지 않았고, 당시 영국의 대표적인 화학자이던 험프리 데이비Humphry

Davy(1778-1829)가 하던 여러 공개 강연에 참석한 뒤, 데이비에게 자신이 필기한 공책들의 사본을 제본하여 보냈다. 데이비는 무척 감동했고, 자신의 실험실 조수 자리가 나자 패러데이를 불러 주었다. 그리하여, 이 가난하고 보잘것없는 소년을 채용한 데이비의 도박은 더할 나위 없이 훌륭한 소득을 거두게 되었다.

패러데이는 처음부터 전기와 자기 현상에 관해 기이한 직감이 있었던 듯하다. 덴마크 물리학자 한스 크리스티안 외르스테드Hans Christian Oersted(1777-1851)가 철사에 전류를 흘려보내면 철사가 자기를 띠기 시작하는 현상을 발견한 지 얼마 안 되어, 패러데이는 만일 전류가 자기를 유도할 수 있다면 그 반대로 자기도 전류를 유도할 수 있으리라고 추론했다. 이 추론은 이성보다는 자연의 단일성에 대한 거의 종교적인 믿음에 기초한 통찰이었다. 그 믿음은 1831년의 발견으로 보답받았다. 그는 철사 코일 안에 자석을 넣었다가 꺼내기를 반복하면 철사에 전류가 발생하는 현상을 발견했고, 이 발견에 기초하여 세계 최초의 발전기를 만들었다. 또, 그 과정을 역으로 하여, 최초의 전기 모터도 만들었다.

하지만 패러데이의 획기적인 발견들이 곧바로 전력 산업을 탄생시키지는 않았다. 일단, 아무도 전력의 장거리 수송이 가능하리라고는 생각지 못했다. 그런 일은 세기말이나 되어서, 물리학자들이 자기와 전기의 상호 작용을 수학적으로 이해하고 공식화한 후에야 이루어졌다. 이런 이해의 핵심에 패러데이의 기발한 착상이 깔려 있었다. 그는, 오늘날 초등학생이면 누구나 알듯이, 자석 위에 마분지 한 장을 놓고 그 위에 쇳가루를 뿌리면 쇳가루가 일정한 모양을 이루며 모인다는 사실을 알고 있었다. 그 사실에서, 그는 자석 주위에는 일정한 영향력이 작용하는 영역(오늘날 물리학자들이 자장磁場이라 부르는)이 있다는 결론을 얻었다. 또한 그는 전하電荷들이 전기장으로 둘러싸인다는 결론도 얻었다. 그리하여 패러데이는 장場이라는 개념을 도입하였지만, 그런 생각을 수학적 형식으로 바꿀 만한 지식이 없었다. 그 작업은 스코틀랜드의 명민한 물리학자 제임스 클러크 맥스웰 James Clerk Maxwell(1831-1879)이 해냈다. 아인슈타인은 패러데이와 맥스웰의 관계를 갈릴레이와 뉴턴의 관계에 비겨 말한 적이 있다.[182] 둘 다 앞사람이 직관적으로 포착한 생각을 뒷사람이 엄밀한 수학 용어로 정리했다. 둘 다 직관적 통찰을 방정식으로 변환한 사례였다.

열역학법칙이 엔진의 디자인과 효율성을 높이는 이론적 기초를 닦았듯이, 맥스웰의 방정식은 실용 전력 산업 개발의 이론적 틀을 닦았다. 전등, 히터, 오븐, 헤어드라이어, 컴퓨터, 텔레비전, 스테레오 등을 켤 때마다, 우리는 맥스웰과 그의 우아한 방정식에 감사해도 좋을 것이다. 전력화와 더불어, 근대 물리학은 세계 모든 사람의 손에 동력을 쥐여준 셈이 되었다. 전력은 가정생활뿐 아니라 산업에도 혁신을 일으켰다. 모든 공장이 각기 석탄을 태워 증기 엔진을 가동할 동력을 얻는 대신, 동력 그 자체를 공장으로 직송할 수 있게 되었다. 이 자리에서 전력의 도래가 가져온 엄청난 산업 변혁을 다 묘사할 수는 없지만, 어떻든 스위치 하나로 동력을 켜고 끌 수 있게 되었다는 것이 이미 근대적 생산 방식을 예고하고 있었다는 것만 짚고 넘어가겠다. 전기와 더불어, 동력은 수돗물처럼 각 가정과 사무실과 공장으로 하루 24시간 공급되는 일용품이 되었다. 이런 기적을 나면서부터 누려온 우리에게는 별로 신기한 것도 없는 일이지만, 아마 인쇄술을 제외하면 다른 어떤 근대 기술도 인간의 일상 경험을 그토록 강력하게 바꾸지는 않았을 것이다.

전력 산업에 이론적 기초를 닦은 것 말고도, 맥스웰은 또 한 가지 중요한 현대 산업을 일으켰다. 바로 원거리통신telecommunication이다. 맥스웰이 자신의 방정식에서 이끌어낸 명석한 결론에 따르면, 빛이란 전장電場과 자장磁場의 파동波動이 함께 진행하는 것이었다. 우리가 아는 전자기파electromagnetic waves 말고도, 맥스웰은 자신의 방정식이 또 다른 파동들이 있을 수 있음을 의미한다는 것을 깨달았다. 불행히도, 이 겸허한 천재는 그 통찰이 검증되기도 전에 죽었지만, 1887년 하인리히 헤르츠Heinrich Herz(1857-1894)는 그런 파동들을 발생시켰고, 라디오파radio waves라고 명명했다. 1920년대에는 라디오가 음악과 코미디와 드라마를 수백만(훗날에는 수십억)의 가정으로 실어 날랐다. 사상 최초로, 사람들은 지구 반대쪽에서 일어나는 일을 동시적으로 알 수 있게 되었다. 나아가, 라디오파는 화상畫像을 실어 나르게까지 되었는데, 그것이 텔레비전이다.

증기 엔진, 전력, 라디오는 프랜시스 베이컨이 예견했던 과학의 실용적 가능성을 실현한 대표적 사례들이다. 자연의 비밀을 밝혀냄으로써, 수학적 인간들은 마침내 그 숨은 힘들을 부릴 수 있게 되었고, 삶의 면모를 혁신하는 온갖 기술을 만들어내기에 이르렀다. 19세기 말에는 베이컨이 시사했던 대로 "더 나은" 미래가 과학에 있다는 신념이 점차 커졌다. 그런 낙관주의를 압축한 것이 앨프리드 월리스Alfred Wallace(1823-1913)의 『멋진 세기』(1898)였다.[183] 진화론의 기수였던 월리스는 이 책에서 19세기 과학이 이루어온 성공과 실패 들을 자세히 기록했는데, 비록 과학이 이따금 재난을 빚어낸다는 것을 인정하기는 하지만, 그의 일반적인 논조는 웅변적인 제목이 말해주는 그대로이다. 자기 시대의 기술 진보를 과거의 기술 진보와 비교하면서, 그는 이렇게 썼다. "이런 성과의 수효와 중요성을 비교해볼 때, 우리 세기는 이전의 어떤 세기보다도 우월할 뿐만 아니라, 이전 역사의 전체 기간에 맞먹는다는 결론이 나온다. 그러므로 인류 진보의 신기원이 이룩되었다고 보는 것이 마땅하다."[184]

20세기의 처음 몇십 년 동안에, 과학이 "더 나은" 미래를 여는 열쇠라는 생각은 점차 중요성을 더해갔다. 1928년 유전학자 존 버든 샌더슨 홀데인J. B. S. Haldane(1892-1964)은 이렇게 썼다. "지금 우리의 문명이란 보잘것없다. 만일 이를 개선하려고 한다면, 그 길은 오직 과학에 있다 …… 물리학과 화학은 우리를 부유하게 했고, 생물학은 건강하게 하며, 제러미 벤담Jeremy Bentham이 했듯 과학 사상을 윤리학에 적용한 것은 성자 열두 명보다 더 우리에게 도움이 되었다. 이런 과정은 과학이 계속되는 한에서만 가능하다."[185] 베이컨에게 그랬듯이 홀데인에게도, 과학은 세계를 물질적으로나 도덕적으로나 향상하게 하는 열쇠였다. 그는 또 이렇게 썼다. "우리는 완전해지려면 아직 멀었지만, 적어도 굶주린 아이가 빵을 훔쳤다고 해서 교수형에 처한다거나, 노예를 잡아다가 팔고자 아프리카 해안을 습격한다거나, 채무자를 종신형에 처한다거나 하는 일은 이제 없다. 이런 진보도 과학의 직간접적인 결과이다." 베이컨과 마찬가지로 홀데인에 따르면, 과학 발전을 이루는 것은 그러므로 인류의 도의적 책임이다.

하지만 베이컨이 구상했던 "더 나은" 미래와 19-20세기 과학의 투사들이 상상했던 미래 사이에는 중요한 차이점이 하나 있다. 베이컨은 그런 과학이 그리스도교의 새로운 시대를 선도하리라고 보았다. 그에게 과학이란 단연코 종교의 시녀였다. 그러나 19세기 말에 이르면 과학과 종교는 양립할 수 없다는 감정이 팽배해진다. 사상 처음으로, 과학의 투사들은 종교를 과학과는 무관할 뿐 아니라 적대적이기까지 한 것으로 보기 시작했다. 과학은 그 어떤 그리스도교적 체제와도 무관하게 우리의 구원을 성취하리라는 것이다. 그들에게 과학은 그 자체로 새로운 종교가 될 것이었다.

과학과 종교 간의 적대감의 씨앗은 실상 계몽주의 시대에, 데이비드 흄David Hume이나 드니 디드로, 콩도르세Condorcet 후작 같은 이들이 그리스도교에 대한 경멸을 드러내기 시작하면서부터, 이미 심어졌다. 그럼에도 역사가 앤 브로드가 지적하듯이, "남북전쟁 이전에는 과학과 종교를 적대적인 것으로 보는 사람이 별로 없었다."[186] 1860년대에 이르러서야 그런 적대감은 공공연해졌다. 이 예기치 않았던 결렬은 1859년에 발표된 찰스 다윈의 『종의 기원』이 촉발하였다.[187] 인간이 신의 형상을 따라 창조된 것이 아니고 "더 낮은" 생명체에서 진화하였다는 생각은 일찍이 물리학자들이 발견한 그 어떤 것보다도 그리스도교 신앙의 핵심을 위태롭게 하였고, 따라서 그리스도교 내부에는 큰 소요가 일어났다. 교황 피우스 9세 이하 로마가톨릭교회는 신학적 보수주의로 칩거했으며, 많은 프로테스탄트 교파도 마찬가지였다. 교회 측의 이런 부정적 반응에 맞서, 과학의 몇몇 투사들은 전면전을 선포했다.

이 불운한 무용담에서 선제공격에 나선 사람은 뉴욕 대학의 화학 및 생물학 교수이던 존 드레이퍼John Draper(1811-1882)였다. 격렬한 반反진화론자이던 새뮤얼 윌버포스Samuel Wilberforce 주교와 한 차례 개인적인 논전에 휘말린 후에, 드레이퍼는 『종교와 과학 간의 갈등의 역사』(1874)라는 제목의 책을 쓰기 시작했다. 처음부터 끝까지, 드레이퍼는 로마가톨릭교회를 과학의 적으로 묘사하여, "진보를 위한 모든 시도를 화형대와 칼로 잔인하게 탄압했다"라고 썼다. 교회가 과학에 저지른 온갖 만행을 열거하면서, 드레이퍼는 코페르니쿠스, 갈릴레이, 브루노 등에 대한 그 나름의 이야기들을 펼쳐 보였다. 그에 따르면 코페르니쿠스는 "논란의 여지 없이 태양중심설을 수립"했으며, 그 때문에 "종교재판소는 (그의 책을) 이단으로 정죄"했다. 갈릴레이는 "투옥되어 가차 없이 혹독한 대우를" 받았으며, 브루노는 과학적 신념 때문에 화형당했다.[188] 여기까지 읽은 독자는 알겠지만,

이는 드레이퍼의 지나친 상상이 만들어낸 이야기들일 뿐이다. 그러나 19세기 독자들은 그 이야기들을 극히 면밀한 조사의 결과라고 생각할 수밖에 없었던 것이, 어쨌든 드레이퍼는 뉴욕 대학이라는 배경을 가진 존경받는 과학자였기 때문이다.

드레이퍼의 논지 일반은 곧 다른 학자에게도 파급되었다. 특히 역사가이자 코넬 대학 총장이던 앤드루 딕슨 화이트Andrew Dickson White는 『그리스도교 세계에서 과학의 신학과의 전쟁의 역사』(1896)라는 영향력 있는 저서를 발간했다. 화이트에 따르면, 그런 갈등은 "카이사르나 나폴레옹의 비교적 일시적인 전쟁들에 비하면 훨씬 더 가혹한 전투와 끈질긴 농성과 빈틈없는 전략을 동원하여 오래 끈 전쟁"이었다.[189] 물론 화이트의 공격 목표는 종교 그 자체가 아니라 "독단적 신학"이었지만, 그런 구분은 쉽사리 잊혔고, 결국 그의 탁월한 학구 정신과 이성적인 논조 탓에 과학과 종교 간의 전쟁이라는 개념은 막강한 신빙성을 띠게 되었다.

화이트와 드레이퍼의 목표는 특히 기성 종교를 실추시키는 데 있었다. 드레이퍼는 로마가톨릭교회가 주도권을 잡았던 천 년을 지적 침체기로 묘사했다. 그가 이 시기의 "암흑"에 대하여 대표 사례로 중세인은 지구가 평평하다고 믿었다는 것을 들었는데, 역사가 제프리 버턴 러셀이 보여주었듯이, 중세의 제대로 된 학자치고 지구가 평평하다고 믿은 사람은 아무도 없었다.[190] 물론 그렇게 믿은 광신자가 없지는 않았지만, 그런 사람은 어느 시대에나 있다. 중세인이 지구가 평평하다고 믿었다는 것은 전적으로 신화에 지나지 않는다. 드레이퍼는 교회와 그 추종자들이 무지했다고 주장하는 한편, 과학은 진리를 향해 장족의 진보를 이루어왔고 미국의 노예제도나 러시아의 농노제도가 사라진 것도 모두 과학 덕분이라고 설파했다. 한마디로 그에 따르면 과학은 그 광명을 기꺼이 받아들인 모든 사회에게 위엄과 자유를 가져다주었다. 드레이퍼와 화이트의 주장은 과학이야말로 물질적 구원을 위해서나 정신적 구원을 위해서 우리의 유일한 희망이라는 것이었다. 인류를 무지와 암흑 가운데 붙들어두려는 신학자들과는 대조적으로, 화이트와 드레이퍼가 그려 보이는 과학자는 진리와 진보를 위해 과감히 일어선 자들이다. 그런 이상형이 바로 신화적 인물이 된 갈릴레이, 즉 인간 정신에 있는 모든 선한(좋은) 것의 권화로서의 수학적 인간이다.

드레이퍼는 책의 끝부분에서 선포하기를, 인류는 로마가톨릭교회와 과학 사이에서 양자택일해야 할 시점에 이르렀다고 했다. "인간이 요지부동의 신앙과 끝없이 진보하는 과학 사이에서 선택해야 할 시간이 다가오고 있다. 신앙은 중세기적인 위안을 주는 반면에, 과학은 삶의 길목마다 물질적 축복을 흩뿌려주고 인간의 현세적 운명을 고상한 것으로 만들어주며 인류를 일치단결시킨다."[191] 드레이퍼에 따르면, 프로테스탄트 교회라면 또 모르되, 로마가톨릭교회와 과학 사이에는 어떤 동반 관계도 있을 수 없다. 그러나 화이트는 신구 교회 모두를 통렬하게 공격했다. 그러한 논전의 결과, 과학과 조직화한 종교 사이에는 해소할 수 없는 것으로 보이는 알력이 생겨났다. 그리하여 서구는 파우스트적 선택과 마주한다. 종교와 천국에서 영생을 누리리라는 약속을 택할지, 지상천국에 대한 약속을 택할지. 그리고 점차 후자를 택한 쪽이 득세하게 되었다.

그리하여, 그리스도교적 과학 사제들이라는 베이컨적 이상은 세속적인 형태로 바뀌었다. 즉 과학은 이상적인 그리스도교 사회를 건설함으로써가 아니라 우리에게 전기와 엔진, 자동차와 비행기, 라디오와 텔레비전을 줌으로써 우리를 "구원"할 것이다. 철학자 메리 미즐리의 지적대로, 20세기에 이르러 과학을 통한 지상적 구원의 꿈은 엄청나게 강력해졌으며, 이를 물리학자들이 선도했다.[192] 핵융합, 냉융합, 태양열발전 등 무진장한 에너지원, 초음속 운송, 오염 없는 전기차, 갈수록 성능이 고도화되는 마이크로칩, 우주정거장, 우주여행 등, 새록새록 눈부신 신기술을 그들은 약속해왔다. 20세기에는 우리가 위안과 "더 나은" 미래에 대한 희망을 얻으려 종교보다는 과학에 의지하는 일이 더 많아졌다.

19세기 말에 과학의 응용 가능성을 새로이 발견하면서, 과학은 이제 신사 계급만의 소일거리가 아니라 전문 활동이 되었다. 과학이 산업에 유용하다는 사실이 분명해지면서(과학적 원리를 파악하여 생산에 원용하면 큰 재산을 모을 기회가 많았다) 과학적 훈련을 받은 사람에 대한 수요가 크게 늘었다. 이 수요를 맞추고자, 19세기 후반에는 매사추세츠 공과대학MIT, 런던 왕립 과학대학, 베를린 공과대학 등 뛰어난 기술학교가 많이 생겨났다. 과학이 더는 귀족적인 일이 아니라 당당한 직업이 되었다. 이런 경향을 대변하는 현상이 바로 공학자(엔지니어)라는 직업의 급부상이다. 과학적 원리를 실생활 문제에 효과적으로 적용할 줄 아는 사람들인 공학자에 대한 수요는 줄곧 증가해왔다. 오늘날 미국에는 기초과학자보다 공학자의 수가 훨씬 더 많아질 정도이다. 여기서도 수학적 인간이 중심 역할을 하며, 공학의 주요 분야 대다수는 실상 응용수학이다. 특히 기계공학, 전기공학, 토목공학, 우주공학 등이 대표 사례들이다. 공학의 수학적 분야들은 실로 수학의 베이컨적 유파라 할 만하다.

하지만 과학의 이런 전문화는 다시금 여성의 진출에 저해가 되었다. 19세기 말에 이르러서 여성은 과학 교육의 기회를 얻었으나, 과학의 전문화는 여성이 주류에 참여하는 데에 또 다른 장애가 되었다. 특히, 19세기에는 과학 교육을 받은 여성이라 해도 산업에서 일할 기회가 극히 적었다. 남성 성직자들이 종교적 구원에 이르는 길을 장악하고 있었던 것처럼, 남성 과학자들은 기술적 구원에 이르는 길을 독차지하고 있었다. 이런 사태는 공학 분야에서 특히 심각했고, 오늘날까지도 공학은 모든 직업 가운데서 가장 남성 지배가 강한 분야이다. 여성이 뚫고 들어가기 어렵다는 점에서는, 수학의 베이컨적 유파도 피타고라스적 유파에 못지않았다.

19세기 과학에 참여하려던 여성이 마주했던 어려움은 영국 물리학자 메리 서머빌Mary Somerville(1780-1872)의 사례에서 단적으로 드러난다. 간신히 초등교육(프림로즈 양孃의 기숙학교에서 단 일 년간)만을 받은 서머빌(결혼 전 이름은 페어팩스Fairfax)은 더 공부하기를 원했다. 처음에는 라틴어를 독학했으나, 나중에는 수학에 끌렸다. 수학이라는 신비를 캐보기로 한 뒤 남동생들의 교과서를 빌려다가 역시 독학했다. 서머빌의 부모는 이런 사태를 염려한 나머지 서머빌이 밤에 책을 읽을 수 없도록 그의 방에서 양초를 모두 치워버렸으나, 서머빌은 책을 암기했다가 머릿속으로 문제를 풀곤 했다. 수학 경시대회에서 메달을 따내기까지, 수학에 대한 서머빌의 관심을 진지하게 받아들이는 이는 아무도 없었다.

서머빌의 가장 큰 물리학적 공헌은 천체역학에 관한 라플라스의 기념비적인 저작을 프랑스어에서 영어로 번역한 일이었다.[193] 이는 샤틀레가 뉴턴의 저작을 영어에서 프랑스어로 번역한 작업과 맞먹는 일로, 샤틀레가 그랬듯이 서머빌도 수식을 포함한 방대한 설명적 주석을 첨부하여 영국 독자들의 이해를 도왔다. 이 중요한 논저를 영어로 읽을 수 있게 함으로써, 서머빌은 영국이 현격히 뒤처져 있었던 분야를 다시금 따라잡을 수 있게 했으며, 다음 세기 동안 서머빌의 책은 케임브리지 대학에서 그 분야를 공부하는 상급 학생의 교과서가 되었다. 하지만 여자였기 때문에 서머빌은 그 신성한 강의실에 들어가는 것조차 허용되지 않았다. 서머빌의 과학에 대한 공헌을 기리고자, 왕립학회는 그 전당에 둘 그의 흉상을 주문했다. 그에게 이런 결정을 알리는 편지에서, 왕립학회 회원들은 "여성의 정신이 지닌 능력에 이 자랑스러운 찬사를 헌정함으로써, 과학과 우리의 조국과 우리 자신을 명예롭게 한다"라고 했다. 하지만 서머빌의 정신에 대한 그처럼 명백한 인정도 그 정신을 지닌 자에게 학회의 문을 열어주는 데까지 이르지는 못했다.

그러나 마침내, 서머빌이 죽은 직후, 과학계에서 여성의 상황은 개선되기 시작했다. 여기서는 유럽이 아니라 미국이 선도적 역할을 했다. 여성을 위한 고등교육의 필요성을 거의 두 세기 동안이나 부르짖은 끝에, 최초의 여자대학들이 문을 열었으며, 이런 학교 중에는 과학을 열심히 강조하는 학교가 많았다. 최초의 여자대학 중의 하나인 마운트 홀리요크Mount Holyoke 신학교(나중에 대학이 됨)는 1837년 메리 라이언Mary Lyon이 설립했는데, 여성 교육의 투사 라이언은 교육과정에서 과학에 큰 비중을 두었다. 그러나 남북전쟁 이전까지 대부분의 여자대학은 진정한 학문 기관이라기보다는 교사와 선교사를 양성하는 여성 신학교였다. 역사가 마거릿 로시터에 따르면, "진정한 여성 대학 교육에 동기로 작용한 사건은 1865년 배서 대학Vassar College 개교"였으며,[194] 1870년대에는 새로이 문을 연 많은 주립대학이 여성도 받아들이기 시작했다. 이런 남녀공학 증가 추세는 대학 경영권이 성직자에서 일반인에게로 넘어간 교육의 세속화에 크게 힘입은 것이다. 이런 움직임에 앞장선 사람 중 하나가 다름 아닌 앤드루 딕슨 화이트였으며, 그는 자신의 명예를 걸고 코넬 대학을 일찍부터 남녀공학으로 만들었다.

새로운 여자대학들은 여성에게 과학을 가르쳤을 뿐 아니라 여성을 교수진으로 채용하기도 했다. 불행히도, 이런 이른 수확은 바라던 만큼 늘어나지는 않았는데, 이는 19세기에 대학에서 과학을 공부한 여성이 가질 수 있는 직업은 오직 여자대학의 교직에 국한되었기 때문이다. 하버드나 예일 같은 남자 대학들은 여성을 교수진으로 받아들인다는 것을 고려 대상으로도 삼지 않았으며, 남녀공학들도 그런 일은 하려고 하지 않았다. 여성에게 주로 기대하는 역할이 현모양처이던 시절이라, 산업에서 일자리를 얻기도 어려웠다. 로시터를 인용하자면, 미국 사회는 "여성에게 과학을 교육하는 데에는 열심이었을지 모르지만, 여성을 고용하는 데에는 그렇지 못했다."[195] 여성 과학자들은 남성과 더불어 주류에 참여하지 못하고, 여성만의 몫으로 구분된 불평등한 영역으로 밀려났다. 이런 사태의 결과, MIT처럼 신기술에 기초한 교육과 사고의 중심에 있는 학교에서 일하는 여성은 거의 없었다. 그리하여 여성은 이제 일상생활을 변혁하고 있는 바로 그 일에 참여하지 못하게 된 것이었다.

당시 여성 과학자에 대한 구속이 얼마나 심했던가는 바너드 대학Barnard College의 물리학자 해리엇 브룩스Harriet Brooks (1876-1933)의 사례에서 잘 드러난다. 중세 남성 학자들이 그러했듯이, 19세기 말과 20세기 초의 여자대학에서 여성 학자는 결혼이 허용되지 않았다. 같은 학교에서도 남성 학자들은 이제 결혼할 수 있었지만, 여성은 대학과 가정 중에 양자택일해야만 했다. 많은 여성은 직업을 얻은 것만으로도 감지덕지하여 이런 조건을 군말 없이 받아들였지만, 1906년 브룩스는 이 규칙에 반기를 들었다. 약혼을 발표하면서, 브룩스는 일도 계속하겠다는 의사를 분명히 밝혔다. "여성에게 자기 직업을 가질 권리가 있으며 결혼한다는 이유만으로 그 권리를 포기할 수는 없음을 보여주는 것은 내 직업에 대한 의무이자 내 성性에 대한 의무이다."[196] 당시 브룩스는 영국의 지도적 물리학자 어니스트 러더퍼드Ernest Rutherford(1871-1937)와 함께 방사능에 대한 논문을 여러 편 발표하였고, 러더퍼드뿐만 아니라 노벨상 수상자인 조지프 존 톰슨J. J. Thompson(1856-1940)도 브룩스가 물리학자로서 곧 두각을 나타내리라고 보고 있었다. 그러나 바너드 대학 학장이었던 로라 길은 결혼한 여성은 "가정을 꾸리는 일을 당당한 직업으로 여겨야 하니, 두 가지 직업을 동시에 수행할 수는 없다"라고 답했다.[197] 남성은 직업과 가정을 모두 가질 수 있지만, 여성은 그럴 수 없다는 말이었다. 결국 브룩스는 사임했고, 그 후로는 물리학 연구를 계속할 수 없었다.

또한 과학의 전문화는 학교의 과학 학과의 전문화도 가져왔다. 과학이 수십 가지 전문화된 분야로 세분화하기 시작함에 따라, 대학들은 분야마다 별도의 학과를 개설하기 시작했으며, 곧 이학박사Science PhD도 창안되었다. 그리하여 대학원들이 생겨났다. 이학박사니, 대학원이니 하는 혁신은 또다시 여성을 한층 더 소외시키는 효과를 가져왔는데, 대학원들은 거의 언제나 시설이 더 좋고 재정도 더 든든한 남자 대학들에 있었기 때문이었다. 대부분 여자대학은 전문화된 과정을 개설할 여유가 없었다. 하지만 과학 분야에서 좋은 직장을 구하려면 박사 학위가 점차 더 필요해졌고, 박사 학위 없는 여성은 진급도 바랄 수 없었다.

여성이 처음 대학원에 지원했을 때는, 여성의 입학을 허용한

"전례가 없다"라는 이유로 거절당했다. 예컨대, 1870년에, 엘런 스왈로Ellen Swallow(1842-1911)는 화학과 대학원 과정을 밟으려고 MIT에 지원했는데, 학과의 첫 학위 수여자가 여자이기를 원치 않는다는 이유로 거절당했다. 비슷한 예로, 1879년 존스 홉킨스 대학은 수학자 크리스틴 래드Christine Ladd(1847-1930)가 강의에 다 출석했고 탁월한 논문을 썼음에도 박사 학위 수여를 거부했다. 대학원 진학을 위한 투쟁은 20년 넘게 계속되다가, 1890년대에 이르러서야 많은 학교가 항복하고 여성에게 문을 열었다. 하지만 대학원은 여성에게 여전히 험난한 길이었다. 1900년까지도 미국에서 물리학 박사 학위를 받은 여성은 단 3명뿐이었다. 천문학에서는 2명, 수학에서는 9명이 박사 학위를 받았다. 공학 분야에서 여성이 치러야 했던 싸움은 한층 더 험했다. 1876년에 캘리포니아 대학에서 엘리자베스 브래그Elizabeth Bragg(1854-1929)가 토목공학과에서 학위를 받음으로써 최초의 여성 공학박사가 탄생하기는 했지만, 19세기에 공학 분야로 간 여성은 거의 없었고, 이러한 사정은 20세기에도 마찬가지이다. 만일 과학에 기초한 기술이 인류를 "구원"하게 된다면, 여성은 구원자가 아니라 구원받는 자가 될 터이다. 베이컨의 새로운 아틀란티스에서 그랬듯이 말이다.

결과적으로, 이 "멋진 세기" 동안 여성이 확실한 성과들을 일구어냈음에도, 평등은 여전히 요원했다. 1882년 천문학자이자 여성 교육의 선구자 메리 휘트니Mary Whitney(1852-1942)는 이렇게 썼다. "우리는 여성의 능력과 지위에 대해 지난 반세기 동안 이루어진 상당한 여론 계몽에도 여전히 고학력 전문직 여성이 남성 못지않게 유능할 수 있음을 믿으려 하지 않는 경향이 있다는 사실을 인정해야 한다."[198]

하지만 여성도 어떤 남성 못지않게 유능하다는 사실을 더없이 명백하게 입증한 19세기 여성이 한 사람 있었으니, 바로 폴란드 출신 물리학자로 최초로 노벨상을 두 번이나 수상한 마리아 스크워도프스카 퀴리Maria Skłodowska-Curie(1867-1934)이다. 라우라 바시처럼, 퀴리의 업적은 여성 과학자가 좀 더 많은 기회를 누린다면 얼마나 많은 성취를 이룰 수 있었겠는가를 증언한다. 퀴리의 업적은 단순히 이론적인 데에서 그치지 않으며, 지대한 실용적 가치가 있었다. 퀴리가 발견한 라듐은 새로운 의학 산업의 기초가 되었으며, 방사능radioactivity(퀴리가 명명했으며, 이 연구에 평생을 바쳤다)은 새로운 에너지 및 무기 산업의 기초가 될 것이었다. 방사능이 좋은 목적으로 쓰이든 나쁜 목적으로 쓰이든, 그 어떤 과학적 발견도 자연의 감추어진 힘들을 인류를 위해 사용하게 하는 적극적인 조작자로서의 베이컨적 과학자 상을 그보다 더 강력히 구현하지는 못했다.

마리 퀴리의 생애는 어느 모로 보나 비범했다. 비단 과학적인 업적에서만이 아니라 퀴리가 그 분야로 나아가는 과정에서 겪어야 했던 경험만 보더라도 그렇다. 마이클 패러데이 같은 가난한 청년은 실험실 조수 자리라도 얻을 수 있었던 반면, 가난한 젊은 여성에게는 그런 가능성도 열려 있지 않았다. 남자 고등학교의 물리 선생과 여학교 교장의 딸로 태어난 마리아 스크워도프스카는 학식을 숭상하는 분위기에서 자라났다. 게다가 당시 폴란드는 지식의 불꽃이 꺼지지 않게 보전해야 할 위급한 상황이었으며, 수년째 계속되는 러시아의 지배는 폴란드의 문화를 말살하고 있었다. 10대부터 이미 마리아는 힘으로 러시아인을 물리칠 수 있을 때까지 폴란드 문화를 보전하고자 교육을 진작하는 운동에 가담하고 있었다. 조국을 위해, 퀴리는 대학에 가서 과학이나 문학을 공부하려는 꿈을 품었다. 언니인 브로니아 Bronia는 의학을 공부할 계획이었다. 그러나 1880년대에 폴란드의 대학은 여성의 입학을 허용하지 않았고, 자매의 유일한 희망은 외국 대학 입학, 가능하면 소르본 대학 입학이었다.

자매의 아버지 브와디스와프Władysław는 자식 모두의 학구열을 고취했고, 마리아와 브로니아를 소르본 대학에 보내는 것만큼 간절한 소원이 없었다. 그러나 어디서 돈이 나겠는가? 결국 마리아는 한 가지 방법을 생각해냈다. 자신이 가정교사로 일하여 브로니아가 의학교를 마치도록 도우면, 브로니아가 졸업한 뒤 마리아가 공부할 수 있게 돕는다는 계획이었다. 가정교사라는 직업이 얼마나 보람 없는 것인가를 생각한다면, 이는 정말이지 너그러운 제안이었으며, 마리아는 이를 충실히 이행했다. 1885년부터 1888년까지 마리아는 가족과 친구와 멀리 떨어진 곳에서 일하며, 파리에 가 있는 브로니아를 위해 한 푼도 아끼는 생활을 했다. 이 몇 년은 고된 일과 고독과 지적 고립의 시기였다. 1888년이 되자 브로니아에게 더는 마리아의 후원이 필요 없었다. 아버지가 브로니아를 직접 후원하려 소년원 원장이라는 힘들지만 보수가 좋은 직장을 얻었기 때문이었다.

그러자 브로니아는 마리아에게 자신의 학업을 위해 저축하도록 권했지만, 이 무렵 마리아는 용기를 잃고 거의 꿈을 포기할 뻔했다. 결국 마음을 다잡고 2년을 더 일한 마리아는 파리에서 1년간 공부할 수 있는 돈을 모았다. 마침내 1891년 소르본 대학에 등록하였을 때는 스물네 살이었다. 이는 정식으로 과학을 공부하기에는 매우 늦은 나이였고, 마리아는 어려운 수학과 물리학 수업을 따라갈 준비가 되어 있지 않았다. 그래서 그는 오로지 공부만 해야 했다. 게다가 마리아의 저축만으로는 기본 경비도 충분하지 않았으므로, 극도의 내핍 생활까지 해야 했다. 연달아 여러 주씩 빵과 차만으로 견뎌야 할 때도 있었고, 겨울에는 석탄을 살 여유가 없어서 추위에 떨기도 했다. 그래도 훗날 마리아는 이 가난했던 학창 시절을 자신의 생애에서 가장 완벽했던 시절로 회고하곤 했다. 1893년에 마리아는 반에서 1등으로 물리학사 시험에 통과했고, 이듬해에 2등으로 수학사 시험도 통과했다.

그해는 과학 역사에서 가장 위대한 사랑 이야기가 시작된 해이기도 했다. 마리아 스크워도프스카는 피에르 퀴리Pierre Curie (1859-1906)를 만났다. 그들이 처음 만났을 때, 마리아와 피에르 둘 다 자신은 독신으로 살게 될 줄로만 여기고 있었다. 졸업 후 마리아는 바르샤바로 돌아가 나이 든 아버지를 모시며 과학을 가르칠 작정이었다. 당시 서른네 살의 나이로 프랑스를 대표하는 젊은 물리학자 중 한 명이었던 피에르는 자신의 학문에 대한 전적인 헌신을 참아줄 아내를 발견하기란 불가능하리라 믿고 있었다. 먼저 사랑에 빠진 사람은 피에르였다. 거의 처음부터 그는 이 수수한 폴란드 아가씨야말로 자신이 꿈꾸던 여성임을 깨달았다. 일 년을 애원한 끝에, 마리아는 그의 아내가 될 것을 수락했다. 그들은 함께 생애를 과학에 바칠 것이었다.

1897년에 딸 이렌이 태어나면서 이런 목가적인 꿈은 소용돌이에 휘말렸다. 역사가 헬레나 피시어는 이렇게 지적했다. "세기 전환기에는, 설령 결혼이 여성의 경력을 끝장내지 않더라도, 출산이 거의 어김없이 그렇게 했다."[199] 마리가 과학을 포기하기를 원하지 않았다는 사실은 차치하고라도, 마리 자신의 말을 빌리자면, "남편은 그런 일을 생각조차 하지 않으려고 했다."[200] 결국, 그들의 곤경은 피에르의 아버지 외젠 퀴리Eugène Curie가 그들 내외와 함께 살면서 이렌을 맡아줌으로써 해결되었다. 의사였던 외젠 퀴리는 그들의 둘째 딸인 에브가 태어났을 때도 같은 일을 해주었다. 삶을 오로지 학문과 가정을 중심으로 엮어가면서, 피에르와 마리는 피에르 아버지의 도움으로 계속하여 제일급의 연구 생활을 이어갈 수 있었다. 퀴리 가家의 이 훌륭한 남성들에게는 정말이지 탄복하지 않을 수 없다. 마리 자신의 아버지와 마찬가지로, 외젠과 피에르 퀴리는 이 시대에나 다른 어떤 시대에도 단연 돋보이는 귀감이다.

이렌이 태어나던 해, 마리는 이후 평생을 걸게 될 관심사 즉 방사능을 발견하였다. 이 신비한 현상은 바로 그 전해에 앙리 베크렐Henri Becquerel(1852-1908)이 발견하였는데, 젊은 연구자가 그런 주제를 택한다는 것은 대단한 도박이었다. 방사능이란 흥미롭기는 해도, 거기에 장래성이 있으리라 보는 사람은 거의 없었다. 베크렐은 우라늄으로 작업을 했는데, 마리는 곧 토륨에도 방사능이 있음을 알아냈다. 이 단계에서 마리는 방사능이 원소의 어떤 속성이리라는 대담한 가설을 공식화했다. 실험하다가 마리는 역청우라늄광鑛을 검사하게 되었는데, 이것은 우라늄보다 방사능이 네 배나 많았다. 내세울 박사 학위도 없는 신참 연구원이던 마리는 다시금, 역청우라늄광에는 아직 발견되지 않은 원소가 들어 있으리라는 용감한 가설을 발표했다. 당시에 화학자들은 모든 기본 원소를 다 규명했다고 믿고 있었으므로, 그렇게 난데없이 그들이 틀렸다는 가설은 정말이지 무모한 주장이었다.

이 단계에 이르자 피에르는 자신의 연구를 제쳐두고 논쟁에 합세했다. 새로운 원소가 있을지도 모른다는 생각은 마리 못지 않게 그에게도 흥분되는 가설이었다. 이후 4년 동안, 피에르와 마리 퀴리는 여러 톤의 역청우라늄광에서 자신들의 목표를 추적했고, 마침내 두 가지 새로운 원소를 추출하는 데 성공했다. 그 하나는 마리의 조국을 기념하여 명명한 폴로늄이었고, 다른 하나는 라듐이라 명명한 엄청나게 강력한 방사성물질이었다. 퀴리 부부의 업적은 물리학과 화학에 모두 새로운 분야를 열어 주었으며, 그들의 선구적 노력에 대한 보답으로 1903년 그들과 베크렐은 노벨 물리학상을 공동 수상했다. 그것은 여성이 과학에서 거둔 가장 위대한 승리였으며, 피에르와 마리는 연구에서 두 사람이 각기 수행한 역할을 확실히 인정받도록 신경 썼다.

그렇지만 소르본 대학에서 새로이 개설된 물리학 교수직을 제의받은 사람은 역시 피에르였다. 마리는 대학이 그를 위해 세우기로 약속한 실험연구소 소장으로 임명되었다. 그러나 피에르가 교수직을 받은 지 불과 몇 달 뒤인 1906년 4월 19일 마차에 치여 죽는 비극이 일어났다. 그 사건으로 세계는 진정 위대한 사람을 잃었으며, 과학 연구 역사상 가장 훌륭한 협력 관계 중 하나가 갑작스러운 종말을 맞았다. 그 후로 마리 퀴리는 홀로 과학계의 숨은 장애들과 협상해야 했다.

1904년에 박사 학위를 취득했고 노벨상까지 받았음에도, 마리 퀴리는 여전히 피에르의 아내로 더 잘 알려져 있었다. 그의 죽음은 과학계에 전에 없던 딜레마를 가져왔다. 세상에서 가장 권위 있는 과학상을 탄, 남편 없는 여성을 어떻게 대우할 것인가? 프랑스 정부가 처음 낸 안案은 마리를 은퇴시키고 연금을 주자는 것이었다. 그러나 마리는 연구를 계속할 의사를 분명히 밝혔고, 피에르의 형제를 비롯한 친구들을 통해 강력한 로비를 벌인 끝에 그의 교수직을 이어받게 되었다. 그리하여, 1906년, 파리 대학은 개교 700년 만에, 최초의 여성 교수를 맞이했다.

마리 퀴리는 퀴리 실험연구소를 세워 세계 굴지의 연구 센터로 만들었다. 훗날 퀴리의 딸 이렌Irène Joliot-Curie(1897-1956)이 남편 장 프레데리크Jean Frédéric Joliot-Curie(1900-1958)과 함께 인공 방사능을 발견하여 1935년 노벨 화학상을 공동 수상한 것도 그 연구소에서였다. 1911년 마리는 라듐을 발견한 공로로 노벨 화학상도 받았다. 그렇게 높은 명예를 얻은 여성 과학자는 이전에도 이후에도 없다. 그럼에도 마리 퀴리는 결코 프랑스 과학 아카데미 가입을 허락받지 못했고, 마리의 창조적 업적도 결국 피에르 혼자의 것이었으리라는 암시에 평생 시달렸다. 1920년 하버드 대학 물리학과는 마리에게 명예 학위를 수여하자는 안을 기각했는데, 거기에는 노벨상은 피에르에게 수여해야 마땅하다는 의중이 있었다. 비록 세인의 관심 대상이 되는 일을 싫어하기는 했지만, 퀴리는 어떤 남성 물리학자도 받지 않았을 비하적이고 때로는 다분히 공개적인, 끊임없는 중상에 정면으로 맞서나갔다. 불과 20여 년 전인 1971년에도, 미국 물리학회에서 한 저명한 (남성) 물리학자는 이렇게 공언했다. "나도 피에르 퀴리와 결혼했더라면, 마리 퀴리가 됐을걸!"

퀴리가 발견한 라듐은 곧 산업적 관심 대상이 되었는데, 특히 그 의학적 응용 가능성 때문에 그러했다. 그러나 퀴리 부부는 그들이 그토록 애써서 개발한 라듐 추출 과정에 대한 특허 등록을 거부했으므로, 다른 사람들이 그들의 발견으로 부자가 되는 동안, 퀴리는 그 일로 한 푼도 벌지 못했다. 뼛속까지 이상주의자였던 마리와 피에르는 자신들의 지식을 세상에 거저 내주었다. 마리는 방사능을 질병 치료에 응용하는 데 지대한 관심이 있었으며, 자신의 발견이 생명을 구하는 일에 쓰인다는 것을 자랑스럽게 여겼다. 과학을 인류의 복지를 위해 사용한다는 프랜시스 베이컨의 꿈에 충실했던 마리 퀴리는 자신을 분명 과학적 구원자의 한 사람으로 여겨도 좋을 것이다.

19세기의 가장 유명한 수학적 여성이기는 했지만, 마리 퀴리는 결코 혼자가 아니었다. 또 다른 수학적 여성의 대표적인 인물로는, 탄성의 이해에 기여한 프랑스 수학자 소피 제르맹Sophie Germain(1776-1831), 일종의 19세기의 노벨상이라고나 할 보르댕Bordin 상을 탄 러시아의 천재 수학자 소피야 코발렙스카야Софья Ковалевская(1850-1891), 유럽에서 물리학 박사 학위를 받은 최초의 미국 여성인 마거릿 몰트비Margaret Maltby(1860-1944), 왕립학회에서 논문을 발표한 최초의 여성인 영국 전기공학자 허사 마크스 에어턴Hertha Marks Ayrton(1854-1923) 등이 있다.

　퀴리와 마찬가지로, 이들도 모두 수리과학에 참여하고자 거대한 장애물을 넘어야만 했다. 그러나 퀴리처럼 천재성과 의지력을 지닌 여성조차 대학 강의실에 발을 들여놓기도 전에 거의 패배할 뻔했다면, 대부분의 여성 물리학 지망생에게 그런 난관은 얼마나 넘을 수 없는 것으로 보였겠는가. 그 무수한 이름 없는 여성은 어떻게 되었는가? 여성에게 동등한 교육과 취업의 기회가 주어지지 않음으로써 얼마만 한 재능이 사장되었는지, 누가 알까? 19세기의 위대한 기술 혁명에 좀 더 많은 여성이 참여하지 못했기 때문에 그 어떤 통찰과 발명을 놓치게 되었는지, 누가 알까? 오늘날까지도 여성 물리학자는 학계에만 갇혀 있고 산업에서 일하는 사례는 극히 드물다. 게다가 응용수학의 공학 분야는 여전히 남성 지배적이다. 1970년대까지만 해도 미국의 공학자 중 여성의 비율은 전체의 1퍼센트에도 훨씬 못 미쳤고, 1988년에도 전기공학, 전자공학, 우주항공공학, 토목공학, 핵공학, 기계공학 등의 분야에서 여성의 비율은 5퍼센트를 여전히 밑돌았다.* 21세기, 수리과학의 베이컨적 영역은 베이컨이 『새로운 아틀란티스』에서 제시한 비전의 성차별적 흔적을 여전히 지니고 있다. 솔로몬의 집의 장로들은 정말이지 긴 그림자를 드리우고 있다.

---

* 2020년 현재 미국에서는 박사 학위 수여자 중에 물리학 및 지구과학 분야의 34퍼센트, 수학 및 컴퓨터 사이언스 분야의 26퍼센트, 공학 분야의 25퍼센트가 여성이지만, 여전히 다른 분야에 비하면 여성 비율이 낮다. 미국 국립 과학 재단 통계 https://ncses.nsf.gov/pubs/nsf23315 참고.

한편, 한국에서 2022년 현재 공학 계열 재학생 중 여성은 23.3퍼센트이고 각 전공별 재학생 중 여성은 기계공학 10.6퍼센트, 전기공학 11.9퍼센트, 우주항공공학 12.7퍼센트, 전자공학 18.1퍼센트, 토목공학 18.1퍼센트였다. 한국 여성 과학 기술인 육성 재단, 「2013-2022 남녀 과학기술인력 현황」 https://wiset.or.kr/module/pdf.js/web/viewer.html?file=/thumbnail/pblcte/TP_20240314153750452Hw30.pdf 참고.

8장 과학 성자

마리 퀴리와 피에르 퀴리가 라듐에 관한 연구를 완성하던 무렵, 한 이름 없는 젊은 물리학자가 좀처럼 잡히지 않는 목표를 추적하느라 어려운 싸움을 벌이고 있었다. 그의 목표는 새로운 원소가 아니라 새로운 이론적 종합이었다. 퀴리 부부의 방사능에 관한 발견들이 물질에 관한 사고방식을 혁신했다면, 알베르트 아인슈타인Albert Einstein(1879-1955)의 방정식들은 시간과 공간, 나아가 우주 전체에 관한 사고방식을 혁신했다. 뉴턴 이래로 어떤 물리학자도 그처럼 대대적으로 세계의 면목을 일신한 적이 없었다. 천구天球들을 일련의 수학적 관계로 파악하려 했던 피타고라스적 숙원은 마침내 그가 이루어냈다.

아인슈타인의 우주 이론은 그를 20세기의 주요한 상징으로 만들었다. 연극, 영화, 소설, 오페라, 상업광고 등의 주제로 그의 모습은 대번에 눈에 띈다. 그의 얼굴은 세계 전역에서 티셔츠, 포스터, 하다못해 커피잔까지 장식하고 있는 것을 볼 수 있다. 뉴턴조차도 생전에 그만한 인기는 누리지 못했다. 17세기에 뉴턴은 동포인 영국인에게는 존경받았지만, 그의 사상이 세계적으로 받아들여진 것은 그가 죽은 뒤의 일이었다. 반면 아인슈타인은 살아생전에 온 세상이 그의 이론뿐 아니라 그라는 인물 자체를 얼싸안는 것을 보았다. 그가 죽은 지 며칠 후에, 《워싱턴 포스트》는 "아인슈타인이 여기 살았다"라고 커다랗게 써 붙인 지구가 우주 공간을 흘러가는 것을 그린 만화를 실었다.[201]

아인슈타인이 그처럼 존경받는 이유는 무엇일까? 저 헝클어진 머리칼에 눈꺼풀이 축 처진 독일인이 그처럼 대중의 상상력을 사로잡는 이유는 무엇일까? 모든 초등학생이 패러데이, 맥스웰, 하이젠베르크, 보어, 슈뢰딩거 등보다 아인슈타인의 이름을 아는 이유는 무엇일까? 아인슈타인이라는 이름이 실로 천재 그 자체를 상징하게 된 이유는 무엇일까? 이런 질문에 대한 대답의 중요한 일부는 아인슈타인이 다시금 과학에 초월성을 돌려주었다는 사실에 있다. 물리학이 갈수록 산문적이고 실제적인 방향으로 나아가던 한 세기 뒤에, 아인슈타인은 다시금 물리학자들의 시선을 하늘로 돌려놓았다. 그의 일반상대성이론은 천구들의 조화라는 고대 피타고라스적인 개념의 수학적으로 세련된 현대판이다. 그의 우아한 방정식들은 세계 그 자체의 수학적 형태라는 오래된 질문을 다시금 과학의 과제로 삼았다. 그럼으로써, 아인슈타인은 물리학에 대한 (그 적용이 아니라 내용에서) 거의 종교적인 태도를 부활시켰다. 베이컨적 정신이 물리학을 지배하던 한 세기는 지나고, 아인슈타인은 다시금 피타고라스적 정신을 도입했으며, 그럼으로써 수학적 인간들의 마음속에 창조의 "신적" 계획이라는 개념을 다시금 상기시켰다. 이런 생각은 처음부터 널리 받아들여지지는 않았지만, 최근 들어 아인슈타인의 후계자들, 그중에서도 스티븐 호킹Stephen Hawking(1942-2018)이 맹렬히 이어갔다. 한마디로, 오늘날 물리학자들이 "신의 마음"에 사로잡힌 시작점은 아인슈타인이다.

아인슈타인은 신동은 아니었을지도 모른다. 그러나 비록 그의 장래에 대한 외적인 징조들은 별로 없었더라도, 아이 자신에게는 운명적인 전조들이 있었다. 아인슈타인이 네댓 살 되던 무렵, 아버지는 그에게 나침반을 보여주었는데, 그로부터 60년이 지난 뒤 그는 자전적인 글에서 그 일이 얼마나 "경이"로웠는지 회고했다. "나는 아직도 기억할 수 있다. 아니, 적어도 기억할 수 있다고 믿는다. 그 경험은 나에게 깊고 지속적인 인상을 남겼다고. 사물들의 배후에는 무엇인가가 깊이 감추어져 있었다." 열두 살 때, 어린 알베르트가 체험한 "두 번째 경이"는 "유클리드 평면 기하를 다룬 작은 책"이었다. 그는 이후에 그 책을 "신성한 기하책"이라고 부르곤 했다.[202] 그 작은 책에서 처음 만났던 수학에서 얻은 영감은 아인슈타인의 전 생애 동안 지속되었고, 그의 세계관은 언제나 수학의 언어로 표현되었다. 일찍이 수학이라는 도구를 사용하여 그보다 더 아름다운 그림을 그린 이는 아무도 없었다. 아인슈타인은 비록 위대한 수학자는 아니었지만,

조토의 프레스코, 다빈치의 초상화, 라파엘로의 성모상과 나란히 서구 문화의 미학적 정점에 놓일 만한 우주의 수학적 묘사를 창조했다.

그러나 아인슈타인은 예술가이기 전에 학생이어야 했고, 학교는 그에게 지옥이었다. 그는 엄격한 독일 김나지움 체제를 너무나 싫어했으므로, 열다섯 살 때 학교를 집어치우고 이탈리아를 떠돌아다니며 일 년을 보냈다. 하지만 흔히 전하는 이야기들과는 달리, 그는 결코 무능한 학생이 아니었다. 비록 모범생은 아니었지만, 수학과 과학은 충분히 공부했고, 열여섯 살(공식적인 연령보다 두 살 일찍)에 손꼽히는 취리히 공과대학에 지원하여 수학과 물리학 시험에서 쟁쟁한 성적으로 합격할 만한 실력을 갖추었다. 단지 언어 방면의 실력이 모자라 합격하지 못했을 뿐이었다. 하지만, 이듬해에 기껏 입학해보니, 수업은 김나지움 시절 못지않게 지루했고, 그래서 다시금 아인슈타인은 교과과정을 무시하고 자기 나름대로 공부했다. 뉴턴처럼, 그도 과학을 거의 독학으로 배웠다. 뉴턴이 혼자 힘으로 갈릴레이, 케플러, 데카르트 등의 저작을 접하였듯이, 아인슈타인도 혼자 힘으로 맥스웰의 저작을 접하였다.

젊은 아인슈타인의 창의적인 학업에 유일한 장애는 학교를 졸업하고 학위를 받으려면 시험을 쳐야 한다는 것이었다. 시험을 준비하며 아인슈타인은 절친한 친구 마르셀 그로스만Marcel Grossmann(1878-1936)의 도움을 받았다. 젊은 수학자로 모범생이었던 그로스만은 이 이단적인 학우의 숨은 재능을 일찍이 알아

보았고, 벼락 시험공부를 하도록 꼼꼼히 필기한 노트를 빌려주었다. 그 덕분에, 아인슈타인은 시험에 합격했다.

아인슈타인이 공과대학 선생들에게 감명받지 못했듯이, 그들도 그에게 별달리 감명받지 못했고, 졸업 후 학교에서 자리를 얻는 데 아무런 도움도 얻을 수 없었다. 그래서 졸업 후 몇 년 동안은 고등학교의 임시 교사 노릇을 하면서 근근이 살아야 했다. 하지만 이 기간에 그는 새로운 정열을 가지고 물리학으로 돌아가 독창적인 연구 논문 세 편을 써냈다.[203] 그렇지만 학계에서는 여전히 아무런 반응이 없었고 직장은 구해지지 않았다. 그가 자기 생각을 함께 토론하곤 하던 친구들은 이런 상황을 모르지 않았고, 마침내 1902년에는, 역시 그로스만의 도움으로, 베른에 있는 스위스 특허사무국에 자리를 얻었다. 그제야 그는 다음 달 집세를 걱정하지 않고 과학에 전념(물론, 직장 일을 마치고 나서지만)할 수 있었다. 훗날, 유명해진 아인슈타인은 이 시절을 유쾌하게 회상했고, 특허사무국을 "내가 내 가장 아름다운 생각을 부화시킨 저 세속 수도원"이라 부르곤 했다.[204] 특수상대성이론도 바로 그런 생각에 속했다. 당시 그의 직위는 "기술전문요원 제3급"이었다.

특허사무국에 있는 동안, 아인슈타인은 권위 있는 학술지인 《물리학 연감》*Annalen der Physik*에 논문들을 발표함으로써 자신의 혁신적 연구를 세상에 알리기를 계속했다. 그러나 상대성에 관한 초기 논문들은 학계에서 아무런 반응도 얻지 못했다. 그가 마침내 취리히 공과대학에 자리를 얻은 것은 특수상대성이론을 완성하고 일반상대성이론 연구에 착수하던 1909년이었다. 지나고 보면, 그가 그처럼 학계에서 외면당했다는 사실은 믿기 어렵다. 저 유명한 "아인슈타인!"은 아직 아니었지만, 그래도 이미 독창적인 논문 십여 편을 발표하였고, 그 대부분은 단연 탁월했으니 말이다. 별 신통치 않은 연구만으로도 학계에서 출세하는 사람이 드물지 않은 것을 보면, 대학이 그 눈부신 초창기의 아인슈타인을 받아들이지 않았다는 사실은 학문 역사상 가장 부조리한 일 중의 하나이다. 놀랍게도 아인슈타인은 연구를 포기하지 않았다. 사실, 특허사무국에서 7년을 보내는 동안, 대학 취직이나 박사 학위 취득이 가망 없는 일로 보이는 때도 없지는 않았다. 하지만 그는 자기 연구의 우수성을 의심치 않았다. 아인슈타인의 겸손함에 관한 온갖 신화적인 이야기와는 달리, 그는 적어도 자기 학문에 관한 한 자신만만한(어떤 사람은 극도로 거만하다고까지 했다) 청년이었다. 그는 처음부터 자신의 연구가 극히 중요하다는 사실을 알고 있었다.

사무국 책상에 홀로 앉아 공식 업무를 해나가는 틈틈이, 아인슈타인은 한 가지 문제를 심사숙고했다. 그 문제는 세계의 으뜸가는 물리학자들을 당황하게 하던, 뉴턴 물리학과 맥스웰 물리학 간의 점차 벌어지는 간극이었다. 처음에는 맥스웰의 전자기 공식들이 뉴턴의 세계상 안에 조화롭게 들어맞는 듯 보였으나, 19세기 말에는 이 두 가지 세계관이 크게 어긋난다는 사실이 명백해졌다. 근대의 수학적 인간은 최초의 걸림돌에 부딪힌 것이었다.

아인슈타인이 마주한 딜레마는 고속도로에서 마주 달려가는 자동차 두 대를 생각하면 이해할 수 있다. 한 대는 시속 80킬로미터, 다른 한 대는 60킬로미터로 달린다고 하자. 그러면 그들의 상호적인 상대속도는 시속 140킬로미터가 될 것이다. 뉴턴 물리학에서나 일상생활의 경험에서나 속도들은 더해지며, 정면충돌이 치명적인 이유도 바로 그 때문이다. 그런데, 맥스웰의 방정식에 따르면 우주 공간에서 빛의 속도는 초속 약 30만 킬로미터이다. 물리학자들은 광파光波의 속도도 자동차의 속도처럼 더해져야 마땅하다고 생각했다. 그렇다면, 만일 내가 가로등을 향해 초속 1000킬로미터로 달린다면, 불빛의 나에 대한 상대속도는 약 30만 킬로미터 더하기 1000킬로미터, 즉 초속 약 30만 1000킬로미터이다. 그러나 과학자 두 명이 이런 가정을 실험해 본 결과, 빛에 관한 한 속도들을 더할 수가 없다는 사실이 밝혀졌다. 발광체나 관찰자가 운동하든 운동하지 않든, 빛의 속도는 언제나 (모든 것에 대해) 초속 약 30만 킬로미터였다.

문제를 직시할 용기가 있는 몇몇 물리학자에게, 이 결과는 뉴턴 아니면 맥스웰의 법칙 들이 수정되어야 한다는 것을 시사했다. 그래서 수많은 세계 정상급 물리학자가 맥스웰의 방정식을 수정하려고 해보았지만, 뉴턴은 워낙 신성시되고 있었으므로 아무도 뉴턴의 법칙에 손대려고 하지 않았다. 돌이켜보면, 이미 여러 물리학자가 해답에 상당히 가깝게 접근하고 있었음에도 결국에는 너무나 엄청난 도약을 해야 하므로 주춤하고 말았다는 것을 알 수 있다. 학계에서 이런 돌풍이 몰아치는 동안, 특허사무국에서는 기술전문요원 제3급 아인슈타인이 근대 물리학의 두 거장을 통합하는 데에 골몰하고 있었다. 그는 자연의 단일성과 조화에 대해 흔들리지 않는 믿음이 있었으므로, 그렇게 하지 않을 수 없었다.

가장 먼저, 어째서 빛은 모든 것에 대하여 항상 같은 속도로 이동하는지를 해명해야 했다. 만일 내가 당신과 다른 속도로 이동한다면, 어째서 빛은 당신과 나 모두에 대해 같은 속도로 이동할 수 있는가? 마치 『이상한 나라의 앨리스』에나 나올 법한 이런 일은 정상적인 논리에 어긋났다. 마침내 아인슈타인은, 맥스웰이 아니라 뉴턴에게 문제가 있다는 것을 깨달았다. 영국의 위대한 천재를 본받아, 그 이후의 물리학자들은 공간과 시간을 절대적이라고 생각하기를 고집해왔다. 그런데 이제 아인슈타인은 모든 사람이 같은 공간과 시간을 공유하는 대신 각 사람이 자신만의 공간과 시간을 점유한다면, 각 사람의 사적인 시공간에서는 빛의 속도가 일정할 것이므로, 문제가 해결되리라는 사실을 발견했다. 그러므로 시간과 공간은 절대적이고 보편적인 현상이 아니며, 관찰자가 얼마나 빨리 움직이느냐에 달려 있다고 생각했다. 두 사람 간의 상대속도가 크면 클수록, 그들 각자의 공간 및 시간의 차이도 벌어진다. 특히, 어떤 사람이 당신에 대해 빨리 이동하면 할수록, 그의 공간은 줄어드는 듯 보이고, 그의 시간은 늘어나는 듯 보일 것이다. 달리 말하면, 그는 납작해지고 느려지는 듯 보일 것이다. 이것이 1905년 아인슈타인이 세계에 공표한 특수상대성이론이다.

처음에는 이 이론을 전혀 믿을 수 없다는 반응이 대다수였다. 제정신이라면 어떻게 공간과 시간이 속도에 달린 사적인 일이라고 믿을 수 있겠는가? 대다수 물리학자에게 이 이론은 도저히 믿을 수 없는 일이었다. 하지만 문제는 상대성이 실제로 들어맞는다는 점이었다. 상대성이론은 빛의 속도가 왜 일정한가를 설명할뿐더러, 아인슈타인의 방정식에 따른 몇 가지 예측(가령, 자장 내에서 전자의 운동에 관한)도 실험 결과 정확히 들어맞았다. 상대성의 의미가 아무리 골치 아파도, 실험적으로 증명된 이상 무시할 수 없는 일이었다. 아인슈타인 이론의 가장 놀라운 예측은 물질과 에너지의 등가관계, 저 유명한 $E=mc^2$이라는 방정식으로 나타낼 수 있는 관계였다. 이 방정식에 따르면, 모든 아원자입자는 순수한 에너지의 폭발로 변형될 수 있으므로, 물질 알갱이 하나하나가 막강한 힘의 저장고이다. 아인슈타인이 그의 공식formula을 발견했을 당시에는 이 예측을 증명할 방법이 없었으나, 1945년 기막히게 입증되었다. 히로시마와 나가사키의 벽들 속으로 타들어 간 그림자들은 물질과 에너지의 등가관계에 대한 끔찍한 증명이자, 공간과 시간 간의 연계에 대한 막강한 상징이었다.

아이러니는 절대적 공간 및 시간이라는 개념이 처음부터 수상쩍은 것이었다는 사실이다. 뉴턴이 그런 개념을 도입했을 때, 많은 과학자, 특히 그의 독일인 경쟁자였던 고트프리트 라이프니츠는 이를 반박했다. 심지어 뉴턴 자신도 절대적 공간이라는 개념에는 문제가 있다고 인정했다. 그러나 그에게 절대적 공간 및 시간이란 단순한 과학적 의의를 넘어선 개념이다. 앞서 살펴보았듯 뉴턴에게 공간이란 신의 감각기관, 신을 전지전능할 수 있게 하는 매개체였다. 그러므로 그에게 공간의 절대성이란 곧 절대적 신의 존재를 의미했다. 그런 절대적 공간 및 시간은 신에게뿐 아니라 물리학자들에게도 전지적 시각을 제공했다. 그들은 절대적 공간 및 시간을 신과 관련짓는 뉴턴식 발상에서는 곧 멀어졌지만, 여전히 실재의 신적 기반에 대한 욕망을 품고 있었다. 신적인 전지를 열망한 나머지, 200년 동안 대다수 물리학자는 그런 개념을 뒤엎는 모든 비판을 무시해왔다. 이처럼 유사 종교적 관습에서 그들을 끌어내는 데에는 아인슈타인 같은 전폭적인 이단자가 필요했다. 하지만 아이러니하게도 물리학에 신적인 전망을 되찾아준 사람 또한 아인슈타인 자신이다.

특허사무국 시절에 이미 아인슈타인은 자신의 초기 이론에 불만을 품게 되었다. 비록 그가 뉴턴의 운동 법칙과 맥스웰의 전자기 방정식을 조화시키는 데는 성공했지만, 이는 속도들이 일정하게 유지되는 특수한 상황에서만 성립된다는 문제가 있었다. 특수상대성이론은 속도가 달라지거나 점점 빨라지는 운동에는 적용되지 않았다. 일찍이 1907년부터, 아인슈타인은 자신의 이론을 가능한 모든 운동의 일반적 상황으로 확대하려는 야심을 갖기 시작했다. 그는 과학사에 남을 만한 혜안을 가지고, 이 연구가 중력을 포함하는 작업이 되리라고 예측했는데, 중력이 물체를 가속하는 근본 양상 때문이다. 그리하여, 아인슈타인은 이제 뉴턴의 중력 법칙을 자신의 상대성이론 속에 통합하는 임무를 맡았다. 다시금 그는 자연의 더 깊은 법칙들을 발견해야 한다고 확신했고, 그리하여 통합적 비전을 찾고자 계속 나아갔다. 그러나 이번에는 그가 구하는 종합이 훨씬 더 어려웠고, 물리적 문제의 핵심을 통찰하는 특출한 능력을 갖추고서도, 그가 중력의 상대성이론 또는 공식적으로 일반상대성이론으로 알려진 것을 발견해내기까지 10년간 줄기차게 연구해야 했다.

그 10년의 세월은 물리학이 "천재" 한 사람만의 힘으로 진보하지 않는다는 사실을 새삼 입증했다. 케플러가 화성의 타원궤도를 10년 동안이나 찾아 헤맸던 일을 상기하기를 바란다. 여전히 이 문제와 씨름하며, 아인슈타인은 한 친구에게 이런 편지를 썼다. "한 가지는 확실하네 …… 이 문제와 비교한다면, 처음의 상대성이론이란 어린애 장난 같은 것이라네."[205] 어떤 과학자도 그처럼 어마어마한 수학적 씨름을 벌인 일은 드물다. 그리하여 다시금 그는 친구인 마르셀 그로스만의 도움을 청했다. 그로스만은 아인슈타인이 필요로 하였던 바로 그 드문 분야의 수학 즉 텐서 미적분학의 전문가가 되어 있었고, 그래서 옛 동창에게 이를 가르치다가 결국 그도 해법을 찾는 길에 합류하였다. 다음의 몇 년간, 아인슈타인은 여러 명의 다른 정상급 수학자들의 도움도 받았다. 마침내 1916년에 그는 중력과 특수상대성을 결합한 수학적 이론을 만들어냈다. 그의 노고의 결실은 총 열 가지, 그러니까 일 년에 한 가지씩 이룩해낸 간결하고 아름다운 공식들이었다.

특수상대성은 공간과 시간의 새로운 개념을 도입했지만, 일반상대성은 새로운 우주론과 나아가 우주적 구도構圖 안에서 인간의 위치에 관한 새로운 시각을 도입했다. 이 이론은 물리학자들이 성취한 업적 중에 여전히 가장 난해하지만, 우리는 모두 아인슈타인의 걸작에 깊은 영향을 받아왔다. 왜냐하면 이 이론은 실재 그 자체에 시간선time line을 알려주는 이론이었기 때문이다. 실로 일반상대성은 우주적 창조라는 개념을 과학의 과제로 삼은 것이었다.

18세기 말부터, 대다수 물리학자는 우주란 영원하고 정태적이며, 영원부터 영원까지 똑같은 상태로 있을 별들로 가득한, 무한 공간으로 생각해왔다. 이런 세계관은 부분적으로는 계몽주의 이후 물리학자들의 초자연적 태초에 대한 거부감에서 비롯하기도 했다. 문제는, 태초란 자연을 넘어서는 "제일원인" 즉 초자연적인 힘이 필요할 수밖에 없는데, 그렇다면 그것은 정의상 과학의 대상이 될 수 없다는 데 있었다. 계몽주의 이후 물리학자들은 단순히 태초라는 것을 부인함으로써 이런 쟁점을 회피해왔다. 태초가 없으면 창조주도 필요 없고, 따라서 자연이라는 연구 분야를 신학자에게 넘길 필요도 없어진다.

그러나 일반상대성의 방정식들은 우주에 시작이 있음을 시사했다. 오늘날 우리가 빅뱅이라 부르는 대대적인 특이점Singularity이 있고, 물질뿐 아니라 공간과 시간 자체도 바로 이 특이점에서 생겨났다는 것이다. 아인슈타인의 방정식들이 선포하는 바로는, 이 사건이 있은 뒤로 우주는 계속 팽창하면서 점점 커지는 동시에 식어가고 있다. 정태적이고 영원하기는커녕, 우주는 유한한 역사를 갖는 것임이 드러났다. 그리하여, 일반상대성은 우주의 발생이라는 개념을 과학의 한복판에 끌어들였고, 수학적 인간은 이 성서적 사건을 자신의 영역에서 마주하였다. 그러나 그런 생각은 당시의 과학적 사고와는 정면으로 배치되었으므로, 아인슈타인은 처음으로 자신감을 잃었다. 그는 상대적 우주가 정태적일 수 있도록 자신의 공식을 뒤섞고 무관한 항項을 추가하기도 했다. 훗날 그는 이것을 "내 생애 최대의 실수"라고 회고했다. 천문학자 에드윈 허블Edwin Hubble(1889-1953)이 은하들의 움직임을 연구하여 우주가 팽창하고 있었다는 사실을 독립적으로 발견한 뒤에야 아인슈타인은 본래의 방정식들로 되돌아갔고, 자신의 아름다운 공식들이 줄곧 말해왔던 것을 받아들였다.

이후로 천체물리학자들의 주요 과제 중 하나는 빅뱅(약 150억 년 전)에서 오늘날에 이르는 우주적 시간선을 밝혀내는 것이었다. 그렇게 하면서, 수학적 인간은 우리가 우주적 구도 내에서 우리 자신을 보는 방식을 바꿔놓았다. 그리스도교적 우주론에 따르면, 아담과 이브가 여섯째 날에 창조되었으므로, 인류는 거의 처음부터 우주의 일부였다. 그러나 상대적 우주와 함께 밝혀진 우주적 시간선 속에서는, 인류는 150억 년이나 지난 후에 나타났다고 한다. 영겁의 세월 동안 존재하는 것은 원자보다 작은 입자뿐이었고, 그러다가 원자가 생겨났으며, 별이 생겨났다. 상대적 우주론에서, 인류는 우주의 중심 위치를 차지하지 않으며, 존재의 말단에 붙은 미세한 찰나로 축소되었다. 그러므로 현대 물리학이 인간의 하잘것없음을 말하는 것은 공간보다는 시간적인 견지에서이다. 무한한 공간의 깊이는 인간과 우리의 지구를 미미한 것으로 만들었고, 우주가 수억 년 동안이나 인간 없이 존재해왔다는 사실은 그리스도교적 자아 인식의 핵심에 치명타를 가했다.

일반상대성은 우주가 시간적으로 유한하다는 것 외에 우주가 일정한 공간적 형태를 하고 있다는 사실도 드러냈다. 뉴턴적 세계상이 말하는 형태 없는 무한 대신에, 일반상대성은 우주를 우아한 사차원 형태로 그려 보인다. 그 안에서는 시간과 공간이 이른바 시공간spacetime 안에 하나로 묶여 있다. 아인슈타인 이전의 물리학자들은 공간을 정태적이고 형태 없는 공백으로 보았지만, 상대성은 공간이 복합적이고 역동적인 구조이며 그 안에 사는 물체들에 대응하여 우아하게 굽어지고 휘어진다는 사실을 보여주었다. 이런 시공간적 "지형"은 트램펄린처럼 팽팽히 당겨진 유연한 고무판을 생각하면 쉽게 상상할 수 있다. 내가 고무판 위로 볼링공을 굴리면, 고무판에는 굴곡이 생겨나면서, 공이 놓인 주위의 고무는 늘어난다. 일반상대성에 따르면, 이것이 태양처럼 커다란 덩어리가 시공간이라는 "조직fabric"에 가하는 일이다. 모든 행성과 별과 은하는 시공간 조직에 "압력"을 가한다. 천체들이 운동함에 따라, 시공간은 그들의 운동에 고무판처럼 반응한다. 그러나 고무판에 눈에 보이는 기복이 생기는 것과는 달리, 시공간의 기복은 눈에 보이지 않는 중력으로 나타난다. 일반상대성에 따르면, 중력이란 물질 그 자체의 성질이 아니라 물질을 둘러싼 시공간 형태의 부산물, 또는 물질로써 시공간에 부여된 형태이다.

일반상대성의 궁극적 결과는 우주 전체의 형태가 그 안에 있는 물질에 달려 있다는 것이다. 우주적 차원에서, 물질은 시공간을 특수한 사차원적 형태로 만든다. 그리하여, 우주에는 기하가 생겨나며, 그것이 정확히 어떤 기하인지를 알아내려는 것이 오늘날 우주론자cosmologist들의 주요 관심사이다. 그것은 아인슈타인의 "거룩한 기하책"에서 만났던(그리고 우리가 학교에서 배우는) 것과 같은 유클리드적 기하가 아니라, 특히 곡면들에 적용되는 그보다 훨씬 더 드문 종류의 기하이다. 아인슈타인은 그의 방정식들로 피타고라스가 그처럼 오래전에 꿈꾸었던 것을 성취했다. 즉 그는 천구들 자체의 형태를 묘사하는 수학적 관계들을 발견했다.

일반상대성에는 처음부터 종교적 해석의 여지가 있었다. 플라톤은 2200년 전에 "신은 늘 기하를 한다"라고 선언했고,[206] 아인슈타인의 방정식들보다 더 웅변적으로 이런 견해를 논증할 수는 없을 것이다. 그리하여, 20세기 초 과학의 극히 세속적인 분위기에도, 일반상대성은 곧 유사 종교적 담론의 후광에 둘러싸였다. 이런 사태에 누구보다도 기여한 사람은 아인슈타인 자신이었다. 그는 일찍이 일반상대성의 최초 실험이 이루어졌던 1919년부터 신과 상대성을 관련지었다. 그해에는 일식이 일어나, 먼 별에서 오는 빛이 태양을 지나면서 굴절되리라는 상대성 이론의 예측을 실험하기에 이상적인 조건이었다. 아인슈타인이 그의 예측이 검증되었다는 뉴스를 전하는 전보를 받았을 때, 그와 함께 있었던 한 학생은 만일 예측이 맞지 않았더라면 어떤 기분이었겠느냐고 물었다. 그러자 그는 이렇게 대답했다. "그렇다면 친애하는 주님께 미안했겠지. 이론은 정확하거든."[207] 즉, 일반상대성으로, 그는 신이 마땅히 사용했을 창조의 계획을 발견했다는 뜻이었다.

아인슈타인은 일평생 자신의 물리학이 창조의 "신적" 계획을 규명하는 일이라고 믿었다. 1921년에는 어떤 실험에서 그가 그토록 아끼는 이론과 모순되는 듯한 결과가 나왔다는 소식을 듣기도 했지만, 그는 염려하기는커녕 자신만만하게 "주님은 교묘하시지만, 짓궂지는 않으시거든"이라 말했고, 결국 소문의 결과는 정확지 않은 것으로 드러났다. 나아가, 아인슈타인은 "창조주"의 계획에 대해 매우 구체적인 견해를 가지고 있었다. 그가 가장 좋아하는 경구 중의 하나는 자주 인용되는 "신은 주사위 놀이를 하지 않는다God does not play dice"로,[208] 이는 양자역학에 대한 그의 반대를 간결하게 요약해주는 말이다. 그러나 아인슈타인의 진의는 이 말(본래는 독일어였다)의 또 다른 영어 번역인 "신은 주사위를 던졌지, 주사위들을 던진 것이 아니다God casts the die, not the dice"*에 더 가까울 것이다. 여기에 아인슈타인의 자연철학이 집약되어 있다. 즉 우주는 신의 창조물이며 우주가 주조된 수학적 틀die을 발견하는 것이야말로 물리학자의 과제

* die에는 "(주물을) 찍어내는 틀"이라는 뜻도 있다. dice는 die의 복수형.

라는 말이다. 오늘날 스티븐 호킹을 비롯한 물리학자들에게 영감의 원천이 되는 것은 바로 이처럼 근본적으로 피타고라스적인 꿈이다.

아인슈타인은 진심으로 신과 물리학을 관련지어 생각했으며 과학이란 심오한 종교적 모색이라고 보았다. 그는 이렇게 쓴 적도 있다. "진리와 이해에 대한 열망이 골수에 배인 자들만이 과학을 창조할 수 있다. 그러나 이런 감정의 원천은 종교의 영역에서 나온다."[209] 아인슈타인은 자신의 엄밀히 말해 비정통적인 영적 성향들을 가리켜 "우주적 종교 감정"이라는 표현도 썼다. 이에 대해 그는 이런 말을 남겼다.

모든 시대의 종교적 천재들에게 공통된 특징은 이런 종류의 종교적 감정이다. 거기에는 인간의 형상대로 상상된 신에 대한 도그마 같은 것은 없다. 그러므로 이를 핵심 가르침으로 삼는 교회도 있을 수 없다. …… 우주적 종교 감정이라는 것이 이처럼 신이나 신학에 관한 확고한 개념과 무관하다면, 어떻게 한 사람에게서 다른 사람에게로 전파될 수가 있는가? 내가 보기에는, 이런 감정을 일깨우고 그것을 받아들이는 자들 안에서 온전히 유지하는 것이 예술과 과학의 가장 중요한 소임이다.

이런 글이 시사하듯이, 아인슈타인의 우주적 종교는 기성 종교들에 대한 대안으로 제출된 것이다. 실로 그는 기성 종교들이 과학의 적이라고 믿은 사람의 하나였으며, 자신의 "우주적 종교 감정"이야말로 유일하게 진정한 믿음이라고 피력했다. 위의 인용문은 다음과 같은 말로 끝난다. "이 물질주의적 시대에 진지한 과학자들이야말로 유일하게 종교적인 사람들이라고, 우리 시대 누군가가 한 말에는 일리가 있다."[210]

근래에는 아인슈타인 자신이 대제사장으로서의 과학자를 구현하는 것으로 여겨지게 되었다. 그의 우주론적 이론, 신에 관한 그의 인용할 만한 발언들, 과학의 과정 자체에 대한 수수께끼와 같은 발언 등이 한데 엮여, 종교적 신비가로서의 물리학자라는 대중적 인물(그가 가장 먼저 고취한 이미지이다)을 만들어내기에 이른 것이다. 그는 이렇게 썼다.

물리학자의 지상 과업은 우주가 순전히 거기에 따라 도출할 수 있는 보편적이고 기본적인 법칙들에 도달하는 것이다. 이런 법칙들에 이르는 논리적인 방도는 없다. 오직 공감 어린 이해에 근거한 직관만이 그에 이를 수 있다. …… 그런 성취를 가능케 하는 감정 상태는 종교적 예배자나 사랑에 빠진 이의 감정 상태와도 비슷하다.[211]

아인슈타인 사후에는 그를 성인에 버금가는 인물로 추앙하는 개인 숭배가 시작되었다. 무수한 논문과 전기가 세계 평화에 헌신하고 인종차별에 경악하며 진리와 자유에 전념하는 상냥한 천재의 이미지를 만들어냈다. 또한 그는 초월적 사색에 몰두한 나머지 일상생활의 관심사들을 아예 잊어버린 인물로도 그려졌는데, 더 고상한 일에 몰두한 사람의 전형적인 이미지 그대로였다.

이처럼 아인슈타인의 성인화聖人化는 단순히 개인적 문제만은 아니며, 이는 물리학 그 자체의 대중적 이미지를 표방한다. 게다가, 이런 이미지는 대체로 물리학계가 만들어내고 있다. 가장 찬사 어린 아인슈타인 전기 대다수는 아브라함 페이스Abraham Pais(1918-2000),[212] 바네시 호프먼Banesh Hoffmann(1906-1986),[213] 카를 젤리히Carl Seelig(1894-1962)[214] 등 물리학자들이 썼다. 물리학계가 아인슈타인의 이처럼 성자 같고 초탈한 듯한 이미지를 영속화하는 것은 많은 물리학자의 이상형이 바로 그러하기 때문이다. 수많은 사람이 영적인 것과 과학적인 것의 접근을 갈망하는 시대에, 아인슈타인은 그 두 가지의 이상적인 통합을 달성한 듯 보였다. "과학 성자"로서 그는 오늘날의 세계에 물리학을 선전하는 완벽한 상징물이 된 것이다.

불행히도, 아인슈타인의 이런 이미지는 왜곡된 것이다. 아인슈타인은 진정한 휴머니즘과 통찰력을 지니고 있기는 했지만, 성자와는 거리가 먼 사람이었다. 1980년대에는 그때까지 알려지지 않았던 그의 사생활이 공개되었으며, 그는 자신을 사랑하는 사람들에게, 특히 그의 첫 번째 아내인 밀레바Mileva Marić-Einstein(1875-1948)와 두 아들에게는, 때로 형편없이 굴었던 사실이 드러났다. 사생활에서 아인슈타인은 거만하고 보기 드물게 이기적이기도 했다. 게다가 그는 다분히 여성혐오적 성향을 지니고 있었으며, 한 숭배자에게 이런 답장을 보내기도 했다. "당신 네 여성들로 말하자면, 당신들의 생산기관은 두뇌에 있지 않습 니다."[215]

또 다른 데서는 이렇게 선언하기도 했다. "자연이 두뇌 없는 성性을 창조했다는 것도 있음 직한 일이다!"[216] 일반상대성의 수 립자는 내 어린 시절부터 영웅이었다 보니, 이런 말을 옮기면서 마음이 무겁다. 그러나 진실은 아인슈타인이 성자가 아니라 어 디까지나 약점 많은 인간이었다는 것이다. 물리학계에서 여전 히 내세우는 아인슈타인의 다분히 신격화된 이미지가 중요한 이유는, 그 이미지가 아인슈타인 한 사람에 관한 이야기라기보 다는 물리학계 내에 존속하고 있는 종교성의 증언이기 때문이 다. 과학 성자라는 신화는 단순히 문학적 허구가 아니라 물리학 을 신성하고 거룩한 모색으로 영속화하는 강력한 문화적 이미 지이다.

아인슈타인은 물리학에 다시금 유사 종교적 태도를 불러일 으키면서 여성에게도 중대한 영향을 미쳤다. 여성이 마침내 과 학 분야에 진출하려고 했던 때에, 이런 태도는 수학적 과학자를 일종의 대제사장으로 보는 옛 견해를 되살아나게 했다. 이러한 견해야말로 20세기 내내 물리학 분야에서 여성의 전진을 방해 하고 있으며, 물리학은 여전히 자연과학 분야 중에 여성의 참여 율이 단연 최하위이다. 미국 물리학회에 따르면, 1994년 미국 물리학 분야에서 학계에 자리를 얻은 사람 중 5퍼센트, 그중에 서도 정규 물리학 교수의 3퍼센트만이 여성이다. 그러나 여성

은 1990년 미국 과학 인구의 36.9퍼센트를 차지하고 있다.[*]

미국 여성이 대학원 교육을 받을 수 있게 된 지도 한 세기나 지나고, 적극적 우대법affirmative act[**]이 발효한 지도 사반세기나 지난 지금까지, 여성이 물리학 분야에서 좀 더 참여하지 못하고 있는 상황은 무엇 때문인가? 나는 그 답변의 상당 부분을 물리학 분야의 저변에 여전히 남아 있는 종교성, 수리과학이라는 것이 생겨나면서부터 늘 있었고 아인슈타인 이래로 한층 더 강해져 온 종교성에서 찾을 수 있으리라고 생각한다. 그러나 오늘날 여성 물리학자가 처한 상황을 살펴보기 이전에, 우리는 먼저 아인슈타인과 동시대의 여성이 처해 있던 상황부터 살펴보기로 하자.

20세기 초에 여성 고등교육 이수율에서 전 세계 최상위권이던 미국이 과학 분야에서 전 세계 최상위권에 들지 못했다는 것은 우연이 아니다. 이런 사정은 특히 물리학에서 두드러졌다. 제2차 세계대전 이전까지 미국은 물리학에서 지도적 위치를 차지하지 못했다. 그 이전에는 물리학의 중심이 유럽(특히 아인슈타

---

[*] 2024년 미국 물리학회 통계에 따르면, 2022년 현재 미국에서 물리학과 정교수full professor의 13퍼센트가 여성이며, 물리학 학위를 받은 사람 중 여성은 20퍼센트이다. 「2000-2022 물리 천문학과 학술 인력 현황」*The State of the Academic Workforce in Physics and Astronomy Departments, 2000-2022* https://ww2.aip.org/statistics/the-state-of-the-academic-workforce-in-physics-and-astronomy-departments-2000-2022 참고.

[**] 미국에서 1960년대 이래로 인종, 성별, 국적 등에 따른 차별을 개선하고 방지하기 위한 법.

인이 있던 독일)에 남아 있었다. 유럽은 대체로 여성의 고등교육 이수율에서는 미국에 훨씬 뒤처져 있었다. 20세기가 한참이나 지나도록, 유럽 여성은 과학 분야에서 상급 학위를 얻기 어려웠다. 예를 들어, 케임브리지 대학은 1926년에야 여성에게 물리학 박사 학위를 수여했으며, 그때도 학위를 받은 이는 영국 여성이 아니라 미국 여성인 캐서린 버 블로젯Katherine Burr Blodgett(1898-1979)이었다. 독일(유럽 과학의 중추였던)에서도 대다수의 대학은 1910년까지 심지어 학부에도 자국 여성을 받아들이지 않았고, 1920년대 이전에는 여학생을 위한 대입 예비 학교가 거의 없었다. 극히 드문 예외를 제외하면, 제1차 세계대전 이전까지 유럽 여성은 고등 과학 교육을 받을 기회가 없었다.

물리학에 관한 한, 이런 불평등의 여파는 한층 컸다. 20세기 처음 몇십 년은 유럽 물리학자들이 오늘날과 같은 수학적 세계상을 거의 전적으로 재구축한 기간이었기 때문이다. 우주론 차원에서는 일반상대성이 등장했고, 원자 차원에서는 양자역학이 태어났다. 이 급진적으로 새로운 물리학은 이전의 물리학자들이 구상했던 어떤 것과도 다른 아원자 영역을 그려냈다. 양자 영역에서 입자는 분명하게 정의된 대상으로 존재하지 않고 파장이면서 입자였으며, 모든 것이 우연의 법칙에 따라 작용했다 (우리는 이 기이한 영역을 다음 장에서 좀 더 자세히 다룰 것이다). 불과 수십 년 만에, 뉴턴 이래로 과학이 전수해온 실재상은 급변했고, 그 대신에 전혀 새로운 구조물이 들어섰다. 하지만 다시금 이 새로운 세계상은 전적으로 남성이 만들었다. 양자역학의 창시자와 상대적 우주론의 초기 탐색자 중에 여성은 단 한 명도 없었다. 이후 물리학의 대부분이 이 생산적인 몇십 년간의 통찰을 정교하게 다듬는 일에 초점을 맞추어왔다는 것을 생각할 때, 이 기간 동안 물리학 분야에서 여성이 없었다는 사실은 17세기 물리학 분야에 여성이 없었다는 사실만큼이나 의미심장하다.

20세기 초 유럽 과학계가 여성에게 얼마나 배타적이었던가는 아인슈타인과 동시대를 살았던 여성 과학자 두 명(독일 수학자 아말리에 에미 뇌터Amalie Emmy Noether(1882-1935)와 오스트리아 물리학자 리제 마이트너Lise Meitner(1878-1968))의 생애를 비교해보면 잘 드러난다. 아인슈타인 자신이 학계 상아탑에서 받았던 냉대는 이 여성들이 당했던 처사에 비하면 하잘것없다.

아인슈타인과 마찬가지로, 뇌터는 독일 유대계의 유복한 중산층 가정에서 태어났다. 뇌터는 에를랑겐 대학의 수학자였던 아버지의 뒤를 이어 수학을 공부했고, 나중에는 20세기의 가장 위대한 수학자 중 한 사람이 되었다. 아인슈타인이 일반상대성의 수학과 씨름하고 있을 때, 뇌터도 그를 도우려 모인 사람 중 하나였다. 주로 대수 분야의 혁신적 업적으로 유명하지만, 뇌터가 발전시킨 수학적 아이디어는 입자물리학은 물론 일반상대성과 양자역학의 통일 이론을 구축하려는 오늘날의 연구에서도 핵심을 이룬다. 가족 내력뿐 아니라 성격도 뇌터는 아인슈타인과 공통점이 많았다. 전기 작가 섀런 버치 맥그레인의 묘사에 따르면, 뇌터는 "당시의 모든 여성적 관습을 무시했다. 과체중이었고, 열정적이었으며, 고집이 셌다. 깔끔하지 못했고, 유행에 뒤떨어졌으며, 격의가 없었다. 또한 다정하고 사심이라고는 없으며 친절했다."[217] 그리고 자기 일과 결혼해 있었다. 그러나 뇌터는 아인슈타인의 장점으로 칭송되는 점을 많이 지녔는데도, 바로 그런 점들 때문에 웃음거리가 되었다. 독일의 보수적인 교수들은 자신들의 여성관에 그처럼 맞지 않는 여성을 어떻게 다루어야 할지 알지 못했다.

마리 퀴리와 마찬가지로, 뇌터도 여성이었기 때문에 소중한 처음 몇 해를 허송해야 했다. 그러나 퀴리 집안과는 달리, 뇌터 집안에서는 아무도 딸자식이 중산층 독일 소녀의 의례적인 여학교 교육 이상을 받을 권리가 있다고 생각지 않았으므로, 학교를 마친 뒤 뇌터는 자력으로 배움의 길을 헤쳐가야 했다. 먼저 뇌터는 3년짜리 교사 양성 과정(교육받을 드문 기회였다)에 들어갔고, 그 과정을 마친 뒤에는 에를랑겐 대학으로 눈을 돌렸다. 당시에 독일은 자국 여성에게 학위 취득을 허용하지 않았으나, 동정적인 교수들의 허락으로 뇌터는 비공식 "청강생" 자격으로 강의를 들을 수 있었다. 이는 뇌터에게 큰 행운이었는데, 당시 많은 독일 교수가 여학생을 받아들이는 데 여전히 반대하고 있었기 때문이다.[218] 1895년의 조사에 따르면, 교수 대다수는 대학이란 여성의 지적 능력을 넘어서는 것이라고 믿고 있었다. 어떤 교수는, 중세 때나 다름없이, "우리 대학들이 여성의 침입에 굴복한다는 것은 …… 윤리적 나약함을 드러내는 수치스러운 일"이라고 선언했다.

에를랑겐에서 뇌터는 수학을 공부할 기회를 누렸고, 아버지와 동생이 그러했듯, 학자가 자신의 천직임을 깨달았다. 그러나 뇌터가 정식 학생으로 등록할 수 있었던 것은 청강한 지 5년이 지난 1904년이 되어서였다. 유명한 수학자이자 상대성 이론가인 헤르만 바일Hermann Weyl(1885-1955)은 훗날 뇌터의 박사 학위 논문을 "경외감을 불러일으키는 작품"이라 일컬었고[219] 에를랑겐의 심사관들은 깊은 감명을 받은 나머지 최고 점수를 주었다. 그러나 독일에서 여성이 교육받는 일과 일자리를 얻는다는 것은 별문제였다. 여성이 대학에서 가르칠 기회는 미국에서보다 훨씬 더 제한되어 있었고, 박사 학위를 받은 뒤 8년 동안 뇌터는 아버지 밑에서 급료도 직위도 없이 일했다. 박사과정 학생들을 지도했고, 강연했고, 자신의 연구를 계속했고, 논문들(오늘날 그 분야의 고전이 되었다)을 발표했다. 아버지의 건강이 악화하기 시작하자, 뇌터는 그가 하던 일을 대신했지만, 여전히 공식적으로 인정받지 못했다.

1914년 뇌터는 역사상 가장 위대한 수학자의 하나로 여겨지는 인물인 다비트 힐베르트David Hilbert(1862-1943)의 이목을 끌었다. 뇌터가 힐베르트를 만났을 때, 그와 그의 동료 펠릭스 클라인Felix Klein(1849-1925)은 아인슈타인이 중력의 상대성이론을 정립하고자 수학적 씨름을 하는 것을 돕고 있었다. 마침 뇌터의 전문 분야 지식이 그들에게 필요했기에, 그들은 괴팅겐 대학의 자기들 팀에 뇌터가 합류하도록 권했다. 이후 몇 년 동안 뇌터는 일반상대성의 수많은 중요 개념에 쓰일 우아한 수학 공식을 개발하는 데 기여했지만, 여전히 급료도 직위도 없었다. 뇌터의 유일한 수입은 외삼촌들이 뇌터의 명의로 예치한 적은 신탁자산에서 나오는 것이 전부였다. 뇌터는 여성으로서 비정통적인 선택을 한 대가로 끊임없이 가난에 쪼들리며 생활했다.

힐베르트와 클라인은 이런 상황의 부당함을 누구보다 잘 알고 있었으며, 뇌터에게 정식으로 교수직을 얻으라고 종용했다. 클라인은 진작부터 여성 고등교육을 주장해왔고, 1890년대에 괴팅겐 대학이 여러 미국 여성에게 박사 학위를 수여하는 데 주도적인 역할을 했다. 그러나 이런 선각자들의 후원에도 뇌터의 교수 임용에 대한 반대는 극심했고, 이 교수 임용을 둘러싼 논란에서 교수 대다수는 여성의 본분은 가정에서 훌륭한 독일의 아들들을 키우는 것이라는 데에 동의했다. 결국 힐베르트의 고집으로, 학과 교수진은 뇌터를 사私강사Privatdozent라는 하급직으로 임명하려 한다고 발표했지만, 다른 학과 교수들은 이 결정을 묵인하지 않았다. 한 교수의 말대로, "사강사가 된 이상, 뇌터는 교수도 될 수 있고, 대학 위원회 위원도 될 수 있다. 여자를 위원회에 넣는다는 것이 있을 법한 일인가?" 이에 대해 힐베르트는 이렇게 대답했다. "신사 여러분, 나는 후보자의 성별이 뇌터를 받아들이지 못할 이유는 되지 않는다고 봅니다. 위원회가 무슨 대중탕도 아니지 않습니까!"[220]

힐베르트의 강경한 주장에도 교육성은 보수파의 손을 들었다. 독일이 패전하고 정치적 분위기가 쇄신되던 1921년까지도, 뇌터는 자리를 얻지 못했고, 여전히 무급無給이었다! 괴팅겐 대학에서 18년을 지내는 동안, 이 세계 정상급 수학자는 제대로 된 교수직도 급료도 받아본 적이 없었으며, 정식 교육공무원이 아니었으므로 아무런 수당도 연금도 받지 못했다. 마찬가지로, 괴팅겐 과학 아카데미도 뇌터를 회원으로 받아들이기를 거부 했고, 뇌터는 자신이 편집에 참여하는 국제 수학 학술지의 발행 인란에 한 번도 이름을 실을 수 없었다.

괴팅겐 시절에, 뇌터는 추상대수학(아주 희석된 형태로 마침내 미국의 모든 학교에서 "새로운 수학"으로 가르치게 될 것이다) 분야의 창시자 가운데 한 사람으로 등장했다. 수학에는 노벨상이 없지 만, 만일 그런 것이 있었다면, 뇌터도 분명히 수상 대상자가 되 었을 것이다. 뇌터는 수학자에게는 대수에서 선구적 업적으로 알려졌지만, 물리학자에게는 뇌터의 정리로 알려졌다. 이 우아 한 정리는 보존이라는 근본적인 물리법칙(가령, 에너지보존법칙, 운동량보존법칙 같은)을 대칭이라는 수학적 속성과 관련지은 것 이다. 이 공리가 보여준 통찰은 오늘날 힘과 입자들의 통일이론 (상대성과 양자역학을 하나로 뭉뚱그린 이론)을 모색하는 물리학 자에게 핵심 아이디어가 되었다.

1930년대에 뇌터는 전 세계 수학자에게 지도적 학자로 인정 받기에 이르렀다. 그러나 1933년에 히틀러가 권좌에 오르고 대 학에서 비非아리안계系를 몰아내기 시작하자, 뇌터는 누구보다 먼저 독일을 떠나야 했다. 여자로서, 유대인으로서, 자유주의자 로서, 평화주의자로서, 뇌터는 갈색 셔츠단Braunhemden*이 혐오

---

* 독일 나치당의 준準군사조직.

하는 모든 것이었고, 곧 필사적으로 외국의 일자리를 구해야 했다. 아인슈타인이나 바일이 프린스턴 고등연구소에 자리 잡았던 것과 달리 뇌터는 연구직을 얻을 수 없었고, 결국 브린마 여자대학에서 학부 학생을 가르치는 자리를 얻었다. 그러나 뇌터 자신의 연구를 계속할 수 있는 자리가 필요하다는 것은 누가 봐도 명백했다. 1935년, 프린스턴 고등연구소가 막 뇌터를 임명하려던 무렵, 그는 난소종양 제거술의 합병증으로 죽었다. 대다수 수학자가 최상의 업적을 젊었을 때 달성하는 것과 달리, 뇌터는 바일이 조사弔辭에서 "그의 수학적 천재성의 타고난 생산력"이라고 부른 것이 최고조에 있었던 늦깎이였다. 세계는 위대한 수학자를 잃었을 뿐 아니라, 또한 바일이 말했듯이, "위대한 여성"을 잃었다.[221]

마이트너는 물리학자였던 만큼, 뇌터보다도 더 여러 면에서 아인슈타인의 생애와 선명한 대조를 이룬다. 아인슈타인이 어렸을 때 나침반을 만났던 것과 비슷한 경험이 마이트너에게도 있었다. 그에게는 물웅덩이 위에 뜬 기름이 계기가 되었다. 빛이 비치자, 기름은 물웅덩이를 무지갯빛으로 빛나게 했다. 이 아롱지는 마술은 어떻게 생기는 것일까? 어린 리제는 그 대답에 매혹되었고, 열심히 공부하면 자신도 그렇게 자연의 법칙을 이해하게 되리라고 믿었다. 불운하게도, 오스트리아 법으로는 남자 대입 예비 학교에서 여학생을 받지 못하게 되어 있었고, 그래서 아인슈타인이 취리히 공과대학에 들어가던 무렵, 마이트너는 집에서 죽치고 있었다.

오스트리아 여성이 관심을 가져 마땅한 유일한 진로는 결혼이었으나, 여학교를 마친 마이트너는 그 방면의 관심이 전혀 없었다. 마이트너의 장래가 걱정된 아버지는 앞으로 어떻게 살아가려는지 물었고, 마이트너는 물리학을 공부하고 싶다고 대답했다. 아버지의 걱정을 가라앉히기에는 거리가 먼 대답이었다. 그럼에도 그는 마이트너에게 대학 입학시험을 준비해줄 가정교사를 고용하는 데에 동의했다. 그러나 먼저 3년 동안의 교사양성 과정을 밟아(뇌터와 마찬가지로) 구직 문제를 확실히 해야한다는 조건이었다. 훗날 마이트너는 이 3년을 "허송세월"이라불렀으며, 이 소중한 시절을 잃어버린 것을 평생의 손해로 여겼다.[222] 1901년, 오스트리아가 여성에게도 대학을 개방하자, 마이트너는 마침내 빈 대학에 등록했다. 아인슈타인과 동갑이었지만, 마이트너는 아인슈타인이 대학을 졸업한 다음 해에야 입학했다.

1905년 물리학 박사 학위를 취득한 후, 마이트너는 방사능에관심을 두게 되었고, 부모에게 외국 유학의 가능성을 타진해 보았다. 마이트너의 끈기에 감복한 아버지는 약간의 생활비를 대주는 데 동의했고, 스물아홉 살의 나이(그 분야의 남성 대부분이이미 경력을 확립한 나이이다)에 마이트너는 집을 떠나 물리학자로서 삶을 시작했다. 마이트너가 가장 먼저 원한 것은 마리 퀴리와 함께 일하는 것이었지만, 퀴리는 마이트너를 받아들일 만한 형편이 못 되었고, 그래서 그는 그 대신 베를린 대학의 막스플랑크Max Planck(1858-1947)를 택했다. 독일의 정상급 물리학자이자 제일가는 양자 이론가였던 플랑크는 마이트너를 받아들이는 데 동의하기는 했지만, 첫 대면에서 이미 마이트너는 그가 대학에 여성을 받아들이는 데 반대한다는 사실을 알아차렸다. 1897년의 설문 조사에 그는 이렇게 답한 터였다. "일반적으로, 여성이 어머니이자 주부로서 적합하다는 것은 자연이 정한 바이며, 자연의 법칙이란 무시할 수 없음을 아무리 강조해도 지나치지 않다."[223] 마이트너를 만난 자리에서 그는 마이트너를 훈계했다. "당신은 이미 박사잖소! 그 이상 무엇을 원하시오?" 이에 대해 마이트너는 겸손하게 대답했다. "저는 물리학에 관해 진정한 이해를 얻고 싶습니다."[224] 마이트너는 자연의 법칙을 무시할 의사가 없었다.

플랑크의 강의를 들으면서 마이트너는 오토 한Otto Hahn(1879-1968)이라는 젊은 화학자와 한 팀이 되어 방사능에 관한 실험을 했다. 한-마이트너 팀은 에밀 피셔Emil Fischer(1852-1919)* 화학교에 실험실을 차리기를 원했지만, 피셔는 자기 건물에 결코 여자를 들이지 않는다는 방침을 세워두었다. 결국 타협에 이르렀는데, 마이트너는 눈에 띄지 않게 지하실에서만 일하고, 진짜 실험실들이 있는 위층에는 올라가지 않기로 했다. 이따금, 이 수줍은 오스트리아 여성은 이 규칙을 깨뜨리고 살그머니 위층으로 올라가 대강당의 계단식 좌석 아래 숨어 강의를 듣곤 했다. 마이트너와 한은 곧 세계적인 팀이 되었고, 공동 연구를 시작한 처음

---

* 독일 화학자. 1902년 노벨 화학상 수상.

두 해 동안 논문 아홉 편을 써냈다. 훗날 그들은 희귀한 방사능 혼합물인 프로탁티늄protactinium을 발견하며, 마이트너는 토륨 thorium-D를 발견했다.

1908년에 프로이센의 대학들은 공식적으로 여성에게 문호를 개방했고, 그에 따라 에밀 피셔도 자기 건물을 마이트너에게 개방했다. 그는 마이트너가 쓸 별도의 화장실을 마련해주기도 했고, 나중에는 마이트너의 가장 훌륭한 후원자가 되었다. 그의 영향력 덕분에, 1912년에 한과 마이트너는 새로 설립된 카이저 빌헬름 화학 연구소*로 옮겨가게 되었다. 그러나 마이트너는 여전히 객원 연구원으로서 급료 없이 일했고, 이런 상황은 아버지가 돌아가시자 집에서 받던 생활비가 끊겨 더는 유지할 수 없게 되었다. 뇌터나 퀴리와 마찬가지로, 마이트너도 과학을 연구하겠다는 선택의 대가로 극도의 가난에 시달려야 했다. 프라하 대학에서 마이트너에게 정식 급료를 주는 직장을 제공한 뒤에야, 카이저 빌헬름 학회는 그에게 급료를 주는 데 동의했다.

제1차 세계대전이 끝난 뒤, 독일 여성 학자의 직위는 크게 개선되었다. 1922년 마이트너는 베를린 대학에서 첫 강의를 맡게 되었고, 1926년에는 독일 최초의 여자 물리학 교수가 되었다. 한때 헤르타 슈포너Hertha Sponer(1895-1968)가 "비공식" 교수로서 있기는 했지만, 정식 교수는 마이트너가 처음이었다. 이 무렵에 마이트너와 한은 공동 연구를 청산했고, 마이트너는 혼자 방사

---

* 제2차 세계대전 이후 막스 플랑크 연구소로 재편되었다.

능 연구를 계속했다. 마이트너의 지도하에, 1920년대의 카이저 빌헬름 연구소는 정상급 물리학 연구 센터가 되었고, 프랑스의 퀴리 연구소와 영국의 러더퍼드 연구소와 어깨를 나란히 하게 되었다. 아인슈타인은 마이트너를 "우리의 마담 퀴리"라고 불렀으며,[225] 그 몇 해 동안 노벨상 후보로 거론되곤 했다.

그러던 중 갑자기, 1934년, 방사능 분야가 활짝 개방되었고, 마이트너는 20세기 물리학의 가장 중요한 도전 중 하나에 직면하게 되었다. 이탈리아 물리학자 엔리코 페르미Enrico Fermi(1901-1954)*가 중성자들로 우라늄에 충격을 주면 어떤 우라늄 원자들은 다른 원소들로 변하는 것을 발견했다. 이런 원소의 변환은 연금술사의 숙원이 실현된 것이었다. 문제는, 우라늄이 다른 무엇으로 변하느냐 하는 것이었다. 마이트너를 비롯한 모두가 처음에는 우라늄이 중성자들을 흡수하여 더 큰 원소, 이른바 초超우라늄 원소로 변하리라고 추측했다. 그러므로 문제는 이 새로운 원자들을 추적하는 것이었고, 마이트너는 한에게 다시금 공동 연구를 제의했다. 젊은 화학자 프리츠 슈트라스만Fritz Strassmann(1902-1980)과 더불어, 그들은 이탈리아의 페르미 팀, 프랑스의 이렌 졸리오퀴리 팀과 경쟁적으로 우라늄의 수수께끼를 푸는 데 뛰어들었다.

불운하게도, 유대인이었던 마이트너는 반유대주의의 태동과도 싸워야 했다. 마이트너는 외국인이었고 사설 연구소에서 일

---

* 이탈리아 태생 미국 물리학자. 1938년 노벨상 수상. 최초의 제어된 핵연쇄 반응을 지휘했다.

하고 있었으므로, 처음에는 히틀러의 숙청에서 벗어날 줄 알았다. 그러나 1938년 독일이 오스트리아를 침공하자, 마이트너는 법적으로 독일 시민이 되었다. 유대계 과학자 대다수가 망명한 뒤까지도 독일에 머물렀던 마이트너는 위험한 상황에 부닥치게 되었다. 다행히도, 외국에 있던 친구들이 마이트너를 출국시키는 데 성공했고, 공동 연구는 한과 슈트라스만이 남아 계속하게 되었다. 스웨덴에 망명해 살면서도, 마이트너는 그들과 거의 매일 서신으로 의견을 교환했다.

독일을 떠난 지 몇 달 뒤, 마이트너는 한과 슈트라스만에게서 아주 이상한 것을 발견했다는 소식을 받았다. 그들이 기대하던 초우라늄 원소 대신, 우라늄 원자들은 바륨이라는 훨씬 더 작은 원자들로 변했다는 것이었다. 어떻게 그럴 수가 있는가? 어떻게 큰 원자가 작은 것으로 변할 수 있는가? 그들은 물리학자인 마이트너에게 이 이상한 발견을 설명해달라고 요청했다. 약 보름 후, 마이트너는 조카인 물리학자 오토 프리시Otto Frisch(1904-1979)*와 함께 시골길을 산책하면서 이 수수께끼를 놓고 토론하다가, 문득 한 가지 해답을 떠올렸다. 우라늄이 중성자를 흡수하는 것이 아니라 그 때문에 둘로 쪼개지는 것은 아닌가? 마이트너와 프리시는 길을 가다 말고 서서 종이쪽지에 계산을 시작했다. 그랬다. 그렇다면 얘기가 된다. 우라늄은 바륨과 크립톤으로 쪼개질 수 있었다. 마이트너와 프리시는 핵분열nuclear fis-

---

* 오스트리아 태생 영국 물리학자.

sion(그들이 몇 주 뒤에 발표한 공동 논문[226]에서 만들어낸 용어였다)이라는 과정을 규명해냈다. 핵발전소와 핵폭탄의 기초가 된 것은 바로 이 과정이다.

핵분열의 중요성은 너무나도 명백했으므로, 1944년 오토 한은 노벨 화학상을 받았다. 하지만, 오토 한 혼자만 수상했을 뿐이었고, 마이트너도 슈트라스만도 프리시도 거명되지 않았다. 공동 연구를 시작했고, 팀을 실제로 이끌었으며, 핵분열 이론을 규명해낸 마이트너는 완전히 따돌려졌다. 노벨 위원회의 결정은 이따금 사람들을 의아하게 만들거니와, 마이트너가 이 상을 공동 수상해야 마땅하다는 것이 많은 물리학자의 공통된 생각이었다. 왜 마이트너가 제외되었는지는 억측이 난무했지만, 한 가지 의문만은 제기할 수 있다. 만일 마이트너가 남자였더라도 수상에서 제외되었겠는가? 마리 퀴리의 이야기와 마찬가지로, 리제 마이트너의 이야기는 20세기 초 여성 물리학자들이 얼마나 불안정한 위치에 있었는지를 증언해준다.

물리학계는 결국에는 퀴리와 마이트너를 받아들였지만, 두 사람 모두 자신의 정당한 위치를 확보하고자 엄청난 저항을 극복해야만 했다. 그러고 나서도 둘은 너무나 자주 이류의 대우에 맞서야 했다. 예컨대, 프랑스 과학 아카데미와 미국 국립 과학 아카데미는 모두 퀴리의 가입을 거부했다. 러더퍼드는 마이트너와 한을 방문했을 때, 마이트너가 물리학 토론에 참여하기보다는 자기 아내의 쇼핑을 도와줄 것을 기대했다. 한편, 20세기 초의 여성 과학자에게는 결혼도 어려운 문제였다. 피에르 퀴리

같은 남자를 만나기란 아무나 바랄 수 있는 일이 아니었으므로, 많은 여성 과학자는 결혼해도 이혼하기가 일쑤였다. 뇌터도 마이트너도 결혼하지 않았다는 것은 우연의 일치가 아니다. 과학에 참여하는 특권을 얻으려면 남편도, 아이도, 확실한 전망도, 안정된 직장도 없는 생활이라는 값비싼 대가를 치러야만 했다. 천재적인 여성조차 그 이상을 기대하기 어려웠다면, 당시 물리학을 연구하는 여성이 극소수였다는 사실은 놀랄 일이 아니다.

1920-1930년대에 등장한 양자물리학 분야에서는 특히 여성의 참여가 드물었다. 상대성이론이 한 개인의 머리에서 나온 것과는 달리, 양자역학은 세계 전역에 흩어져 있는 큰 그룹의 작업이었다. 그중 몇 명의 이름을 들자면 막스 플랑크, 알베르트 아인슈타인, 닐스 보어Niels Bohr(1885-1962),* 베르너 하이젠베르크Werner Heisenberg(1901-1976),** 에르빈 슈뢰딩거Erwin Shröding-er(1887-1961),*** 루이 드 브로이Louis de Broglie(1892-1987),**** 볼프강 파울리Wolfgang Pauli(1900-1958),***** 폴 디랙Paul Dirac(1902-

---

* 덴마크 물리학자. 특정 원자핵의 비대칭 모양과 그 이유를 규명하여 1975년 노벨상 수상.

** 독일 물리학자, 철학자. 양자역학을 수립하는 데 기여하여 1933년 노벨상 수상.

*** 오스트리아 이론물리학자. 물질의 파동 이론 및 양자역학의 다른 기초를 세우는 데 기여. 1933년 폴 디랙과 공동으로 노벨상 수상.

**** 프랑스 물리학자. 파동역학의 기초를 놓았다. 1929년 노벨상 수상.

***** 오스트리아 태생 미국 물리학자. '배타원리'로 1945년 노벨상 수상.

1984),[*] 막스 보른Max Born(1882-1970),[**] 엔리코 페르미, 사티엔드라 보스Satyendra Bose(1894-1974)[***] 등이다. 17세기 과학혁명에서와 마찬가지로, 이 "새로운 물리학"에서 나온 실재상도 전적으로 남성들이 창조했다.

이 세계상 구축에서 여성의 참여 여부를 왜 문제시해야 하는가? 그 이유는 양자 세계상이 단순히 무미건조한 "과학"의 문제가 아니라 인간적 해석의 결과이기도 하다는 데 있다. 나는 여기서 양자 과학자들이 발견한 수학적 관계가 조작됐다고 말하려는 것도, 전적으로 상대적 과학관을 지지하려는 것도 아니다. 다만, 내 말은 이런 관계들이 해석되는 방식, 그러니까 그들이 묘사하는 "실재"라는 것이, 17세기 기계론적 세계상이 그러했듯이, 문화적 축조물이었다는 것이다. 이런 사정은 양자역학에서 특히 중요하며, 양자 방정식들의 표준 해석에 대해서는 물리학계 내에서도 격론이 일었다. 양자역학이 어떤 종류의 실재를 묘사하는 것인지는 오늘날까지도 절대 명백하지 않다.

페미니스트 과학사가인 에벌린 폭스 켈러Evelyn Fox Keller(1936-2023)는 여성이 자연을 해석하는 과정에 새로운 시각을 제공할

---

[*] 영국 이론물리학자. 양자역학과 전자 스핀에 관한 연구로 1933년 노벨상 수상.

[**] 독일 물리학자. 원자 구성 입자의 움직임을 통계적으로 공식화해 1954년 노벨상 수상.

[***] 인도 수학자, 물리학자. 아인슈타인과 공동으로 전자기 방사의 gas 성질에 관해 연구.

수 있다고 주장했다. 켈러의 요지는 여성이 나면서부터 남성과 다른 방식으로 사고한다는 것이 아니라, 여성은 문화적으로 다르게 키워졌으므로 사물을 보고 해석하는 방식이 종종 다를 수 있다는 것이다. 여성의 다른 문화적 경험을 고려할 때, 양자역학이 탄생시킨 실재에 관한 토론에 여성이 새롭게 기여한다는 것은 얼마든지 있을 수 있는 일이다.

과학계에서 여성은 꾸준히 전진해왔음에도, 1930년대까지는 물리학계의 핵심, 즉 수학적 세계상을 해석하고 재편성하는 자리까지 거의 진출하지 못했다. 오늘날은 그 핵심에 있는 여성이 전보다 많아졌지만, 그 수효는 여전히 너무 적다. 나는 이것이 아인슈타인의 물리학에 관한 담론에 다시금 주입된 유사 종교적 사고방식과 무관하지 않다고 본다. 다음 장에서 보겠지만, 20세기 후반 수학적 인간은 양자역학과 일반상대성을 통합하여 새로운 세계상을 구축하려 하고 있으며, 이 포괄적인 통일을 위한 모색에서 물리학 저변의 종교성은 다시금 전면에 대두되고 있다.

9장   양자역학과 "만물이론"

아인슈타인은 결코 포부가 작은 사람이 아니었다. 우주를 포괄하는 방정식들을 발견한 뒤에도, 그는 한층 더 원대한 무엇을 꿈꾸었고, 이미 1920년대부터 공간과 시간뿐 아니라 그 안에 있는 물질까지도 해명할 수 있는 이론을 구상하기 시작했다. 아인슈타인은 물리적 우주 안에 있는 모든 것(공간, 시간, 물질, 운동, 힘)을 포괄하는 일관된 방정식들을 원했다. 그 바람은 믿기 힘들 만큼 대담한 구상으로, 모든 아원자입자subatomic particles, 모든 원자, 모든 은하, 모든 별, 모든 행성, 궁극적으로는 모든 살아 있는 존재가 보편적 힘의 장universal force field 안에 있는 복합적 진동임을 드러내려는 목표였다. 그렇게 되면 존재하는 모든 것은 광대하고 활발한 에너지장 안에 놓이게 될 것이고, 이처럼 전 우주와 거기 들어 있는 모든 것을 수학적으로 일목요연하게 제시하는 이론이야말로 피타고라스의 꿈을 완벽히 실현하는 것이었다.

아인슈타인은 자신의 일반상대성이론을 확대함으로써 이런 종합을 이룰 수 있으리라고 상상했다. 그 이론으로 그는 이미 공간과 시간과 중력을 포섭하는 방정식들을 찾아냈지만, 일반상대성에 포함되지 않는 것이 두 가지 있었다. 무엇보다도, 물질 그 자체가 제외되었다. 일반상대성은 공간을 물질이 형성한다고 하면서도, 그 물질이 어디서 오는지, 그것이 무엇인지 등은 설명하지 못한 채였다. 이 수수께끼를 풀고자, 아인슈타인은 물질의 모든 입자particle는 시공간과 별도의 작고 단단한 질량이 아니라, 장場 내의 진동vibration 또는 파동fluctuation이리라고 상정했다. 일반상대성에서 제외된 또 한 가지는 전자기력에 대한 설명이었다. 중력이란 시공간 형태의 부산물임을 보여주었듯이, 아인슈타인은 전자기 또한 그러하다는 것을 보여주고자 했다. 아인슈타인이 보는 바로는, 이 두 가지 힘과 물질은 모두가 시공간의 발현, 즉 존재의 총괄적 기저 조직the all-encompassing underlying fabric of existence의 부산물로 설명할 수 있었다. 아인슈타인은 이런 비전을 "통일장이론unified field theory"이라 불렀고,[227] 그런 종합을 찾는 데에 생애의 나머지 40년을 바쳤다. 그러나 그는 실패했다. 자연의 핵심을 꿰뚫어 보는 그의 전설적인 능력도 그를 이 소원의 항구로 인도해주지는 못했다.

문제는 아인슈타인이 물리학의 통일(된)이론unified theory을 수립하려면 새로이 대두되는 양자역학 분야의 통찰도 포괄할 필요가 있음을 믿으려 하지 않았다는 데 있다. 그는 양자 영역의 카지노식 난장亂場을 무시하고 일반상대성 체계를 확대하는 것만으로도 물질과 힘의 종합 이론에 이를 수 있다고 믿었다. "신은 주사위 노름하지 않는다"라고 보는 그에게, 우주의 궁극적 이론이란 양자역학적 세계상의 저 혐오스러운 측면과는 무관할 것이었다. 하지만 시간이 지날수록, 신은 실로 도박자임이 분명해졌다.

과학 역사상 양자역학만큼 경험적으로 성공한 이론도 없다. 양자역학 덕분에 인류는 마이크로칩 산업 및 컴퓨터 산업을 건설할 수 있었다. 또한, 레이저 및 광섬유 통신, CD 재생기, 바코드 판독기, 레이저 외과술, 레이저 유도 무기 등도 모두 양자 영역에 대한 이해 덕분에 얻을 수 있었으며, 장래에는 광光컴퓨터 생산도 가능할 것이다. 설계 원자designer atoms 구축을 위한 양자점, 두뇌 기능 측정용 양자 간섭 장치, 양자 암호법 등도 연구 진행 중인 기술이다. 양자 세계상에 대한 아인슈타인의 철학적 반대가 어떠했든, 1930년대 말에는 물리학의 어떤 통일이론도 양자 영역을 무시할 수 없음이 분명해졌다.

아인슈타인은 양자역학이 그려내는 실재상이 일반상대성과 전혀 들어맞지 않는다는 이유로 양자역학에 반대했다. 상대성 세계상은 유연하고 연속적인 것과 달리, 양자 세계상은 들쭉날쭉하고 비연속적이었다. 상대성 세계 내에서는 물체들이 유연하게 운동(공은 장을 가로질러 구르고, 행성은 태양 주위를 돈다)하는데, 양자 세계에서 아원자입자들은 출발점에서 갑자기 사라졌다가 마치 마술처럼 다른 어딘가에서 나타난다는 식으로 동에 번쩍 서에 번쩍했다. 아원자 영역에서는 모든 것이 우연에 따라 일어난다. 양자 영역을 묘사하는 수학 방정식들은 천체 운동에서처럼 확실한 예측을 가능케 하지 않는다. 양자 방정식들은 가능한 여러 결과의 통계적 확률을 계산할 수 있을 뿐이다. 실로, 양자 영역을 다루기란 수상한 카지노에서 주사위 노름하는 것이나 다름없는 일이다.

양자 영역에서, 입자는 궤적이 분명하고 깔끔한 물체가 아니라 어지럽고 분명하지 않게 돌아다니는 파동 같은 실체이다. 대부분은 아원자입자가 A에서 B로 이동하는 것은 보이지 않고, A에서 보이다가 잠시 후에는 B에서 보인다는 식이다. 입자가 어떻게 그리로 갔는지는 알 수 없다. 이 영역에서, 입자는 때로 파장과 같이 움직이며, 때로는 파장이 입자처럼 보이기도 한다. 입자와 파장 간의 이런 등가관계는 아인슈타인이 발견한 물질과 에너지 간의 등가관계와 관계있다. 게다가, 아원자 영역에서는 모든 것이 양자quantum라고 불리는 덩어리를 이루고 있다. 물질의 덩어리는 전자electron, 양성자proton, 쿼크quark 등 다양한 유형을 이루는 입자이며, 에너지의 덩어리는 광자photon라고 부른다. 이런 양자들은 확률 법칙에 따라 움직인다. 일반상대성은 우주를 우아한 기하의 당당한 표현, 유려한 수학적 왈츠로 묘사했으나, 양자역학은 아원자 영역을 이상한 확률적 재즈로 그려 보였다. 어떻게 자연이 두 가지 모두일 수 있겠는가? 어떻게 두 가지 세계상이 모두 다 옳을 수 있겠는가? 하지만 어떻게 어느 한쪽이 틀렸다고 하겠는가?

　일반상대성과 양자역학의 도래와 더불어, 수학적 인간의 세계상은 둘로 갈라졌다. 마치 같은 공간 안에 전혀 다른 두 개의 실재가 존재하는 것과도 같았다. 뉴턴 세계상의 단일성이 양극성으로 대치되었다. 그런데, 놀라운 일이지만, 1920년대에서부터 1960년대에 이르기까지, 대개의 수학적 인간은 양자역학의 성공에 취한 나머지 그것이 그리는 실재상이 상대적 우주론의 세계상과 상충한다는 데에 개의치 않았다. 하지만, 대개의 양자 물리학자는 자신들이 추구하는 과학의 핵심에 있는 분열에 아랑곳하지 않았더라도, 아인슈타인은 그 문제에 사로잡혀 있었고, 그의 생애 후반은 통일이론을 만들려는 시도의 거듭된 실패로 점철되었다. 이 기간에 많은 물리학자는 그의 노력을 탈선한 천재의 망상으로밖에 여기지 않았다.

　그처럼 성공이 요원했음에도 통일이론이 가능하다고 줄기차게 믿을 수 있었던 것은 아인슈타인의 꺾이지 않는 신념 덕분이었다. 우리는 여기서 "조화의 탐색이야말로 물리학자가 끝없는 인내와 끈기를 가지고 연구에 헌신할 수 있게 하는 원동력이다"라는 그의 말을 다시금 음미해보아도 좋을 것이다. 이번에는 그의 인내와 끈기도 아무런 결실을 보지 못했지만, 아인슈타인은 그처럼 간절히 바라는 종합을 추구하는 일을 절대 그만두지 않았다. 오늘날, 통일이론을 향한 그의 모색은 많은 수학적 인간을 사로잡는 문제가 되었다. 아인슈타인이 이 꿈에 집착하며 웃음거리가 되었던 것과는 달리, 이제는 세계 정상급 물리학자 상당수가 그 꿈의 실현에 매달려 있다. 이를 "만물이론Theory of Everything"이라 부르며, 간단히 TOE라고 지칭하기도 한다. 그 거창한 이름이 시사하는 대로, 만물이론은 우리 시대의 수학적 인간이 세계의 명쾌한 논리적 해명을 구하려는 시도이다. 노벨상 수상자 리언 레더먼Leon Lederman(1922-2018)*은 물리학자들이 언젠가는 이 이론을 티셔츠 등판에 써서 다닐 수 있는 단일한 방정식(우주의 수학적 "조화"에 대한 근본적으로 피타고라스적인 탐색을 충족시킬 티셔츠 도안)으로 나타내게 되리라는 희망을 말한 적이 있다.[228]

아인슈타인은 통일이론의 모색 과정에서 두 가지 힘(중력과 전자기)과 씨름했다. 그러나 오늘날 만물이론을 찾는 이들은 네 가지 힘을 통일해야 한다. 왜냐하면 1930년대에, 물리학자들이 원자들의 핵 안에서 작용하는 두 가지 힘(약한 핵력weak nuclear force과 강한 핵력strong nuclear force)을 더 발견했기 때문이다(이에 대해서는 뒤에서 좀 더 자세히 설명할 것이다). 이런 힘들은 원자핵 수준에서만 작용하기 때문에 그때까지는 밝혀지지 않았다. 전자기와 더불어, 이 힘들 또한 양자력들quantum forces이었다. 오늘날 물리학자들은 이 네 가지를 자연의 "기본적인" 힘 전부로 믿는다. 즉, 우주의 중력, 원자의 전자기, 핵의 강한 핵력과 약한 핵력 네 가지만 있으면 물리 현상의 전 영역을 포괄할 수 있다.

이런 힘은 제각기 매우 다르지만, 만물이론 물리학자들은 이

---

* 중성미자 연구로 1988년 노벨상 수상. 1979-89년 페르미 국립 가속기 연구소 소장.

힘들이 궁극적으로는 동일한 막강한 힘, 이른바 초힘superforce 이 다양하게 나타난 것이라고 믿는다. 만물이론은 이 초힘의 수학적 설명이 될 것이다. 하위 힘들의 이런 통합은 그 모두의 힘과 잠재력을 지닐 것이며, 영국 물리학자 폴 데이비스Paul Davies (1946-)의 표현을 빌리자면, 이 초힘은 "모든 존재의 원천fountain-head of all existence"이다.[229]

총괄적 자연법칙에 지배되는 총괄적 힘이란 최신 개념처럼 보이지만, 실상 이는 수학적 인간의 새로운 꿈은 아니다. 아인슈타인보다 200년 전인 18세기 중엽에 이미 루제르 보슈코비치라는 예수회 신부가 비슷한 생각을 했으며, 그런 힘이 어떻게 작용하는가를 설명한 바 있다. 그의 이론은 최초의 수학적 만물이론인 셈이다. 보슈코비치의 이론은 맥스웰이 전자기를 규명하기 100년 전, 그리고 핵력들이 발견되기 200년 전에 나왔던 만큼, 그 세부들은 세월과 더불어 낡은 것이 되었지만, 그 정신과 의도에서는 최신 연구의 선봉이라 할 만하다. 그에서 시작해 오늘날의 만물이론 지지자들에게로 직접 이어지는 계보도 만들 수 있는데, 여기에는 뉴턴에서 시작하는 근대 물리학의 역사상 가장 위대한 인물 중 여럿이 포함된다. 뉴턴과 마찬가지로, 보슈코비치 또한 깊은 종교심을 지닌 인물로, 그의 물리학에는 강력한 신학적 기조가 깔려 있었다. "신의 마음"을 논하는 우리 시대 물리학자들이 아인슈타인을 뒤따르고 있다면, 아인슈타인은 보슈코비치를 뒤따르고 있었다.

코페르니쿠스와 마찬가지로, 보슈코비치도 슬라브인이었으

며, 오늘날의 세르비아, 크로아티아, 달마티아에서 저마다 그를 동포로 주장하고 있다. 이 선지적인 물리학자가 좀 더 잘 알려지지 않은 것은 다분히 그의 국적 탓이기도 하다. 그 정도 역량을 지닌 영국 과학자가 그처럼 주목받지 못했으리라고는 상상하기 어렵다. 보슈코비치의 저작 대부분은 아직도 라틴어에서 현대어로 번역되지 않았고,[230] 그의 많은 논문은 아직도 학계의 검토를 기다리고 있다. 대개의 과학사는 그의 이름조차 싣지 않고 있으나, 그의 주요 저서인 『자연철학의 이론』[231]이 발표되던 1758년부터 19세기 말에 이르기까지, 보슈코비치의 사상은 지대한 영향을 미쳤다. 아이러니하게도, 그가 학계에서 잊힌 것은 그의 사상이 학계에 마침내 받아들여지기 시작한 20세기에 들어서였다.

보슈코비치는 라구사 공화국의 두브로브니크에서 루제르 요시프 보슈코비치로 태어났다(그는 영어식 이름으로 더 잘 알려져 있다). 아홉 남매의 막내였던 그는 명석하고 교양 있고 유복한 가정에서 자라났다. 친가 쪽으로도 외가 쪽으로도 시인이 있었고, 보슈코비치도 자라서 훌륭한 운문가가 되어 과학에 바치는 헌사를 쓰기도 했다. 이 헌사에서 그는 과학을 뉴턴과 베르길리우스의 융합으로 묘사했다. 그러나 보슈코비치 가家는 다양한 문화적 소양에 앞서 깊은 신앙심을 지닌 사람들이었고, 그들의 작고 번창하는 공화국 주민 대부분이 그랬던 것처럼 독실한 로마가톨릭교도였다. 그래서 열네 살 때, 보슈코비치는 성직자가 되기로 했고, 예수회에서 서품받고자 장기간의 고된 지적 종교적 훈련에 들어갔다. 그의 형 바로Baro 또한 예수회에, 다른 형 이반은 도미니크회에 들어갔으며, 누나 마리아는 성 카타리나 수도원의 수녀가 되었다.

2년간 엄격한 영적 수습을 거쳐, 젊은 신참은 청빈과 순결과 복종의 맹세를 했고, 본격적인 훈련에 들어갔으며, 운이 좋으면 15년 후에 신부가 되는 것이었다. 보슈코비치가 예수회에 입문한 것은 뉴턴이 죽던 해인 1727년이었다. 이 열정적인 슬라브 소년이 스승의 곡조를 배워 자신의 수학적 교향곡을 만들어내리라고는 아무도 알지 못했을 것이다. 16세기에는 예수회가 신과학 운동에 앞장섰지만, 18세기에 들어서는 한참 뒤처져 있었다. 보슈코비치는 뉴턴 물리학에 참여함으로써 예수회를 다시금 과학의 선두에 서게 할 것이며, 마침내 예수회를 대표하는 과학자 중 한 사람이 될 것이었다.

보슈코비치는 일찍부터 수학과 과학에 재능을 보였으나, 뉴턴과는 달리 이런 방면에 마음껏 몰두할 형편이 못 되었다. 서품된 이후로, 그는 예수회 지도자들이 명하는 대로 교단에 봉사해야 한다는 규정에 묶였고, 지도자들은 정치적인 면에서 그의 재능이 필요하다고 보았다. 18세기에는 성직자에 대한 반감이 고조되었고, 예수회는 외교에 재능 있는 인물이 필요했다. 탁월한 외교가이기도 했던 보슈코비치는 자주 교단을 대표하여 유럽의 여러 궁정에 파견되곤 했다. 그리하여 그는 생애의 많은 부분을 마키아벨리적인 정치적 사명으로 유럽 전역을 돌아다니며 보냈다. 보슈코비치는 이렇게 산만한 생활을 싫어하기는

커녕, 자신의 국제적인 역할을 무척 즐겼다. 총명하고 재치 있는 이야기꾼이자 즉흥시인이었던 그는 사교계의 총아로서 세속 인사들과 어울리는 일을 전심으로 좋아했다.

그러면서도 보슈코비치는 과학 연구를 계속하여 광범한 논문과 사상 들을 발표했다. 그의 외교 업무와 분주한 사교 생활을 고려하면, 그가 그렇게 많은 연구를 할 시간이 있었다는 사실이 믿어지지 않는다. 신부였으므로 가정사에서는 자유로웠다고 하지만, 그래도 그렇게 다방면의 업적을 이룬 사람은 보기 드물다. 보슈코비치는 천문학, 측지학測地學, 수학, 광학, 물질 이론에서 독창적인 연구를 했다. 공학 지식도 풍부하여, 돔dome이 무너질 위험에 처했던 로마의 성베드로대성당을 비롯하여 여러 중요한 교회의 보수공사에 자문을 요청받았다. 그는 다리 밑 습지의 배수 방식을 고안했고, 천문관측소를 설계했으며, 망원경 렌즈를 개량했고, 지구의 모양과 크기를 측정했으며, 지도 제작의 전문가였다. 그가 생전에 발표한 책과 논문은 100편이 넘었다. 하지만, 이 모든 것보다 더 중요한 것은 보슈코비치가 자연의 보편적인 힘을 꿈꾸었다는 사실이다.

18세기 초 물리학자들에게 알려진 유일한 힘은 중력이었다. 그러나 중력만으로는 원자 영역에서 일어나는 일들을 설명할 수 없음이 곧 드러났다. 당시에 원자라는 개념은 아직 논란거리였으나, 많은 과학자는 물질의 다양한 속성을 서로 다른 유형의 원자들이 다양하게 배열된 결과로 믿고 있었다. 문제는 아무도 그런 원자 배열의 원인을 밝혀내지 못했다는 것이었다. 원자 영역의 질서는 어떤 힘에 따른 것인가? 중력만으로는 만족스러운 대답이 될 수 없을 듯이 보였다.

중력이 지닌 문제점의 하나는, 중력만이 작용하게 내버려 둔다면, 모든 것은 기본적으로 둥근 덩어리로 뭉쳐지리라는 것이다. 가령, 별이나 행성은 다소간에 구형球形이다. 하지만 사람들은, 더 여러 가지 물질을 설명하려면 원자들이 여러 다른 형태의 덩어리(오늘날 우리가 분자라고 부르는 것)도 이루어야만 하리라고 생각했다. 강도, 밀도, 색채 등 물질의 속성 중 많은 것이 원자 덩어리의 형태에 따라 결정되리라는 것이었다. 보슈코비치는 이처럼 여러 분자 형태가 생겨나려면 중력의 끌어당기는 힘과 더불어 밀어내는 힘이 작용해야 하리라고 생각했다. 그러면 개개의 원자 사이에 인력과 반발력이 균형을 이루는 데 따라 여러 분자 형태가 생겨날 것이었다. 하지만 물질의 엄청나게 다양한 속성으로 미루어볼 때, 두 가지 힘만으로는 충분치 않으며, 수많은 인력과 반발력이 필요하리라고 보슈코비치는 생각했다. 그러나 그는 원자의 수많은 힘을 제안하기는 했지만, 자연의 단일성을 확신하고 있었으므로, 이 모든 원자의 힘들은 중력과 더불어 하나의 총괄적인 보편력의 양상들임이 틀림없다고 주장했다. 나아가, 이런 초힘은 단일하고 보편적인 자연법칙에 따라 설명되리라고 믿었다.

보슈코비치가 말하는 힘의 본질은 지극히 단순하게도, 뉴턴 중력의 일반화였다. 이 슬라브 신부는 영국 물리학자의 대단한 찬미자였으니, 뉴턴의 중력 법칙을 원자 영역까지 확장하는 것보다 더한 찬사가 있을 수 있겠는가? 보슈코비치의 이론은 공간을 떠도는 두 개의 원자를 상상하면 쉽게 그려볼 수 있다. 뉴턴의 법칙에 따르면 그 두 원자의 사이에는 항상 인력이 작용한다. 그러나 보슈코비치는 이를 다소 변형해, 원자들이 서로 아주 가까워지면 인력이 반발력으로 바뀌어 서로 밀어낸다고 했다. 그러나 더 가까워지면, 다시금 끌어당기게 된다. 원자들이 점점 가까워질 때, 이들 사이에서 작용하는 힘은 인력과 반발력 사이를 오가게 된다. 그러므로 보슈코비치에 따르면, 우주나 원자의 움직임은 모두 단일한 진동력oscillatory force으로 설명할 수 있다. 오늘날 물리학자들은 자연의 단일한 힘이란 그보다 훨씬 더 복잡한 방식으로 작용하리라는 것을 안다. 그러나 보슈코비치의 보편력universal force이라는 개념은, 중력과 다양한 원자힘atomic force*들을 포괄하는 것으로서, 초힘이라는 개념으로 이어지고 있다.

보슈코비치의 이론은 다음 세기의 마이클 패러데이에게 강한 영향을 미쳤다. 패러데이는 주로 실험물리학자로 기억되고 있지만, 그 자신은 스스로 "자연철학자"라고 생각했다. 그가 전자기유도를 발견하고 전기모터와 발전기를 발명한 이면에는 더 심오한 탐색이 있었다. 패러데이는 진심으로 자연의 단일성을 믿었으며, 보슈코비치의 인도에 따라, 자연의 모든 힘이 단일한 보편력의 표현이라고 믿었다. 패러데이의 학문적 생애는 실로

---

* '원자력atomic energy'과 구별하고자 '원자힘'이라 쓴다.

힘들의 단일성에 관한 탐구였다고 볼 수 있다.

패러데이의 시대에는 중력, 전기력, 자기력이라는 세 가지 힘이 알려져 있었다. 그리고 빛은 또 다른 힘의 소산이리라고 많은 과학자가 생각했다. 그 힘들이 모두 연관되어 있으리라고 확신한 패러데이는 힘들 사이의 관계를 끝없이 추구했으며, 단일성에 관한 연구를 누구보다도 진척시켰다. 패러데이는 전기력과 자기력이 하나임을 보여주었을 뿐 아니라, 이들이 빛의 기초이기도 하다는 것을 최초로 시사했다. 또한, 그는 전기분해 실험으로, 물질을 한데 묶어주는 힘은 다름 아닌 전기력임을 입증했다. 오늘날 우리는 원자들을 분자로 결합하는 힘은 원자 내의 양전하와 음전하라는 것을 알고 있다. 보슈코비치가 시사했던 대로, 원자 영역의 형태들은 인력과 반발력 사이의 복잡한 균형으로 형성된다.

패러데이의 연구는 전기와 자기와 빛과 물질이 모두 보이지 않은 영향력으로 뗄 수 없이 연결되어 있음을 보여주었다. 나아가 그는 훗날 "힘마당[역장]force fields"으로 부를 개념으로 이런 영향력들을 이해할 수 있는 기초를 놓았다. 그러나 19세기 물리학자 중에서 자연의 단일한 힘이라는 개념에 관심 있는 이는 별로 없었고, 패러데이는 실험물리학자로서는 인정받았지만, 단일화에 관한 그의 이론은 물리학계에서 미친 헛소리로 무시당했다. 한 세기 후 아인슈타인이 동료들이 받았던 냉대와 같았다. 전기력과 자기력과 빛의 단일성에 대한 패러데이의 믿음은 물론 세기 후반에 제임스 클러크 맥스웰이 사실로 입증했으며,

맥스웰은 이들이 모두 같은 전자기력의 양상임을 보여주었다.

18세기부터 20세기에 이르는 동안, 자연의 힘들에 대한 통일 이론을 수립하려는 꿈은 보슈코비치에게서 패러데이와 맥스웰을 거쳐 아인슈타인에게로 릴레이경주와 같이 이어져 왔다. 이 물리학자 네 명은 모두가 자기 시대의 정통적 사고방식에서 벗어나 물리학을 변모시켰고 거기에 목표를 두었으며, 그 목표는 마침내 지난 20세기 후반 물리학계 일반에서 승인받았다.

자연의 단일한 힘을 주창한 이 네 사람이 모두 깊은 종교심을 지니고 있었다는 것은 무심히 보아 넘길 일이 아니다. 특히 앞의 두 사람은 그러했는데, 보슈코비치는 신부였고, 패러데이는 샌디먼파派Sandemanians라는 작지만 열성적인 그리스도교 분파에 속해 있었다. 샌디먼파는 어찌나 엄격했던지, 패러데이가 주일 예배에 단 한 번 불참하자(그는 빅토리아 여왕의 오찬에 초대되었다) 그에게 참회를 요구했다. 패러데이 또한 고집이 대단하여 참회를 거부했고, 그 벌로 한동안 축출당하기도 했다. 그런데도 그는 평생 독실한 신자였고, 샌디먼파의 순번제 장로회에서도 봉사했다. 맥스웰 또한 독실한 신자로서 그리스도교 신앙을 자기 삶의 가장 중요한 부분으로 여겼고, 아인슈타인은 앞서 보았듯이 자기 나름의 우주 종교에 깊이 빠져 있었다. 우주의 모든 운동과 형태의 궁극적 근원인 단일한 힘이 있어야 한다는 생각은 일신교—神敎의 과학적 등가물이라 할 수 있다. 그런 목표가 유대-그리스도교 문화권 내에서 생겨났다는 것을 우연의 일치로 보아서는 안 된다. 단일한 총괄적 우주 법칙에 대한 열망은

3000년 이상 동안 신으로 알려져 온 단일한 총괄적 원리에 대한 믿음이 남긴 과학적 유산이리라는 것이 내 생각이다. 그런 개념을 근대 물리학에 처음으로 도입한 보슈코비치가 신부였다는 사실 자체도 간과하지 말아야 한다.

아인슈타인이 중력과 전자기를 통합하는 데 성공하지 못했다는 것은 그의 생전에는 개인적 실패로 여겨졌지만, 지금까지도 이 두 가지 힘을 통합하는 방법이 발견되지 않은 것을 보면 꼭 그렇지만도 않다. 게다가, 물리학자들이 두 가지 핵력을 발견한 이래로, 통일unification이라는 문제는 아인슈타인이 상상했던 것보다 훨씬 더 복잡해졌다. 아이러니하게도, 중력은 가장 먼저 발견된 힘이면서도, 가장 통합되기 어려운 힘이다. 아인슈타인도 보슈코비치도 도저히 해명할 수 없었던 현상은 중력이, 원자 영역의 힘들을 이해하는 데 본보기가 되기는커녕, 전혀 딴판이라는 것이었다. 20세기 말에 이르러서는, 통일을 연구하는 물리학자 대부분이 중력보다는 세 가지 "원자"힘, 즉 전자기, 약한 핵력, 강한 핵력에 중점을 두고 있다.

두 가지 핵력 가운데 더 먼저 발견된 것은 강한 핵력이었다. 1930년대 초까지 이루어진 실험에서 밝혀진 바에 따르면, 원자핵은 처음 생각했던 것처럼 딱딱한 덩어리가 아니라 개별 입자의 집적이며, 그 입자 중 어떤 것은 양성적이고(양성자) 어떤 것은 중성적(중성자)이다. 핵의 복합적 성질을 발견한 것은 심각한 문제를 제기했는데, 같은 전하를 갖는 입자가 모이면 서로 밀어내는 것이 자연스럽기 때문이다. 자석처럼 전하도, 반대되는 것끼리는 끌어당기고 같은 것끼리는 밀어낸다. 그렇다면 핵들이 흩어지지 않는 이유는 무엇일까? 무엇이 핵들을 한데 붙들어두고 있는가? 1935년에, 일본 물리학자 유카와 히데키湯川秀樹(1907-1981)는 한 가지 해법을 제안했다. 그는 핵 내부에 양성자 간의 전자 반발력을 극복하고 이들을 한데 묶는 또 다른 강력한 힘이 있으리라고 보았다. 유카와가 발견한 힘은 강한 핵력이라는 이름으로 알려졌다. 별로 시적인 이름은 못 되지만, 뜻은 확실하다(훗날, 강한 핵력은 쿼크라는 이름으로 알려진 입자와 연관된다. 물리학자들은 쿼크야말로 양성자와 중성자의 기본 구성 요소임을 발견했다).

강한 핵력의 규명과 더불어, 알려진 힘들의 조합은 명쾌하게 정리되었다. 중력은 우주 영역을, 전자기력은 원자 영역을, 강한 핵력은 핵 영역을 지배했다. 하지만 이렇게 깔끔한 배열이 전부가 아니었고, 중성자를 비롯한 어떤 입자는 불안정한 상태라는 것을 발견했다. 우라늄 같은 원소에서 방사능이 나오는 이유는 바로 중성자의 불안정성 때문이다. 물리학자들은 곧 강한 핵력으로는 이런 불안정성을 설명할 수 없음을 깨달았고, 그래서 두 번째 핵력, 이른바 약한 핵력이라는 것을 상정했다. 다행히도, 이 두 가지 핵력으로 충분했고, 그래서 오늘날 대부분의 물리학자는 자연의 모든 현상을 네 가지, 단 네 가지 힘만으로 설명할 수 있다고 확신한다. 아인슈타인이 그중 두 가지를 통합하는 데만도 얼마나 고생했던가를 생각하면, 네 가지 힘이란 그리 달가운 상황이 아니지만 어쩌면 그 정도인 것이 다행인지도 모른다.

일곱 가지, 아니 열일곱 가지, 아니 일흔 가지 힘이 있을 수도 있었다. 네 가지는 그리 엄청나게 많지도 않으며, "주님은 교묘하시지만, 짓궂지는 않으시다"[232]라던 아인슈타인의 말을 상기한다면 희망을 품어도 좋을 것이다. 네 가지 힘이 제기하는 존재의 수수께끼란 절대 간단하지 않겠지만, 적어도 그 해결이 인간의 지적 능력의 한계를 넘어서지 않으리라고 바랄 수 있을 터이다.

그러나 수수께끼는 첫눈에 보기만큼 쉽지 않다. 통일이론은 네 가지 힘을 총괄해야 할 뿐 아니라, 힘과 입자는 긴밀히 연관되므로, 그런 이론은 입자의 다양성도 설명해야만 한다. 그런데 물리학자들이 가속기로 물질 내부를 파고들어 본 결과, 자그마치 수백 가지 입자를 발견했다. 이쯤 되면 "주님"도 짓궂으신 것 아닐까. 1950년대와 1960년대에는 아원자입자를 어찌나 많이 발견했는지, 엔리코 페르미는 그 입자들의 이름을 다 기억할 수 있다면 식물학자가 되어도 좋을 것이라고 할 정도였다.

힘과 입자 간의 연관은 입자들이 상호 작용하는 수단이 힘이고 힘의 작용을 받는 실체들이 입자들이라는 사실에서 비롯했다. 나아가, 오늘날의 양자 이론에서는, 힘 그 자체도 힘을 전달하는 입자 즉 보손boson으로 설명한다. 가령, 광자는 전자기력을 나르는 보손이다. 만물이론 물리학자들은 자연이란 근본적으로 단순하다고 믿으므로, 수백 가지 "근본fundamental" 입자들이라는 개념을 처음부터 마땅치 않게 여겼다. 폴 데이비스의 말대로, 근본 입자들이라는 개념 자체의 "매력"은 그것들이 "몇 가지밖에 안 된다는 데 있다. 그러면 물질의 복잡성은 구성 요소들의 복잡성이 아니라 조합의 다양성으로 설명된다."[233] 그러므로 물리학자들은 현재 입증된 것보다 훨씬 적은 수의 "더 근본적인" 입자들의 유형이 있으리라고 믿고 있다. 입자와 힘은 동전의 양면이므로, "참으로 근본적인" 입자들의 탐색은 곧 힘들 사이의 연계를 이해하려는 탐색으로 이어진다.

다행히도, 오늘날의 물리학자들은 보슈코비치가 꿈으로만 여기던 일 즉, "원자"힘들을 직접 연구할 수 있게 되었다. 그 연구에 쓰이는 도구가 입자가속기particle accelerator이며, 이 장치를 이용하여 물리학자들은 마침내 통일이론을 향한 전진을 시작했다. 1960년대에는 입자들의 상호 작용에 대한 이해가 진척됨에 따라, 전자기와 약한 핵력을 통일하는 이론이 개발되었다. 1860년대에 맥스웰이 전기력과 자기력이 전자기력이라는 단일한 힘의 서로 다른 양상임을 보여주었듯이, 스티븐 와인버그Steven Weinberg(1933-2021), 압두스 살람Abdus Salam(1926-1996), 셸던 글래쇼Sheldon Glashow(1932-)*는 전자력과 약한 핵력이 더 포괄적인 전자기약력electroweak force의 서로 다른 양상일 수 있음을 보여주었다. 물병자리Aquarius의 시대**가 시작되면서, 힘들의 수가 넷에서 셋으로 줄어든 것이다.

---

* 1979년에 세 사람이 공동으로 노벨상 수상.

** 지구가 황도십이궁을 모두 통과하는 데 2만 5000년 넘게 걸린다고 하는 "대년Great Year" 개념 체계에서 마지막 시대에 해당하는데, 예수 그리스도 이후의 시대인 "물고기자리의 시대"에 이어 "물병자리의 시대"가 시작되는 시점에 대해서는 의견이 다양하다. 글쓴이는 20세기 후반을 그 시기로 보는 듯하다.

전자기약력 통일의 성공에 힘입어 물리학자들은 이 통합된 힘을 다시금 강한 핵력과 하나로 만드는 일에 매진하고 있다. 그 일을 해내려 시도하는 이론들은 대통일이론들Grand Unified Theories, 일반적으로는 GUT라고 불린다. 별로 아름답지 못한 이름이지만,* 양자 영역 전체의 근원인 단일한 힘을 규명하는 단일한 법칙이라는, 실제는 퍽 아름다운 내용이 담겨 있다. 그렇게 되면 사실상 아원자 영역의 만물이론은 수립된 셈이다. 현재로서는, 여러 이론을 대통일이론의 후보로 거론하는데, 모두 극도로 복잡한 수학을 동원하며, 물리학자들은 그중 어떤 것이 현실성이 있는지 검토 중이다.

그러나 이론가들이 대통일이론과 씨름하는 동안, 어떤 이들은 네 가지 힘의 통일을 이루고자 또 다른 수학에 매달려 있다. 이른바 만물이론은 이런 만루 홈런을 날리려는 노력을 일컫는 말이다. 성공적인 만물이론에서는, 네 가지 힘뿐만 아니라 모든 입자가 하나가 될 터이므로, 모든 것이 하나이며, 하나가 모든 것이 될 터이다. 그러므로 초힘이란 우주의 보편력일 뿐만 아니라, 그 지지자들에 따르면, 지고의 실체, 즉 모든 입자를 증류해낸, 물질의 정수 그 자체이다. 그렇게 되면, 만물이론은 힘과 물질을 단일한 지고의 법칙으로 통일할 것이다. 그런 이론의 주요 후보가 이른바 초끈 이론superstring theory이다. 대통일이론들이 그러하듯, 초끈 이론 또한 끔찍하게 복잡하고, 우리 시대 최고

---

* gut란 본래 "창자, 배알"을 뜻하며, 미국 속어로는 "배짱, 뻔뻔스러움"이라는 뜻도 있다.

의 수학적 두뇌들이 그 미로 같은 공식들을 헤쳐 나가고 있다.

그 최종 형태가 어떻든, 그 지지자들에 따르면, 성공적인 만물이론은 실재의 궁극적인 수학적 묘사가 되리라고 한다. 스티븐 와인버그는 이를 자연의 "최종 이론final theory"이라고 불렀으며, 그런 이론은 "더 깊은 이론들로 설명될 수 없는 원리들을 찾으려는 예부터의 탐색 …… 에 종지부를 찍게 될 것"이라고 했다.[234] 그 안에는 모든 힘과 입자뿐 아니라 공간과 시간도 포함될 것이다. 상대성이론에서 중력이 그렇듯, 만물이론에서 네 가지 힘은 모두 시공간의 근본적 기하에서 비롯된다는 사실이 드러날 것이다. 마찬가지로, 모든 입자는 그런 장 내의 미시적 진동임이 드러날 것이다. 아인슈타인이 상상했던 그대로, 모든 것은 시공간이라는 우주적 조직의 부산물로 설명될 것이며, 동시에 양자라는 틀로도 설명할 수 있을 것이다.

양자와 상대성이라는 두 가지 시각을 모두 포괄하는 수학적 틀을 발견한다는 일은 정말이지 엄청나지만, 현재 만물이론 물리학자들은 우주란 흔히 생각하듯 4차원(3차원 공간과 시간)이 아니라 10차원으로 되어 있다는 개념에서 그 해답을 찾았다고 믿고 있다. 많은 초끈 이론에 따르면 그렇다. 하지만 우리가 정상적으로 인지하는 것은 4차원뿐인데, 이는 나머지 6차원이 3차원 공간처럼 우주적 규모로 펼쳐져 있는 것이 아니라 아주 작기 때문이다. 이 놀라운 주장은 아주 얇고 긴 양말을 생각해보면 쉽게 이해할 수 있다.

멀리서 보면 얇은 양말은 선처럼 보이지만, 가까이 다가가면 그 두께를 볼 수 있다. 실상은 선에도 2차원이 있으며 선을 이루는 모든 점이란 실상 아주 작은 원이기 때문이다. 이런 개념을 더 높은 차원들로 확장하면, 정상적인 3차원 공간의 모든 점은 실상 점이 아니라 아주 작은 원의 다차원적 변형이리라고 상상할 수 있다. 그런 구조는 초구超球, hypersphere라는 이름으로 알려져 있다. 초끈 이론에 따르면, 정상적 공간 내의 각 점은 아주 작은 6차원 초구이며, 이 초구의 특성이야말로 양자 힘들과 아원자입자들의 다양성의 근원이다. 그러니까, 한마디로 오늘날 수학적 인간의 세계상은 "현존하는" 4차원과 "압축된" 6차원으로 이루어지는 10차원 우주를 그려내고 있다고 할 수 있다. 현존하는 4차원은 우주의 형태를, 압축된 6차원은 아원자 영역의 형태들을 결정하는 것이다.

이는 극히 우아한 그림이며, 물리학자들이 왜 거기 빠져 있는지도 알 만하다. 문제는, 이 사랑스러운 수학적 구조가 실제 물리 세계와 무슨 관계가 있느냐이다. 만물이론 물리학자들이 10차원이 아니라 그 이상을 논하더라도, 그 누구도 정상적인 4차원 이상을 탐지한 적 없다는 사실에는 변함없다. 만물이론 학계는 여전히 "증명"해야 한다는 부담을 안고 있다. 하지만 통일 효과들은 엄청난 고온(이에 비하면 태양 내부조차도 남극만큼 차디찰 정도)에서만 나타난다. 우리가 한 가지 통일된 초힘 대신 네 가지 서로 달라 보이는 힘밖에 관찰할 수 없는 것도 그 때문이다. 오늘날 우주의 온도는 통일을 이루기에는 너무 낮다. 그 단일성을 눈으로 보고 자신들의 10차원 이론을 증명하려는 물리학자들은 온도를 높여야만 한다. 분리된 힘들을 "녹여" 하나로 만들수 있을 만큼의 열을 발생시켜야 한다. 이렇게 본다면, 가속기란거대한 가열기라 할 수 있다. 가속기들은 입자들을 고온에서 한데 몰아넣어 입자들의 충돌에서 엄청난 열을 얻고, 그럼으로써통일의 조건들을 만들어내는 데 쓰인다.

이런 접근에서 대대적 승리는 1983-1984년 유럽핵입자물리연구소CERN 물리학자들이 약전자 이론에서 예견했던 W보손과 Z보손을 탐지함으로써 이루어졌다. 그리하여 수학적 인간들은 통일의 첫 단계를 확보했다. 그러나 다음 단계, 즉 대통일이론 단계에는 그보다 훨씬 더 높은 온도가 필요하므로, 인류는현재까지의 기술로는 충분히 막강한 가속기를 만들 수가 없다.언젠가 먼 미래의 기술로 그런 에너지도 얻을 수 있으리라고 상상할 수는 있지만, 완전한 만물이론 통일은 상상할 수 없는 양의에너지를 요구할 것이다. 다행히도, 우리와 같은 제약에 묶여 있지 않은 자연은 그런 입자가속기로 전면적인 통일을 달성했는데, 그것이 바로 빅뱅이다.

오늘날의 물리학자들에 따르면, 우리 우주 안에 있는 모든 물질은 이 최초의 사건에서 창조되었다고 한다. 빅뱅은 문자 그대로 사상 최대의 입자 실험이다. 이 물질을 생산해낸 거대한 에너지는 본래 작은 불꽃spark 안에 압축되어 있었는데, 그 불꽃은모든 것을 하나로 만들 만큼 초고온이었다. 그러므로 물리학자들은 자신들의 가속기로는 통일을 연구할 수 없을지라도, 시간을 거슬러 올라가 자연의 가속기를 관찰함으로써 연구할 수는 있으리라고 믿는다. 과거로 거슬러 올라가면 갈수록, 우주는 더 작고 더 뜨거워진다. 그러므로, 만물이론 물리학자들은 빅뱅에 가까이 갈수록, 주위 온도는 점점 뜨거워져서 처음에는 전자기약 통일, 그리고 대통일, 마침내는 전면적 통일이 일어나리라고 믿는다. 빅뱅에 가까이 가면 갈수록, 힘들은 초힘으로 결집한다.

시간을 거슬러 가는 이런 과정을 보면, 물리학자들이 우리 우주의 발생에 대해 어떻게 생각하는가를 알 수 있다. 네 가지 힘의 통일이론에 대한 탐색은 천지창조를 현대 과학적으로 해명하기에 이른다. 그에 따르면, "태초에" 우주는 완전한 단일성의 상태로 창조되었다. 초힘의 완벽한 전체성 말고는 아무것도 존재하지 않았다. 물질도, 입자도, 중력도, 전자기도, 핵력들도 존재하지 않았다. 그러나 이런 완전성은 찰나적으로밖에 지속하지 않았으며, 창조라는 격렬한 폭발이 막 생겨나는 우주를 팽창케 했고, 우주는 팽창하면서 식어갔고, 그리하여 원초적 단일성은 산산이 부서졌다. 먼저, 초힘은 중력과 양자력 들로 갈라졌고, 그리고는 강한 핵력이 다른 핵력들과 분리되었으며, 마침내 약한 핵력과 전자기력이 나뉘었다. 힘들이 분리되면서, 다양한 입자들이 생겨났다. 에너지가 물질로 응고했다. 우주가 더 식어가자, 이런 입자들은 결합하여 수소나 헬륨 같은 단순한 원자들을 이루었고, 이 원자들은 점점 더 커다란 덩어리로 합쳐졌다. 영겁에 가까운 세월 동안 이런 덩어리들이 은하와 별과 행성 들로 응결했다. 현대의 수학적 인간에 따르면, 우리의 우주는 이런 식으로 생겨났다.

기술적 용어로, 만물이론 물리학자들은 초힘의 이런 분화分化를 "균형 파괴symmetry breaking" 과정이라고 부른다. 태초에는 "완전한 균형"이 있었으나, 그것은 곧 깨졌고, 그 이후로 우주는 "균형이 깨진" 장소가 되었다. 이런 균형 논의는 이론 그 자체의 수학적 특성과 관계있으며, 에미 뇌터가 그의 유명한 정리에서 다룬 것은 바로 이런 성질이었다. 물리학적 용어로, 우주가 완벽한 균형 상태에서 시작되었다는 말은 태초에는 분화가 전혀 일어나지 않았다는 뜻이다. 순수한 단일성의 순간에, 네 가지 힘과 열 가지 차원은 모두 대등했다. 완벽한 구球처럼, 우주는 모든 "방향"에서 동일했을 것이다. 균형이란 동일성의 수학적 공식화이다. 초힘을 찾으려는 이들은 창조의 최초 불꽃이란 미未분화된 동일성이었다고 믿는다. 그들은 오늘날 우주의 무수한 다양성이 진짜 다양성이 아니라 본래는 "완벽한" 단일성이 산산이 부서진 파편들임을 보여주고자 한다.

　이런 "천지창조"의 줄거리에서 완연히 그리스도교적인 기조를 발견하기란 어렵지 않다. 성서의 에덴동산에서 아담과 이브가 추방되었듯이, 만물이론 물리학자들은 우주의 역사를 본래 완전한 상태에서 쇠퇴한 것으로 본다. 그리고, 그리스도교 전통에서 그러하듯, 그들은 이 최초의 "은총"의 상태로 되돌아가기를 열망한다. 그 상태가 그들의 수학적 에덴동산인 셈이다. 다시 강조하지만, 나는 만물이론 탐색의 이처럼 종교적인 기조를 우연의 일치라고 보아서는 안 된다고 생각한다. 물리학은 비사회적 진공 상태 속에서 일어나지 않으며, 물리학자들의 꿈도 오랜 문화 전통의 영향을 받는다. 우리는 그들이 왜 하필 그런 꿈에 그토록 매료되었는가를 묻지 않을 수 없다. 왜 그들은 우주가 미분화된 동일성의 상태에서 시작되었다고, 그리고 모든 것이 궁극적으로 단일하고 전능한 힘에서 나왔다고, 그토록 철석같이 믿게 되었을까?

그런 꿈은 절대 자명하지 않다. 고高에너지 가속기들을 가지고도, 물리학은 단일성이 아니라 난처할 정도의 다양성(한없이 증가해가는 아원자입자들을 비롯하여)을 드러내고 있다. 그렇게 엄연한 반대 증거들이 있는데도 그런 다양성 뒤에 단일한 원리가 있다고 믿으려면 대단한 믿음의 도약을 거쳐야 한다. 나는 그런 믿음이 순전히 과학적 근거에 기반한다기보다는, 문화적 전통, 특히 유대-그리스도교 전통의 일신교에서 비롯한 것으로 보아야 한다고 생각한다. 따지고 보면, 우주가 다양한 원리(다신교의 과학적 변형)에 따라 조성되지 말라는 법도 없다. 물론 힘들의 단일성을 시사하는 과학적 증거들이 전혀 없지는 않다. 분명 그런 증거도 있다. 하지만 확실히 압도적 증거가 되기에는 한참 모자라며, 단일성에 대한 만물이론 물리학자들의 광신적 믿음은 현재까지 입증된 증거들을 넘어선다. 통일의 직접적 증거가 (반세기 동안의 노력과 수억 달러의 투자에도) 그토록 얻기 힘들다는 사실 자체가 신뢰 지수의 정도를 말해주는 것이다.

만물이론 탐색의 종교적 기조는 무의식적이지만은 않으며, 점차 만물이론 물리학자들 자신이 통일이론과 신을 결부시키고 있다. 이런 진영에서 가장 유명한 인물이 스티븐 호킹이다.

세계적 베스트셀러 『시간의 역사』(1988)의 머리말에서 칼 세이건Carl Sagan(1934-1996)은 독자에게 이렇게 경고한다. "이 책에는 신이라는 말이 무수히 나온다. 호킹은 신이 우주를 창조하는 데 선택의 여지가 있었느냐는 아인슈타인의 유명한 질문에 대답하려는 모색에 나선 것이다. 호킹은, 그가 명백히 밝힌 대로, 신의 마음을 이해하려 시도하고 있다."[235] 그의 책 전체가 시사하는 바는 통일이론이 공간과 시간을 초월하며, 물질적으로 구현되는 영역 "너머에" 존재한다는 것인데, 이는 전통적으로 신에게만 적용되던 위용이다.

『시간의 역사』는 신에게 열려 있었을지도 모르는 선택 가능성에 관한 논의들로 점철되어 있다. 일반상대성과 양자역학을 통일하려는 연구 끝에 호킹은 "창조주로서의 신의 역할에 심오한 영향을 미치는", 그리고 "창조주"에게 그다지 "선택"의 여지가 없었음을 시사하는, 통일이론의 개념에 이르고 있다.[236] 신에 관한 호킹의 논의는 코페르니쿠스의 겸허한 어조나 뉴턴의 엄숙한 존경, 케플러의 무아경에 빠진 어조 등과는 거리가 멀다. 그가 신에 대해 말하는 투는 마치 영리한 형, 재주가 놀랍기는 하지만 그가 하는 일들을 동생으로서도 충분히 이해할 수 있는 형에 대해 말하는 투와도 같다. 호킹은 신에 관한 아인슈타인의 논의가 갖는 친근함을 한층 더 밀고 나가, 『시간의 역사』가 끝날 때쯤에는 그와 그의 신이 거의 같은 수준에 있는 듯한 인상마저 든다.

나는 『시간의 역사』가 그처럼 성공한 것(세계적으로 2500만 부

넘게 팔렸다)이나 호킹 자신이 대중적으로 성공한 것은 그가 오늘날의 물리학을 소개하는 유사 종교적 어조와도 무관하지 않다고 본다. "신의 마음"에 대한 그의 언급은 책의 맨 마지막에 나오지만, 똑같은 제목의 영상물도 생겨났다. 영상 제작자들이 간파했던 대로, 영적인 것과 과학적인 것 간의 접근에 대한 갈망이 날로 커지는 시대에, 대제사장으로서의 물리학자라는 개념은 큰 호소력을 지녔다. 아인슈타인과 마찬가지로, 호킹도 그런 역할에서 퍽 설득력을 가지고 있다. 그 또한 거의 신비적인 후광에 둘러싸여 있으며, 막강한 정신력과 신체의 불구라는 극도의 부조화는 그런 효과를 배가했다. 이 점에서 그는 전 세계 여러 문화에서 발견되는 원형, 즉 불구不具 또는 불수不隨의 선지자라는 원형을 체현하고 있는 셈이다. 호킹은 휠체어에 묶인 처지이면서도 그의 정신은 끝없이 비상한다. 그의 "상상적 시간imaginary time"이라는 개념은 물리학자 중에서도 이해하는 이가 많지 않다. 그는 인간적인 것과 인간 이하인 것과 인간을 초월하는 것의 접점에 위치하는 듯하다. 그리고 많은 사람은 이 불구의 물리학자가 우리를 신에게로 인도해주리라고 믿고 싶어 한다.

아이러니하게도, 그의 상대적-양자 우주론이 "창조주"에 대한 필요를 제거할 수도 있음을 시사한 것은 호킹 자신이었다. 그러나 그는 양쪽 입장을 모두 견지하려는(신을 우주에서 완전히 밀어냄과 함께 그를 자기 작품의 부단한 배후로 불러내려는)듯이 보인다. 『시간의 역사』만으로는 호킹이 진정으로 신을 믿는지 아니면 단순히 자아 확대에 빠져 있는지는 분명치 않다. 코페르니쿠스, 케플러, 뉴턴이(그리고 그 나름대로는 아인슈타인도) 그랬던 것과는 달리, 호킹은 진지한 신학적 사색가가 아니다. 적어도 그의 책에서는 말이다. 하지만, 신에 대한 호킹의 진정한 자세가 어떻든, 많은 사람은 그를 아인슈타인의 권위를 계승한 과학적 대제사장으로 보았다.

호킹이 우리에게 제공하는 신은, 아인슈타인이 제공했던 신과 마찬가지로, 전통 그리스도교의 영적 구속자救贖者가 아니라 수리-물질적 창조주일 뿐이다. 그는 모든 심리적, 윤리적 성질을 떼어내고, 하는 일이라고는 전적으로 수학적 "법칙들"에 기초한 우주를 수학적으로 실현하는 것뿐인 피타고라스적 신이다. 영국 물리학자 제임스 진스James Jeans(1877-1946)가 "창조된 세계의 내적 증거로 미루어볼 때, 우주의 대건축자는 순전한 수학자임이 드러나기 시작한다"[237]라고 말했을 때의 신도 바로 그런 신이다. 우리 시대의 이 신은 또한 엄밀한 미학 원리도 따르는 듯이 보인다. 고대 피타고라스주의자들과 마찬가지로, 그도 균형에 사로잡혀 있다고 하니 말이다. 코페르니쿠스와 케플러가 성서의 신은 다름 아닌 수학적 "완전성"의 원리들로 우주를 창조했다고 확신했듯이, 호킹과 그의 만물이론 동지들도 우주의 수학적 "완전성"이라는 피타고라스적 개념을 신봉한다.

만물이론 물리학자들을 믿는다면, 그들은 곧 창조의 "청사진"을 드러낼 뿐 아니라 신이 이 우주적 계획을 어떻게 실현했는지, 그가 어떻게 "이데아"에서 도출한 공식들을 물질적으로 구현하여 우주를 창조했는지도 보여줄 수 있을 것이다. 그들이 개인적으로 신을 믿든 믿지 않든, 많은 만물이론 물리학자는 일반 대중에게 우주의 진화를 규명하는 일이 신적 계획을 밝혀내는 일과 연관되는 듯한 인상을 심어주고 있다. 1992년에 천문학자 조지 스무트George Smoot(1945-)*가 우주배경복사 내의 파동ripples in the cosmic microwave background radiation(빅뱅의 반향인 파동)을 발견했을 때, 그가 대뜸 언론에 건넨 말 한마디는 "그것은 마치 신의 얼굴을 보는 것과도 같았다!"라는 것이었다.[238] 마찬가지로, 노벨상 수상자인 입자물리학자 리언 레더먼은 힉스 보손Higgs boson이라는 이름의 입자를 "신神의 입자God Particle"라고 불렀다. 현재의 통일이론에 따르면, 힉스 보손은 초힘의 최초 분열에서 핵심 역할을 했다.

거의 200년 동안이나 우주의 창조설 및 그에 따르는 신적 연상들을 부인해오던 물리학자들이 이제 창조와 창조주 신을 얼싸안으려 달려든다는 것은 보통 아이러니가 아니다. 지난 몇 년 동안 그들은 실제로 신을 자기들의 대중 선전용으로 접수하고 있으며, 신이야말로 그들 연구의 최종 목표라는 말도 심심찮게 들려오고 있다. 『시간의 역사』의 무의식적 전언도 바로 그것이다. 호킹은, 통일이론의 탐색을 따라가다 보면 "신의 마음"을 들여다보게 되리라고 암시한다. 레더먼은 한층 웅변적이다. 그의 1993년 저서 『신의 입자』는 미국이 현재 폐기한 10억 달러 넘는

---

* 미국 물리학자. 2008년 노벨 물리학상 수상.

초전도 초충돌기Superconducting Supercollider, 즉 통일의 증거를 찾는 것을 주목적으로 하는 기계에 투자해야 하는 이유에 대한 긴 논의라고 할 수 있다. 초충돌기의 주요 목표는 힉스 보손, 즉 레더먼의 "신의 입자"를 발견하는 것이었으며, 레더먼은 마치 "10억 달러를 다오, 그러면 우리 물리학자들이 주님을 너희들에게 내어주마"라고 말하는 듯하다.

레더먼의 책은 이른바 그의 "신新 신약성서The Very New Testament"에서 빌린 문구로 점철되어 있다. 초충돌기를 소개하면서, 그는 그 가상의 문서에서 다음 글을 "인용"하고 있다. "주께서 내려오사 인간의 아이들이 지은 가속기를 보셨다. 주께서 가라사대, 보라, 내가 혼미하게 만들어놓은 것을 사람들이 풀어내고 있구나, 하셨다. 주께서 한숨지으시며 가라사대, 가자, 내려가자, 그리고 그들에게 신의 입자를 주어 내가 만든 우주가 얼마나 아름다운가를 보게 하자, 하셨다(신 신약성서 11장 1절)."[239] 레더먼은 그의 책 곳곳에서 제멋대로 신을 불러내며, 심지어 자기 연구의 한 장章에 "우리가 주말 동안 우기성偶寄性, Parity을 침해하고 …… 신을 발견한 경위"라는 제목까지 붙였다.[240] 이런 말은 입자물리학이야말로 신성에 이르는 지름길임을 시사한다.

레더먼은 자신의 종교적 함의를 강화하고자, 동료 입자물리학자 로버트 윌슨Robert Wilson(1936-)*이 가속기를 성당에 비유한 언급을 인용한다. "성당도 가속기도 신앙과 관련한 것으로

---

* 미국 전파천문학자. 빅뱅 이론을 지지하는 발견으로 1978년 노벨상 수상.

큰 비용을 들여 지어졌다. 둘 다 영적 고양과 초월, 그리고 바라기는, 계시를 제공한다."[241] 가속기를 예배 장소로 간주하는 것이나 사이비 종교 문서를 지어내는 것, 또 자신의 책에 신神을 운위하는 제목을 붙인 것은 모두가 물리학이라는 난해하고 기술적인 작업에 좀 더 대중적인 호소력을 부여하려는 시도이다. 그가 정말로 힉스 보손을 신의 입자라고 생각했는지 아닌지는 알 수 없다. 호킹도 그렇지만, 레더먼의 신학적 논의가 진정한 종교적 신앙에서 나오는 것인지, 과학적 오만에서 나오는 것인지, 아니면 그저 책을 팔려는 욕심에서 나오는 것인지는 분명치가 않다. 중요한 것은 그가 신과 물리학을 결부시키는 일이 대중에게 큰 호소력을 지닌다는 점을 분명히 알고 있었다는 사실이다. 그런 현상의 밑바닥에는 물리학자들이 신과 대화할 신임장을 가진 사람들이라는 가정, 즉 신학적 역할을 맡도록 일반대중이 받아들인 사람들이라는 가정이 깔려 있다.

호킹, 레더먼, 스무트. 이들은 우리 시대 물리학의 핵심 인물들이다. 스무트는 세계 정상급 천문학자이며, 레더먼은 노벨상 수상자이고, 호킹은 우리 시대의 대표적 이론가이다. 이들은 모두 공공연히 통일이론의 탐구를 신과 연관시켜왔다. 우리 시대 물리학과 신의 연관은 그들만 제시하지 않았다. 실로 이런 종류의 연관 짓기는 물리학자들 특유의 것이 되어왔다. 적어도 그들의 대중적 저서에서는 그렇다. 이런 주제로 책을 낸 다른 물리학자로는, 『신과 새로운 물리학』, 『신의 마음』 등을 쓴 영국 물리학자 폴 데이비스가 있다.[242] 또, 일반상대성의 전문가 프랭크

티플러Frank Tipler(1947-)는 누구보다도 한술 더 떠, 1994년『불멸의 물리학: 현대우주론과 신과 죽은 자들의 부활』이라는 제목의 책을 발표하여, "편재하시고 전지하시고 전능하시며 진화하시는 개인적 신을 위한 순수히 과학적인 이론"을 발견했노라고 선언했다.[243]

이들 중에 몇몇은, 특히 폴 데이비스는, 진정으로 과학과 영성 간의 접근을 모색한다. 그 밖에도『한 물리학자의 신앙』[244]을 쓴 입자물리학자이자 영국 성공회 신부인 존 폴킹혼John Polkinghorne(1930-2021)이나, 버클리 소재 신학과 자연과학 센터를 설립한 물리학자이자 신학자인 로버트 존 러셀Robert John Russell(1946-) 같은 이들도 그런 접근을 시도했다.[245] 그러나 광고용으로 신을 내세우는 많은 물리학자는 진지한 신학적 영적 사색에 참여하고 있지 않다. 수리과학과 신성을 연관 짓는 천 년 이상의 전통을 따라, 그들은 그저 자기들의 활동을 유사 종교적인 조명 속에 제시하는 일을 정당한 것으로 여긴다. 20세기 과학의 세속적 분위기에도, 어떤 물리학자들은 우리가 그들을 대제사장, 세계에 대한 초월적이고 심지어 신적인 지식으로 인류를 끌어올려 줄 대제사장으로 보아달라고 요구하고 있다.

피타고라스에서 뉴턴에 이르기까지, 세계에서 수학적 관계들을 탐구하는 일은 공식화된 종교적 구도 내에서 이루어졌다. 종교적 기조가 다시금 불거져 나왔다는 것은 놀랍기보다는 어쩔 수 없는 일이다. 피와 살을 가진 여느 인간처럼, 수학적 인간에게도 내적인 심리적 타성이 있다. 우리 각자 유년기와 사춘기에 배운 것을 성년기로 가져가듯, 수학적 인간도 과거의 반향을 가져온 것이다. 하지만 나는 물리학자의 이런 사제상이 재등장한 일이야말로 여성의 물리학 참여를 가로막는 중요한 요인이라고 생각한다. 상대성이나 양자역학의 창시자 중 여성이 없듯이, 만물이론을 모색하는 이 중에도 여성은 거의 없다. 21세기에도 우리의 수학적 세계상은 여전히 남성이 구축하고 있으며, 여성은 물리학계의 해석적 핵심에서 여전히 극소수에 그친다.

10장 수학적 여성의 등장

20세기 내내 여성은 물리학계에 자리를 얻고자 싸움을 계속해야 했다. 그리고 여성은 여전히 그렇게 하고 있다. 핵물리학자 페이 아이젠버그셀러브Fay Ajzenberg-Selove(1926-2012)는 자서전에서 이렇게 말하고 있다. "탁월한 여성이 연구 중심 종합대학의 물리학과 정년 보장 교수로 임용되는 일이 남성보다 더 어렵지 않게 되면 크나큰 발전이 이루어질 것이다."[246] 아이젠버그셀러브는 성차별의 찬바람을 몸소 체험했다. 1950년대에 그는 하버드 대학 물리학과 과장에게서 여성이므로 강사직을 얻을 수 없다는 완곡하지만 확고한 거절의 말을 들었다. 역시 1950년대에, 그는 프린스턴 대학 물리학과의 동료들에게서 사이클로트론cyclotron(원자핵 가속 장치)을 사용하는 일련의 실험에 참여하도록 권유받았지만, 그렇게 하려면 밤에만 몰래 출입해야 했다.

왜냐하면 학과장은 "건물 내 여성 출입 금지"라는 규칙을 정해 두고 있었기 때문이다.

그렇게 현저한 성차별은 이제 미국에서는 있을 수 없게 되었지만, 그렇다고 해서 과학 분야에 은근한 성차별이 사라지지는 않았다. 하버드 대학 물리학과는 1970년대에 반反차별법으로 불가피한 상황이 되어서야 여성을 교수진에 받아들였으며, 그것도 전임강사급junior faculty이 고작이었다. 하버드 대학에서는 1992년에야 여성 물리학자를 정년 보장 교수로 임용했으며, 프린스턴 대학에서는 1995년 초까지도 여성에게 정년직을 주지 않았다.* 물론 양 대학의 학과들은 그럴 만한 역량을 갖춘 여성이 없었기 때문이라고 항변했겠지만, 아이젠버그셀러브가 지적하듯이, "하버드에건 다른 어느 대학에건, 이류밖에 안 되는 남자 교수가 많다." 그러고 나서 그는 다음과 같이 짓궂은 말을 덧붙였다. "나는 이류밖에 안 되는 여성이 정년직을 받는 것을 보게 되면 비로소 여성에 대한 차별이 없어졌다고 믿겠다."[247] 그의 자서전은 뛰어난 핵물리학자로서 오랜 경력 동안 그를 도와준 많은 남성(특히 캘리포니아 공과대학Caltech의 톰 로리첸Tom Lauritsen과 그의 남편인 입자물리학자 월터 셀러브Walter Selove)에 대한 이야기를 싣고 있지만, 그렇더라도 물리학계 전반이 여성을 결코 대등한 동반자로 받아들이지 않았다는 사실은 여전하다.

20세기에 물리학을 연구하는 여성이 당면했던 난관을 고스

* 이후 1997년에 리사 랜들Lasa Randall(1962-)이 MIT, 프린스턴 대학의 정년 보장 교수가 되었다.

334

란히 보여주는 예가 뛰어난 중국계 미국 입자물리학자로 마땅히 노벨상을 받아야 했다고 널리 인정받고 있는 우젠슝吳健雄, Chien-Shiung Wu(1912-1997)의 생애이다. 그는 중국에서 태어났다. 아직도 전족이 흔하던 시절이었다. 하지만, 이 책에 등장한 많은 여성처럼, 그의 아버지 우종이吳仲裔는 여성의 평등권을 신봉할 만큼 대단히 깨어 있는 사람이었다. 1911년 중국 혁명에 참여하고자 공학 공부를 그만두었던 우종이는 고향인 류허瀏河 마을로 돌아가 그 지역 최초의 여학교를 열었다. 우젠슝의 어머니 판푸화도 학교에서 일했고, 마을의 집집을 방문하여 딸들에게 전족을 강요하지 말고 교육받게 하라고 부모들을 설득했다. 눈부신 학교 성적을 거둔 우젠슝은 중국의 엘리트들이 다니는 국립중앙대학에 선발되었고, 거기서 물리학을 전공했다. 그러나 중국의 대학들에는 물리학 대학원 과정이 없었으므로, 우젠슝은 공부를 계속하려면 외국으로 가야 한다는 것을 깨달았다. 다시금, 깨어 있는 남성이 나서서 그를 도왔는데, 이번에는 중국 최초의 장거리 버스 사업을 시작하여 부자가 된 숙부가 우젠슝의 미국 유학비를 대주었다.

우젠슝은 미국 유학을 떠나면서 박사 학위를 취득한 뒤 돌아와서 조국 근대화에 기여한다는 목표를 세웠다. 마리 퀴리가 그랬듯이, 그도 자신의 민족을 위해 과학을 사용하기를 열망했다. 처음에는 미시간 대학에 갈 계획이었지만, 1936년에 미국에 도착한 뒤에는 미시간 대학에서 여학생이 학생회관 건물을 사용할 수 없다는 사실을 알았고, 그래서 대신에 버클리 대학을 택했

다. 그곳에서 우젠슝은 에밀리오 세그레Emilio Segrè(1905-1989)*
의 핵물리학 팀의 일원이 되었으며, 1940년에 학위를 취득했다.
졸업 후에는 곧 핵분열의 전문가로서 명성을 얻었지만(로버트
오펜하이머Robert Oppenheimer(1904-1967)**는 우젠슝을 "최고 권위the
authority"라고 불렀다[248]), 버클리 대학 물리학과는 우젠슝을 교수
로 임용하기를 거부했다. 1940년대 초에는 미국의 상위 20개
종합대학을 통틀어 여자 물리학 교수라고는 단 한 명도 없었고,
버클리 대학은 그 점에서 선두를 달릴 마음이 없었다. 세그레는
학과에서 그에게 마땅한 자리를 마련해주지 않는 데 격분했으
나, 반反아시아 감정이 강했던 시절이라 다른 사람들의 마음을
바꿀 가망이 없었다.

우젠슝은 핵분열에서의 전문성을 인정받아 전쟁 인력으로
동원되었고, 컬럼비아 대학 지하실에서 맨해튼 프로젝트***에
쓰일 민감한 방사능 탐지기를 개발하는 일에 참여했다. 전쟁이
끝나자, 우젠슝은 맨해튼 프로젝트에 참여했던 물리학자 중 컬
럼비아 대학 연구원으로 초빙된 극소수에 속했으나, 여전히 교
수직은 얻지 못했다. 그가 세계에서 가장 뛰어난 실험 핵물리학
자 중 한 명으로 명성을 확립하기에 이르렀던 1952년 이전에는

---

* 이탈리아계 미국 물리학자. 1955년에 반反양성자를 실험적으로 증명하여
1959년 노벨 물리학상을 받았다.

** 미국 물리학자. 양자 이론에 관한 여러 저작을 남겼으며, 최초의 원자폭탄
을 만드는 일에도 참여했다.

*** 미국의 원자폭탄 개발 계획.

부副교수직조차 얻을 수 없었다. 그는 1981년 은퇴하기까지 줄곧 컬럼비아에서 일했는데, 일을 수행하는 능력, 탁월성에 대한 집착, 대학원생에 대한 "노예 감독"식 지도 등은 용 부인Dragon Lady이라는 별명까지 만들어냈다. 그렇지만, 항상 중국 전통 비단옷을 입고 다니는 이 자그마하고 섬세한 여성은 어려운 실험을 아무도 흉내 내지 못할 만큼 정확하게 해내곤 했다.

1956년 두 명의 중국계 미국 물리학자가 놀라운 제안을 했을 때에 요구된 것은 바로 이 정확성이었다. 리정다오李政道, Tsung-Dao Lee(1926-)와 양전닝楊振寧, Chen-Ning Yang(1922-)은 어떤 입자 반응들에서는 물리학의 기본 법칙이 깨질지도 모른다는 의견을 발표했다. 그 법칙이란 반전성parity, 즉 입자의 반응들은 항상 대칭적이라야 한다는 법칙이었다. 리정다오와 양전닝은 어떤 반응에서는 비대칭이 생겨날지도 모른다면서, 실험물리학자들이 이를 실험해보도록 제안했다. 그러나 리정다오와 양전닝을 포함한 물리학자 대부분은 반전대칭성의 법칙이 면밀한 검토를 견뎌내리라고 믿었고, 관계되는 실험이 너무 까다로웠으므로, 아무도 이미 누구나 다 아는 것을 "증명"하는 데 시간을 낭비하려 하지 않았다. 하지만 우젠슝은 이 문제를 진지하게 검토해볼 만하다고 생각했다. 실험해보면 대칭 법칙의 유효성을 확증할 수 있을 것이었다. 그래서 그는 곧 팀을 구성하여 미국 국립 표준국National Bureau of Standards*에 거점을 두고 강행군을

---

* 1988년 국립 표준 기술 연구소National Institute of Standards and Technology 가 되었다.

시작했다. 1957년 초에, 그들은 예상을 뒤엎고 입자 반응이 항상 대칭적이지는 않다는 증거를 얻어냈다. 반전성은 때로 깨졌다. 이 소식은 물리학계에 충격파를 일으켰는데, 우젠슝의 팀이 자연의 근본 법칙으로 여겨지던 것에 반대 증명을 해냈을 뿐 아니라, 이 결과는 약한 핵력을 이해하는 데 중대한 의의가 있었기 때문이다. 이 발견은 곧 인정받았고, 불과 10개월 뒤에 리정다오와 양전닝은 노벨 물리학상을 수상했다.

리정다오와 양전닝뿐이었다. 『노벨 과학상을 탄 여성들』을 쓴 섀런 버치 맥그레인은 "노벨 위원회는 전에도 비슷한 판결을 했다"라면서, 상을 타는 것은 이론가들이지 그 이론을 증명하는 실험가들이 아니라고 지적했다.[249] 그러나 이 사례에서는 실험이 전부였고, 리정다오와 양전닝조차도 자신들의 이론과 반대 결과가 나오리라고 기대했던 터였다. 불운하게도, 우젠슝의 실험 결과들에 관한 소문이 새어 나오기 시작하자, 다른 사람들도 소동에 뛰어들었고, 레더먼이 이끄는 팀은 훨씬 더 정밀한 장비로 비슷한 결과를 산출했으며, 우젠슝의 공식 발표가 있기 불과 며칠 전에 자신들의 결과를 발표했다. 그러므로, 우젠슝은 반전성 비보존을 증명하는 결과를 가장 먼저 얻어냈고 실험 실행 자체도 가장 먼저 생각했지만, 깨끗이 가로채이고 말았다. 그러나 우젠슝은 비록 노벨상은 받지 못했으나 울프상Wolf Award, 미국 국립 과학 아카데미에서 주는 콤스톡상Comstock Award을 비롯하여 그 밖의 중요한 물리학상은 모두 받았으며, 여성으로서는 처음으로 미국 물리학회 회장까지 되었다. 그리고 이런 성공의 여파로 마침내 컬럼비아 대학은 그를 정교수로 임용했다. 그렇더라도, 노벨상만큼 신화적인 것은 없으며, 그것을 타지 못한 일은 우젠숭에게 큰 실망이었을 것이다.

마리 퀴리 외에 노벨 물리학상을 받은 단 한 명의 여성은 독일계 미국 이론물리학자 마리아 괴페르트메이어Maria Goeppert-Mayer(1906-1972)였다.[*] 그는 1963년 원자핵 껍질 이론shell theory of atomic nucleus으로 한스 옌젠Hans Jensen(1907-1973), 유진 위그너 Eugene Wigner(1902-1995) 등과 함께 수상했다. 독일에서 태어나고 교육받은 마리아 괴페르트가 1930년 미국에 간 이유는 젊은 미국 물리화학자 조지프 메이어와 사랑에 빠져 결혼했기 때문이었다. 양자역학에 관한 뛰어난 박사 학위논문을 썼음에도, 마리아는 미국의 어떤 대학에서도 자신을 교수로 채용하지 않으리라는 것을 깨달았고, 그래서 뇌터처럼 그도 여러 대학에서 무급으로 비공식적인 일자리들을 받아들여야 했다. 이런 상태가 30년이나 계속되었다. 1960년, 그러니까 마리아가 노벨상을 받게 될 작업을 마친 지 10년 뒤에야, 이 일급 물리학자는 정식 보수를 받는 대학교수직을 얻었다. 그러기까지 그는 여러 명예직과 헌신적인 남편의 지원으로 만족해야 했다. 다행히도, 마리아 괴페르트는 실로 드문 동반자를 발견했다. 조지프 메이어는 배우자와 다른 분야에서 일하고 있었지만, 처음부터 배우자의 비상한 재능을 알아보았고, 결혼 생활 내내 배우자가 자기 일을 계

[*] 1995년 이후 노벨 물리학상을 수상한 여성은 3명이다. 도나 스트리클런드 (2018), 앤드리아 게즈(2020), 안 륄리에(2023).

속하도록 강경히 주장했다. 노벨 물리학상을 받은 단 두 명의 여성이 드물게 헌신적이고 계몽된 남자와 결혼한 여성이었다는 사실은 결코 우연의 일치가 아니다.

물리학을 연구하는 여성, 사실상 모든 과학을 연구하는 여성의 여건은 1970년대 이후로 크게 개선되었다. 그렇지만, 여권 의식이 전에 없이 높아진 이 시대에도 여전히, 물리학은 압도적으로 남성 지배적인 분야이다. 물론 여성 물리학자가 이전 어느 때보다 많아지기는 했지만, 여전히 물리학은 여성 참여도가 단연 최하인 분야이다. 미국 물리학 연구소 1992년 통계에 따르면 미국에서 물리학 학사 학위를 받은 사람 중에 여성은 15퍼센트, 박사 학위를 받은 사람 중 여성은 11퍼센트, 정교수 중 여성은 단 3퍼센트에 지나지 않는다. 1994년에도 여성은 정교수 중 단 3퍼센트뿐이지만, 부교수 중에는 8퍼센트, 조교수 중에는 10퍼센트가 여성이다. 박사 학위를 받는 여성과 교수직에 들어가는 여성이 조금씩 늘어나는 것으로 보아 장래에는 물리학계에서 여성의 비율이 나아질 전망이다. 그러나 이런 희망을 품을 소지는 분명 있지만, 성장률이 느려지고 있으므로 미리부터 만족할 형편은 못 된다.[*]

[*] 2024년 미국 물리천문학회 통계에 따르면, 2022년 물리학 학사 및 박사 학위를 받은 사람 중 여성은 각각 24, 18퍼센트이다. 2002-2020년 사이 물리학 분야에서 학위를 받은 여성의 비율은 계속 증가했지만, 2022년 물리학 및 천문학 교수진의 여성 비율은 각각 18, 23퍼센트로 여전히 적고, 정교수직은 더 적어서 각각 13, 17퍼센트에 그쳤다. https://ww2.aip.org/statistics/the-state-of-the-academic-work force-in-physics-and-astronomy-departments-2000-2022 참고.

물리학 분야에서 여성의 비율이 낮다는 사실은 다른 과학 분야와 비교해보면 뚜렷이 드러난다. 미국에서 1991년에 물리학 학사 학위를 받은 사람 중 여성은 15퍼센트이지만, 화학에서는 40퍼센트, 수학과 통계학에서는 47퍼센트, 생명과학에서는 51퍼센트가 여성이다. 마찬가지로, 1992년에 물리학·천문학 박사 학위를 받은 사람 중 여성은 11퍼센트이지만, 수학에서는 19퍼센트, 환경과학에서는 23퍼센트, 화학에서는 26퍼센트, 생물학·생명과학에서는 39퍼센트, 사회과학에서는 47퍼센트가 여성이다. 지난 몇십 년 동안 여성은 사회, 생물, 생명과학 분야에서 큰 전진을 이룩해왔지만, 물리학에서는 전혀 형평을 이루지 못하고 있다. 여성은 이른바 부드러운soft 과학에만 치우쳐 있다.* 우리는 그 이유를 묻지 않을 수 없다. 왜 모든 과학 분야 중에 유독 물리학만 가장 남성 지배적인 분야로 남아 있는가?

　그 대답의 일부는 여성이 자연과학에 진출하는 데서 여전히 맞닥뜨리는 장애물에 있다. 물리학은 그 가장 심한 사례가 될 것이다.『겉도는 무리들: 과학 공동체의 여성들』이라는 책에서, 사회학자 해리엇 주커먼과 공저자들은 20세기에 여성이 이룩한 진보에도, "과학은 수적으로만 아니라 권위와 세력과 영향력의 행사에서도 여전히 남성이 지배하고 있다"라고 썼다.[250] 이런 사실을 극명히 드러내는 것이 노벨 과학상 수상자들의 전체 통계

---

* 이 경향은 여전하다. 2020년 미국에서 학사 학위를 받은 사람 중에서 여성은 각각 물리학 24퍼센트, 화학 53퍼센트, 수학과 통계학 42퍼센트, 생물학 65퍼센트이다. https://nces.ed.gov/programs/digest/current_tables.asp 참고.

이다. 1901년 노벨 과학상 제정 이래, 400명이 넘는 남성 과학자가 노벨상을 받았다(노벨 과학상에는 세 분야(물리학, 화학, 생리의학)가 있는데, 각 분야에서 매년 세 사람까지 상을 탈 수 있다). 이 400명의 남성과 나란히 상을 받은 여성은 단 9명뿐이다. 여기서 이들의 업적을 기리기로 하자. 여성은 남성 동료가 하는 모든 일을 하되, 비교할 수 없을 만큼 더 어려운 상황에서 해낸 셈이니까 말이다. 그 명단은 이러하다. 마리 스크워도프스카 퀴리(물리학, 1903; 화학, 1911), 이렌 졸리오퀴리(화학, 1935), 거티 라드니츠 코리Gerty Radnitz Cori(생리의학, 1947), 마리아 괴페르트메이어(물리학, 1963), 도러시 크로풋 호지킨Dorothy Crowfoot Hodgkin(화학, 1964), 로절린 서스먼 앨로Rosalin Sussman Yalow(생리의학, 1977), 바버라 매클린톡Barbara McClintock(생리의학, 1983), 리타 레비몬탈치니Rita Levi-Montalcini(생리의학, 1986), 거트루드 엘리언Gertrude Elion(생리의학, 1988).*

노벨 과학상을 받은 여성이 이렇게 적다는 것은 다른 여성이 과학자가 되는 데 또 한 가지 문제점을 제기한다. 즉 본보기가 많지 않다는 것이다. 오늘날까지도 일반 대중이 이름을 아는 여성 과학자라고는 마리 퀴리뿐이다. 역사는 일반적으로 과학, 특

---

* 1995년 이후로 노벨 과학상을 수상한 여성은 총 12명이다. 물리학상 수상자로 도나 스트리클런드(2018), 앤드리아 게즈(2020), 안 륄리에(2023), 화학상 수상자로 아다 요나트(2009), 프랜시스 아널드(2018), 생리의학상 수상자로 크리스티아네 뉘슬라인폴하르트(1995), 린다 벅(2004), 프랑수아즈 바레시누시(2008), 캐럴 그라이더와 엘리자베스 블랙번(2009), 마이브리트 모세르(2014), 투유유(2015)가 있다.

히 딱딱한hard 과학은 항상 남자가 하는 일이었다고 가르치며, 이런 견해는 지금도 대중문화가 끊임없이 주입하고 있다. 영화, 텔레비전, 만화책, 심지어 음악 비디오에서까지도, 수리과학적 "두뇌"는 언제나 거의 남성이다. 〈스타 트렉〉*Star Trek*에 나오는 스포크Spock 박사나 데이터Data, 아니면 영국의 텔레비전 드라마에 나오는 닥터 후Dr. Who에 비길 만한 여성 인물이 어디 있는가? 〈꼬마 천재 테이트〉*Little Man Tate*니 〈바비 피셔를 찾아서〉 *Searching for Bobby Fischer*니 하는, 어린 수학 천재에 관한 할리우드 영화도 여럿 나왔지만, 주인공은 늘 소년이고, 소녀 수학 천재가 나오는 것은 본 적이 없다.

학교 교육도 나을 것 없다. 『공정성의 실패: 미국의 학교들은 어떻게 여학생들을 기만하는가』(1994)라는 책은 미국 교육의 성차별을 연구한 훌륭하면서 우울한 연구이다. 공저자인 마이라 새드커와 데이비드 새드커는 교사들이 수학과 과학 수업에서 여학생보다 남학생을 더 격려하는 경향이 있음을 입증했다.[251] 이는 교사의 성별과 무관하며, 오스트레일리아와 유럽의 연구에서도 발견된 현상이다. 저자들은, 전국 어느 학교에서나, 교사들이 여학생보다 남학생에게 더 자주 질문에 대답할 기회를 주며, 대답에 대해 더 충실히 반응한다는 것을 관찰했다. 이런 불평등이 비단 수학과 과학 수업에만 국한되지는 않지만, 특히 이런 과목에서 두드러지게 나타난다. 단적인 예로, 저자들은 한 초등학교에서 교사가 여자아이는 산수 블록 쌓기에서 몰아내고 남자아이만 들어가 놀도록 하더라는 사례를 들고 있다.[252] 그들의 보고에 따르면, 그런 사건이 각급 교육기관에서 흔히 일어난다고 한다.

1992년에 잡지 《글래머》의 조사에 따르면, 응답자의 74퍼센트가 "여학생을 차별하고 남학생에게 더 관심을 기울인" 교사를 겪었노라고 응답했다.[253] 수학은 불평등한 대우가 가장 흔한 수업 시간으로 꼽혔다. 빡빡한 수업 환경에서 남학생은 더 오래 말하고, 더 자주 끼어들며, 더 많은 장비를 나서서 다룬다. 남학생이 하나같이 용감무쌍하고 여학생이 하나같이 얌전하다는 것은 아니지만, 학교에서 수학이나 과학 수업의 혜택은 남녀 학생에게 고르게 돌아가지 않는다. 새드커 부부의 지적대로, 남학생은 여학생보다 더 많은 시간, 더 많은 관심, 무엇보다도 더 많은 격려를 받는다.

학교를 마친 뒤에도, 과학 분야로 나아가려는 여성은 커다란 장애물에 계속 부딪힌다. 주커먼을 비롯하여 우리 시대의 과학 문화 연구자들이 지적했듯이, 과학에서 중요한 활동의 상당 부분은 비공식적으로 이루어지며, 따라서 여성은 학계에 들어간 뒤로도 중요한 비공식 연대에서 자주 제외된다.[254] 인류학자 셰런 트래윅이 입자물리학자들에 관한 인류학적 연구에서 밝힌 바에 따르면, 일본에서는 여성 물리학자가 남자 동료들과 외식하러 나가는 것이 사회적으로 용인되지 않는데, 사실상 중요한 토론은 이런 자리에서 벌어지는 일이 흔하다고 한다.[255] 미국 사회는 남녀가 함께 식사하는 일에서는 좀 더 너그럽지만, 과학계에서 남자만의 연대는 여전히 존재한다. 아이젠버그셀러브는 자서전에서 말하기를 여성 물리학자들은 전문 세미나에 초대되는 일이 남성 동료들보다 적다고 했으며,[256] 주커먼과 공저자들의 보고에서 여성 과학자는 학술지에 실리기 전에 미리 찍은 논문을 받아볼 기회가 드물다고 한다.[257] 즉, 여성은 자기 분야의 "최신" 정보에 접할 가능성이 남성 동료보다 적다. 그런데, 과학에서는 타이밍이 전부라 해도 과언이 아닌 만큼, 이것은 현저한 불이익이 될 수 있다.

또한 남성은 과학 학술지들의 편집진을 거의 독차지하고 있으며, 어떤 자료에 따르면 여성은 논문을 싣기가 상대적으로 더 어렵다고 한다. 더욱 중요한 것은, 여성은 남성 교수진 중에서 멘토를 찾는 데 더 애를 먹는다는 사실이다. 멘토들은 흔히 젊은 과학자를 학계에 진출시키는 데 중요한 역할을 하므로, 이는 매우 중요한 문제이다. 이제는 여성도 계속 분야에 남아 있으면 승진하는 추세지만, 그래도 평균적으로 여성은 승진하는 데 남성 동료보다 여러 해씩 더 걸린다. 여성은 일을 거들어줄 조교도 적고, 장비도 떨어지고, 실제 작업 공간도 작다. 더구나 노골적인 차별도 절대 사라지지 않았다. 어떤 연구에 따르면, 대학의 중진 과학자들에게 한 통은 조앤, 한 통은 존의 이름으로 가짜 이력서를 보내서 의견을 물었더니, 존은 부교수로 추천하고 조앤은 조교수로 추천하더라는 것이다. 이력서의 내용은 똑같았는데도 말이다.[258]

하지만 이 모든 장애에도 여성은 대부분의 과학 분야에서 큰 진전을 이루고 있다. 물리학에서라고 왜 안 되겠는가? 20세기 후반에는 인도, 영국, 노르웨이, 캐나다, 심지어 파키스탄과 튀르키예에서도 여성이 국가원수가 되었는데, 같은 기간 동안 단 한 명의 여성도 노벨 물리학상을 받지 못했다는 것은 참으로 기막힌 일이다. 그에 비하면, 같은 기간 동안 노벨 생리의학상을 받은 여성은 네 명이나 된다. 여성이 이슬람교 국가들에서도 국가원수가 되는 마당에, 왜 물리학에서는 정상에 오르지 못하는가? 서구의 근본적인 세계상을 구축하는 학문이 여전히 그처럼 남성 지배적인 것은 무엇 때문인가?

또 다른 논평자들이 지적했듯이, 여성이 물리학에 참여하는 것을 계속 방해하는 또 다른 요인은 여성이 수학 능력에서 남성보다 선천적으로 열등하다는 편견이 가시지 않기 때문이다. 여성도 남성 못지않은 지적 능력이 있다는 것이 일반적으로 인정되고 있음에도, 여성의 두뇌는 선천적으로 언어 능력에, 남성의 두뇌는 수리 능력에 각기 더 적합하다는 믿음이 널리 퍼져 있다. 물리학이란 가장 수학적인 과학이므로, 이런 견해는 물리학이 남성의 일이라는 전통적인 문화적 상투성을 강화하게 된다. 지난 10년 동안, 양성 간의 두뇌 차이는 다시금 흥미로운 연구 과제로 떠올랐는데, 많은 연구가 수리 능력에서 성차를 증명하려는 의도에서 비롯했다. 남성뿐 아니라 여성도 이런 연구를 했는데, 이 분야의 권위자 중 한 사람인 캐나다 심리학자 도린 키무라는 남성이 "수학적 추리"를 요구하는 시험과 복잡한 공간 관계에 대한 분석 능력을 요구하는 시험들을 더 잘 해냈다고 보고했다.[259]

키무라를 비롯한 연구자들이 그런 연구에서 끌어낸 결론은 남성이 수학을 잘해야 하는 종류의 사고방식에 선천적으로 더 적합하다는 것이었다. 그 대신 여성은 아마도 "인지적" 능력과 언어 능력에 더 적합하리라고 했다. 인지적–언어적 여성 정신과 분석적–수학적 남성 정신이라는 이런 양극성은 실상 18세기에 그처럼 유행했던 보완 이론의 현대판일 뿐이다. 또다시, 여성과 남성은 근본적으로 동등하되 각기 뛰어난 분야가 따로 있으며, 수학은 "자연적으로(당연히)" 남성의 영역에 속한다는 주장이다.

언뜻 보면 이런 주장도 일리가 있지만, 곰곰이 생각하면 문제가 있다. 어린아이들은 수학 능력의 공식 평가에서 아무런 성별 능력 차를 보이지 않는다는 점이다. 1960년대 말 이래로, 미국 정부 지원기구인 미국 국립 교육 진도 평가원NAEP은 미국 학생의 수학이나 과학 같은 주요 과목들의 실력 평가를 시행해왔다. 조사는 9세, 13세, 17세 학생을 대상으로 한다. 그런데, 1990년 NAEP 통계에 따르면, 9세 학생의 실력 평가에서 500점 만점에서 여학생의 평균 수학 점수는 230.2, 남학생의 평균 수학 점수는 229.1이었다. 국립과학기구의 보고에서도 강조되었듯이, "이 연령 집단에서는 성별 실력 수준이 거의 비슷하다." 그리고 이런 현상은 13세 집단을 대상으로 한 평가에서도 마찬가지의 결과를 보였다.

그러나 17세에는 약간의 차이가 생겨나서, 17세 여학생은 남학생보다 1퍼센트가량 뒤진다. 그러나 이 적은 차이만으로 결론을 내릴 수는 없는데, 이때 여학생의 평균 점수는 남학생보다 약간 뒤지는 정도이지만, 학교를 졸업할 무렵에는 NAEP 수학 평가에서 상위 집단에 드는 여학생이 극히 드물어지며, 고등 수학 과목을 택하는 여학생도 별로 없기 때문이다. 게다가, 대부분 대학에서 입학 심사 자료로 요구하는 학력평가시험 SAT에서는, 남학생이 여학생보다 수학에서 50점이나 앞서고 있다. 하지만, 일단 대학에 들어가서는, 학부 수준에서 성별 간의 차이가 크지 않음을 알 수 있다. 미국에서는 수학 및 통계학에서 학사 학위를 받은 사람 중 거의 절반을 여성이 차지하고 있다. 여성 비율이 다시금 폭락하는 것은 상급 학위, 특히 박사 학위에 이르러서이다.[260]

NAEP 통계와 학사 학위를 받은 사람에 관한 통계들은 수리 능력에서 여성이 남성보다 선천적으로 열등하지는 않지만, 고학년으로 올라갈수록 여성의 수학적 재능은 남자 동급생보다 덜 계발된다는 사실을 시사한다. 이런 견해는 새드커 부부의 연구에서도 확인된다. 그들은 여학생이 사춘기에 이르면 자신의 지적 능력을 충분히 발휘하지 않으려는 경향이 있다는 것을 발견했다. "머리 좋은 학생 brain"이란 10대들에게는 흔히 여성적이지 못한 것으로 여겨지고, 많은 총명한 여학생이 머리 좋게 여겨지기보다는 실제보다 덜 똑똑한 척함으로써 좀 더 인기를 얻는 편을 택했다.

새드커 부부는 그런 식으로 자신의 재능을 감추기를 거부했던 한 젊은 여성의 이야기도 전한다. 1991년에 애슐리 라이터는 권위 있는 웨스팅하우스 재능경연대회Westinghouse Talent Search 에서 전국 1위를 차지했다. 상의 일부로, 대회 조직자들은 수상 자들에게 그들이 택하는 인물과 면담을 주선했다. 이들 대부분은 저명한 과학자를 만나고 싶어 했는데, 라이터는 새드커 부부와 만나기를 청했다. 그리고 그들에게, 자신이 바보인 척하기를 거부한 결과 학교에서 어떻게 따돌림당했던가를 이야기했다. 라이터는 이런 일을 자기 혼자만 겪지 않았음을 알고 크게 안심했다고 한다.[261]

여성의 수학적 열등성에 대한 "과학적" 증거라는 것에 대해서도 의문이 제기되어왔다. 『성별의 신화』라는 책에서, 브라운 대학의 생물학 및 의학 교수인 앤 파우스토스털링은 많은 관련 연구를 분석한 결과 엄밀히 검토해보면 그 대부분이 성립하지 않는다는 결론에 이르렀다.[262] 키무라를 비롯한 연구자들이 결과를 조작했다는 것이 아니라, 그들의 통계적 방법 자체가 편파성을 띠고 있다는 것이다. 파우스토스털링의 지적대로, 두 집단 간의 차이를 발견하기만 원한다면 여러 비교법을 동원할 수 있으며, 그러다 보면 어떤 식으로든 차이를 발견할 수 있다. 하지만, 파우스토스털링이 강조하는 대로, 진짜 문제는 그런 통계에서 어떤 결론을 정당하게 도출할 수 있느냐이다. 통계는 정말로 성별에 따른 수리 능력에 선천적 생물학적 차이가 있음을 나타내는가?

파우스토스털링을 비롯하여 이 문제를 연구한 많은 다른 연구자에 따르면, 수리 능력에서 타고난 성차性差에 대한 명백한 증거는 없다. 모든 연구가 사실상 약간의 차이를 발견하기는 하지만, 그것은 항상 불과 몇 퍼센트라는 근소한 차이일 뿐이다. 파우스토스털링은 이 정도의 차이는 생물학보다는 사회화 과정에서 생긴 차이로 쉽사리 설명할 수 있다고 주장한다. 가령, 남자아이는 여자아이보다 레고 장난감(어린이에게 복잡한 공간적 관계에 대한 이해를 증진하는)을 더 많이 가지고 있으며, 이런 비공식적인 수학 훈련은 목공예, 금속공예 등의 활동이나 야구, 농구 같은 스포츠를 통해 남자아이의 성장기 내내 이어진다. 이와 달리, 여자아이의 놀이 활동은 비공식적인 수학 훈련을 제공하는 것이 별로 없다. 그러므로 파우스토스털링은 성인이 된 여성이 공간지각력 테스트에서 약간 뒤떨어진다고 해서 그것이 반드시 수리 능력의 선천적 열등성을 의미할 수는 없다고 주장하며, 그 원인이 관계 신경 조직의 결함이 아니라 단순히 경험 부족일 뿐이라고 말한다.[263]

물리학계에서 여성이 차지하는 비율이 낮다는 것을 생물학적으로 설명할 수 없다는 점은 인접 분야인 수학에서 여성이 차지하는 비율과 비교해보더라도 알 수 있다. 각급 학위 과정에서 물리학보다 수학을 선택하는 여성의 비율이 높다. 이미 지적했듯이, 수학 및 통계학에서 학사 학위를 받은 사람 중 여성은 47퍼센트인 데에 비해, 물리학에서는 15퍼센트에 지나지 않는다. 수학 및 통계학에서 박사 학위를 받은 사람 중 여성은 19퍼센트인 데에 비해, 물리학에서는 11퍼센트에 지나지 않는다. 이는 새로운 현상이 아니다. 미국 여성이 고등교육을 받게 된 이래로 줄곧, 물리학보다 수학을 선택하는 여성이 더 많았다. 『미국의 과학인』*American Men of Science*이라는 시사적인 제목*을 달고 있는 1921년 판 『미국 과학 인명사전』[264]에 여성 수학자는 42명이 들어 있지만, 여성 물리학자는 21명뿐이다. 1938년 판에서는 여성 수학자가 151명, 여성 물리학자가 63명이다. 단순히 수적으로 따지더라도 물리학보다 수학 분야의 여성이 많을뿐더러 (남성은 정반대) 비율로 보면 차이가 훨씬 더 크다. 20세기 내내 수학에서 여성이 차지하는 비율은 물리학에서보다 최소 두 배는 되어왔다.

어떤 식으로 보더라도, 여성은 수학보다는 물리학에 진출하기가 더 어려웠다. 하지만, 이것도 여성의 선천적 결함이 아니라 강력한 문화적 관성(여성 물리학자를 계속 배척하는)을 시사한다. 남자끼리의 연대, 많은 대학이 여전히 지닌 암암리의 이중 기준, 젊은 여성을 이끌어줄 만한 여성 물리학자의 부족, 이 모든 것이 물리학에서 성 불균형을 초래하는 요인이다. 그러나 여성이 미국의 생물학 및 사회과학에서 거의 절반을, 화학 및 수학에서 4분의 1 이상을 차지하게 된 시대에, 물리학에서만 이처럼 비율이 낮다는 것은 좀 더 설명이 필요한 일이다.

이 책의 전제 중의 하나는 여성이 과학에 진출하는 과정에서 겪어왔던 역사적 문제가 여성이 성직에 진출하는 과정에서 겪어왔던 문제와 병행한다는 것이다. 여성은 한편으로는 자연의

---

* 과학자를 총칭하면서 남성 과학자Men of Science라는 말을 쓴 것이 시사적이라는 뜻이다.

"책"을 해석할 권리, 다른 한편으로는 성서를 해석할 권리를 얻고자 투쟁해왔다. 둘 다 오래 끌어온 싸움이지만, 이제 여성은 그리스도교의 많은 종파에서 목사가 될 권리를 얻고 있으며, 마찬가지로 과학 교회의 많은 "종파"에서도 전진하고 있다. 이렇게 비유하자면, 여성이 물리학에 진출하면서 겪는 문제는 여성이 로마가톨릭교회의 성직에 진출하려 하면서 겪는 문제와 견줄 수 있다. 둘 다 가장 완강한 남성 세력의 보루(하나는 과학에서, 다른 하나는 그리스도교에서)이며, 따라서 여성이 뚫고 들어가기에 가장 힘든 분야들이다.

이런 비유는 단순히 기발한 것으로 보아 넘길 일이 아니다. 왜냐하면, 이 책에서 지금까지 보여주었기를 바라지만, 근현대 물리학사 대부분은 그리스도교와 긴밀히 얽혀 있기 때문이다. 그렇게 오랜 연관이 하루아침에 사라지기를 기대할 수는 없으며, 앞서 보았던 대로, 물리학에는 여전히 이런 과거사의 강력한 반향이 남아 있다. 남성 전유의 로마가톨릭교회 성직 배후에 막대한 문화적 관성이 계속되고 있듯이, 남성 전유의 과학적 "성직"이라는 개념 배후에도 막강한 관성이 계속되고 있다.

물리학 분야의 여성 진출을 가로막는 문화적 관성은 특히 남성-여성, 하늘-땅 식의 이분법, 서구 무의식에 아직도 강하게 남아 있는 이분법에서 비롯된다는 것이 내 생각이다. 호메로스 시대 이래로, 여성은 물질적인 것, 육체적인 것, "지상적인" 것으로, 남성은 영적인 것, 정신적인 것, "천상적인" 것으로 분류해왔다. 그리스인 대다수, 특히 아리스토텔레스와 그의 추종자들에게 심령적psychic 초월을 추구하는 것은 남성뿐이고, 여성은 완전하지 못한 영혼을 지니므로 영구히 육신의 물질적 감옥에 갇히리라고 여겨졌다. 아리스토텔레스의 시대가 지난 지도 이미 오래되었지만, 서구 사회는 여전히 여성이 육신적이고 사적이고 가정적인 영역에 "묶여grounded" 있을 것을 기대하고 있다. 남성성과 심령적 초월을 관련짓던 고대적 사고방식이 오늘날 수리과학의 남성 지배를 여전히 지탱하고 있다.

그러나 여성의 이런 "묶임"이야말로 남성 물리학자들이 그들의 "초월"을 위한 탐색에 전념할 자유를 얻는 근거이다. 아인슈타인이 그처럼 사적이고 물질적인 것을 경멸할 수 있었던 이유는 그의 만년에 오로지 그를 돌보는 데 헌신하는 두 번째 아내를 맞이한 덕분이었다. 그가 우주적 조화의 탐색에 몰두해 있는 동안, 엘사는 요리하고, 청소하고, 살림을 꾸리고, 그의 주위에 가정적 안락과 평온의 지대를 만들어주었다. 이는 오늘날의 물리학에서도 드물지 않은 양상이다. 트래윅이 입자물리학계의 생활상을 연구한 것을 보면, 학계의 95퍼센트가 남성인데, 아내가 전업주부로 가사에 전념하고 남편을 돌보는 안정된 결혼을 대단히 중요시하는 분위기가 지배적이라고 한다. 트래윅이 면담한 거의 모든 아내는, 엘사 아인슈타인과 마찬가지로 그렇게 중요한 과학 연구의 최전선에 있는 남성을 지원하는 자신의 역할을 영광으로 여기고 있더라는 것이다. 극소수의 여성 입자물리학자는 대체로 다른 입자물리학자 또는 적어도 다른 물리학자와 결혼하는 경향을 보인다고 한다.[265]

서구 문화 전반에는 여성이 여전히 "묶여" 지낼 것이라는 기대가 팽배해 있으며, 이런 기대는 여성의 지적인 생활을 비롯한 생활의 거의 모든 국면에 영향을 미치고 있다. 여자아이는 일찍부터 자신의 신체적 외모나 집안일에 관심을 두도록, 다시 말해 물질적인 것에 깊이 관여하도록 유도된다. 남자아이도 이런 관심사에서 아주 해방되지는 않지만, 적어도 그런 것이 여자아이의 생활에서만큼 크게 남자아이의 생활을 지배하지는 않는다. "우주적 조화"에 대한 탐색이란 전혀 비육신적인 무엇, 전혀 비물질적인 무엇을 추구하는 것이므로, 여자아이에게 중요하다고 가르치는 것과는 정반대인 셈이다. 현대 서구 사회에는 여성의 지적 초월이라는 모델이 없다. 그리스도교 서구에서는, 지적 초월의 전통이 항상 남성 사제직과 연관되어왔다. 이 오랜 역사를 고려한다면, 여성이 과학에 진출해서도 여전히 "지상적"인 생명과학에 편중해 있으며 "천상적"인 수리과학은 여전히 남성 지배적 영역으로 남아 있는 양상도 놀랄 일이 못 된다.

　수학적 여성이 치러온 오랜 투쟁을 살펴오면서, 우리는 여성이 물리학에 참여하느냐 못하느냐가 대체 왜 문제인가라는 질문을 제기하게 된다. 물리학이 남성 또는 여성 어느 쪽이 주도하든 대체 무엇이 문제란 말인가? 물리학에 참여하는 여성의 비율이 낮다는 것이 문제가 되는 데는 여러 이유가 있다. 첫째, 수학적 남성은 남성 혼자였으므로 더는 지지받을 수 없는(적어도 내가 보기에는 그렇다) 세계상을 만들어내기에 이르렀다. 둘째, 물리학자들이 자신에게 부과하는 목표 중 어떤 것은 사회 전반에

곤란한 결과를 초래하며, 내가 보기에 여성은 이런 목표를 추구하는 경향이 훨씬 적은 듯하다. 무엇보다도 힘들의 통일이론에 대한 탐색이 대표 사례이다. 물리학자들의 세계상이라는 일반적 문제를 다루기에 앞서, 나는 먼저 그들이 이른바 만물이론이라는 것에 얼마나 사로잡혀 있는가를 보고자 한다.

이 탐색에 참여하는 물리학자 대다수가 이 일은 아무리 돈이 들더라도 사회가 비용을 대야 한다는 태도를 보인다. 결국 우리가 내는 세금으로 이루어지는 연구인 만큼, 우리 모두의 일이다. 물론, 힘과 입자 들의 통일이론이란 그 자체로도 매우 흥미로운 목표이다. 만물이론이라는 표현은 분명 과장이지만, 어떻든 힘들과 입자들과 공간과 시간을 통일하는 이론이란 확실히 생각해볼 만한 가치가 있다. 하지만, 통일이론을 향한 전진이란 수억 달러의 비용(통일이론가들의 이론들을 검증하는 데 필요한 가속기들을 지으려면 그 정도 돈이 든다)이 소요되리라는 것이 확실해졌다. 환경오염과 인구과잉과 기아와 토양 저질화와 삼림 황폐와 생태계 파괴로 비틀거리는 세상에서, 우리는 묻지 않을 수 없다. 제아무리 아름다운 이론이라도 인간의 일상생활에는 아무런 도움도 되지 않을 이론을 모색하느라 수억 달러를 쓰는 것이 과연 책임 있는 일이냐고 말이다. 게다가, 과연 우리의 귀중한 과학 재정을 써야 마땅한 일인지도 자문하지 않을 수 없다.

통일이론의 탐색에 드는 비용은 이제는 없어진 초전도 초충돌기Superconducting Supercollider(SSC)와 비교하여 계산해볼 수 있다. 미국 물리학자들은 텍사스 평원 밑에 짓기 시작한 이 장치가 통일에 대한 새로운 증거를 밝혀주리라고 기대했다. SSC 사업은 본래 약 2억 달러 예산으로 시작되었으나, 1993년 중반에는 100억 달러로 확대되었으며, 일각에서는 사업 완료까지 130억 달러는 들리라는 예측도 나왔다. 그 시점에 다다르자, 국회에서 플러그를 뽑아버렸다. 이는 만물이론 학계로서는 커다란 좌절이었지만, 그렇다고 해서 그들의 꿈은 절대로 무산되지 않았다. 유럽 공동체가 자신들의 초가속기, 즉 대형 강입자 충돌기Large Hadron Collider(LHC)를 지을 가능성도 크기 때문이다. 여전히 관련 정부들은 재정 지원 문제를 놓고 옥신각신하고 있다. LHC를 짓는 데 드는 비용은 훨씬 적어서 100억 파운드(약 150억 달러) 정도이며, SSC만큼 강력하지는 못하지만, 그것도 통일 영역에서 새로운 전망을 보여줄 희망이 있다. 그런가 하면, 미국의 입자물리학자들도 초가속기에 대한 꿈을 버리지 않고 있다. 새로운 기술이 개발되고 있으며, 정치가들에 대한 새로운 공작도 분명 이루어질 것이다. 그러나 아무리 새로운 방법이 개발된다고 해도, 엄청난 비용을 들이지 않으면 통일이론을 향한 진지한 발전은 이룩되기 힘들다.

남세자들의 저항에 맞서, 통일이론의 지지자들은 대중 지원 모집이라는 점차 골치 아픈 방책에 의지해왔다. 1993년《뉴욕 타임스》특집판에서 입자물리학자 리언 레더먼은 만일 국회가 SSC를 포기한다면, "이루 측량할 수 없이 중요한 무엇이 과학 사업에서 사라지게 될 것"이라고 썼다. 그는 또 "당장 돈을 절약하자는 쪽에 투표하기는 쉽다. 하지만 우리가 우리 자손에게 남기고 싶은 국가, 더 풍요하고, 더 현명하고, 우리가 이해하는바 우주와 조화를 이루는 국가를 만들고자 싸우기란 훨씬 더 어려운 일이다"라고도 썼다.[266] 로버트 윌슨도 페르미 연구소의 가속기와 관련하여 비슷한 방책을 썼다. 한 상원의원이 페르미 연구소가 미국의 안보와 무슨 관련이 있는지를 질문하자, 윌슨은 연구소의 목적은 전혀 그런 것이 아니라고 대답했다. 그리고 이렇게 말했다. "이는 다만 우리의 서로에 대한 존경, 인간의 존엄성, 문화에 대한 사랑과 연관될 뿐이다. 이는 우리가 훌륭한 화가인가, 훌륭한 조각가인가, 훌륭한 시인인가와 관계있다. 즉, 우리가 우리나라에서 진정 아끼고 위하는 모든 것, 우리의 애국심을 불러일으키는 모든 것과 관계있다는 말이다. 이는 우리 나라를 방어하는 것이 아니라, 방어할 만한 가치가 있도록 만드는 것과 관계있다."[267] 레더먼과 윌슨은 모두 입자물리학을 연구하고 통일이론을 추구하는 것이 미국 문화의 지속적인 보전에 필요하다고 말한다. 그리고 심지어 그것만으로는 부족하다는 듯, 통일이론이 우리를 신에게로 인도하리라고까지 시사하는 만물이론 지지자가 갈수록 늘어나고 있다.

가장 열렬한 만물이론 지지자도 통일이론이란 일상생활에, 하다못해 군사 목적으로도, 전혀 실용적으로 응용될 가능성이 없다고 인정하는 마당에, 그 연구비로 수십억 달러를 사회에 요구한다는 것은 그야말로 방종이다. 만일 큰 비용을 들이지 않고도 통일이론을 성취할 수 있다면, 나는 누구보다도 앞장서서 예산안 찬성에 표를 던질 것이다. 상대성과 양자역학에 대해 배운 이래로, 힘들의 통합을 생전에 보는 것이야말로 내 꿈이었으니 말이다. 그러나 세상에는 과학으로 문제의 해결을 도울 수 있는 실제적 문제가 산적해 있는데, 계속해서 그렇게 엄청난 비용을 통일이론에 쏟아붓는다는 것은 사회적으로 무책임한 일이다. 어떤 지식도, 지식 그 자체만을 위해, 그런 비용을 투자할 만한 가치는 없다. 무한한 지식욕도 무한한 탐욕만큼이나 정당화할 수 없다. 지식에 대한 과도한 욕망이야말로 성서의 실낙원 이야기에서 말하는 진짜 죄다. 비록 나도 통일이론을 보고 싶은 사람이지만, 그 비용을 치르는 것이 사회의 임무는 결코 아니라고 생각한다.

사회가 계속 비용을 대야 한다고 주장하는 만물이론 물리학자들은 마치 민중에게 점점 더 높은 첨탑을 지닌 화려하고 값비싼 성당을 지어내라고 요구하는 퇴폐적 사제처럼 되어버렸다. 중세 스콜라학자처럼, 그들도 세계에 대한 심오하고 복잡한 문제를 심사숙고하고 있지만, 그들이 선택한 길은 가면 갈수록 더 복잡한 문제를 제기하며, 대다수에게는 삶과 무관할 뿐만 아니라 이해할 수도 없는 영역으로 빠져들고 있다. 그런데도 그들은 우리가 그들의 계시의 순간을 구경하는 것만으로도 행복하리라고 기대하는 듯하다. 그들의 하늘을 향해 점점 더 높아만 가는 계단 쌓기를 언제까지나 뒷바라지하고, 그리하여 언젠가 그들이 하늘에 오르는 광경을 지켜볼 수 있다는 것을 우리의 영광으로 여겨야 한다고 생각하는 듯하다. 우리 대부분이 그들을 따라 올라갈 수 없다는 것은 그들에게 전혀 문제도 되지 않는 듯하다. 그들이 "빛"을 발견할 것이고, 그러면 우리는 비록 그 재보를 우리의 눈으로는 볼 수 없을지언정 무한히 부자가 되리라는 것이다.

나는 우리에게 새로운 방향의 물리학이 필요하다고 생각한다. 종교에 가까운 너무나 추상적인 목표에 그처럼 집착하지 않는 물리학, 사회 전반의 필요와 관심사에 좀 더 적극적으로 기여하려는 물리학 말이다. 물리학계를 이런 방향으로 발전시키는 일이야말로 여성이 일으킬 수 있는 변화일지도 모른다. 모든 여성이 사회복지에 깊은 관심을 지닌 사려 깊은 사람이라거나, 모든 남성은 "하늘"에 닿으려는 망상가라거나 하는 것은 사실이 아니지만, 나는 여성의 대등한 참여가 물리학의 초점을 통일이론에 대한 집착에서 다른 곳으로 옮기는 데 도움이 되리라고 생각한다. 이렇게 생각하는 한 가지 이유는, 무엇보다도, 여성이 이런 종류의 "초월"을 추구하게끔 문화적으로 길들어 있지 않다는 데 있다. 내 말은, 물리학 그 자체가 좀 더 "땅에 발붙일 grounded" 필요가 있으며, 이런 실제적 성격이야말로 우리 문화가 여성에게 길들여온 자질이다.

통일이론에 대한 욕망은 실상 자연을 넘어서는 어떤 것(모든 물질적인 또는 "자연적인" 현상의 특징인 필멸성과 가변성을 초월하는 여러 방정식)에 대한 욕망이다. 고대의 피타고라스 추종자들은 수가 시간과 변화와 육신을 초월한, 물질적 형상의 청사진이라고 믿었고, 만물이론은 그 현대판이라 할 수 있다. 나는 자연에서 도피하기보다는 자연을 포용하는 물리학 문화, 구체성을 떠나 추상 속으로 도피하는 일에 그처럼 집착하기보다 구체적인 것에 가치를 두는 문화가 우리에게 필요하다고 생각한다. 이 책의 서두에서 지적했듯이, 물리학의 문제는 물리학자들이 세계를 묘사하고자 수학을 사용한다는 데 있지 않고, 그들이 수학을 어떻게, 어떤 목적에 사용하는가에 있다. 자연에 대한 수학적 접근이라고 해서 반드시 통일이론이나 "초월적" 추상에 집착해야 한다는 것은 아니다. 과학의 다른 모든 분야와 마찬가지로, 물리학도 다른 목표를 둘 수 있으며, 여성은 이 새로운 이상들을 만드는 데에 중요한 역할을 할 수 있을 것이다.

물리학에 좀 더 많은 여성이 참여하도록 격려해야 하는 두 번째 이유는 첫 번째 이유와 긴밀히 연관되어 있다. 만물이론 물리학자들이 아원자입자들과 힘들에 그처럼 집착하는 이유는, 그들이 이런 것들을 가치의 피라미드의 정점에 두는 위계적 세계상을 만들어냈다는 데에 있다. 지난 몇백 년 동안 물리학자들은 점점 더 수학적으로 환원할 수 있는 실체일수록, 더 "근본적"이고 따라서 더 중요한 존재로 여겨지는 자연관을 발전시켜왔다. 입자들과 힘들의 가치가 그처럼 높이 평가되었던 이유는 그것들이 과학의 신전에서 가장 수학적으로 환원할 수 있는 실체들이며 따라서 가장 중요한 실체들로 여겨졌기 때문이다. 이런 위계적 세계상이야말로 도전받아야 하며, 나는 여성이 그 세계상을 철폐하는 데 중요한 역할을 하리라고 생각한다.

과학철학자들은 물리학자들이 추구하는 근본성의 위계질서가 실상 자연 속에 있지 않으며 사회적 산물이라고 지적해왔다.

물리학자들은 자신들의 과학이 전적으로 객관적인 세계에 대한 지식을 발견하는 것이라고 단언하지만, 실상은 전적인 객관성이라는 개념부터가 신화이다. 과학이란 주관적인 사람들이 연구하는 것이지 객관적인 "그것들"이 연구하지 않으며, 모든 사람은 문화적인 환경 속에서 생활하면서 어쩔 수 없이 그 영향을 받는다. 문화적으로 중립적인 과학이라는 것은 아예 존재하지 않는다. 우리의 과학적 자연관은 경험적으로 발견된 것일 뿐 아니라, 인간적 편견과 문화적 영향을 받은 사고방식의 산물이기도 하다. 지금까지 우리가 보아온 대로, 물리학자들의 위계적 세계상이란 본래 17세기의 사회적 혼란 가운데서 대두된 것이며, 이 새로운 세계관은 위계적이고 가부장적인 사회질서의 전형이 될 만한 자연관에 대한 욕망에서 깊은 영향을 받았다.

게다가 최근에는 복잡성 이론complexity theory(카오스 이론chaos theory의 한 부산물)이 대두하며, 물리학자들의 "근본성"의 위계질서가 다른 과학자들(이 중에는 물리학자들도 있다)에게 도전받고 있다. 복잡성 이론에서 나온 중요한 발견 중의 하나는, 자연이 그 모든 수준에서, 구성 요소들의 행동에서 예측할 수 없는 행동을 보인다는 것이다. 가령, 살아 있는 존재는 원자로 구성되어 있지만, 그렇다고 해서 원자 그 자체만을 보고 예측할 수 있는 행동을 하지는 않는다. 물리학자 폴 데이비스를 비롯하여, 복잡성 이론의 몇몇 지지자는 자연의 모든 수준에는 각기 정말로 근본적이라고 보아야 할 현상들과 법칙들이 있다고 주장하고 있다.

많은 페미니스트 과학철학자들과 더불어, 나도 우리에게 필요한 것은 그처럼 위계질서에 집착하지 않는 세계상, 에벌린 폭스 켈러가 말한 대로 "질병도 원자 미만의 입자들만큼이나 근본적인 (따라서 그만큼 막대한 비용을 들일 만한 가치가 있는) 것으로 보는"[268] 세계상이라고 믿는다. 여성 물리학자는 그렇게 덜 위계적인 세계상을 발전시키는 데 기여할 수 있다. 다시 말하지만, 여성이 선천적으로 덜 위계적이라는 것이 아니라, 대체로 남성과는 문화적으로 달리 키워졌으므로, 다른 시각으로 문제에 접근할 수 있으리라는 것이다.

　　이런 시각들이 구체적으로 어떤 것일지는 예측하기 어렵고, 많은 여성 물리학자는 젠더 차이에 관한 이야기를 거북해한다. 이미 일반적인 여성과는 다른 상황이므로, 많은 여성 물리학자는 남성 동료와의 차이보다는 유사성을 강조하려고 한다. 캘리포니아의 포모나 대학에 있는 이론물리학자 캐런 버라드Karen Barad(1956-)는 그런 차이에 관한 글을 썼는데, 여성은 물리학계에서 국외자인 만큼 학계에서 자신들의 역할에 대해 더 많이 생각하는 경향이 있다고 한다. 그리고 이런 반성이 물리학이라는 학문 자체에 대한 반성과 이어져 더 기꺼이 의문을 품게끔 한다는 것이다. 가령 자신만 하더라도 젠더에 관해 연구한 결과 양자역학을 다른 방식으로 가르치게 되었다고 한다. 버라드는 또한 자신의 경험으로 보아 물리학을 연구하는 여성은 종종 다른 질문을 하는 경향이 있는데, 이는 백인이 아닌 남성에게도 종종 보이는 현상이라고 지적하고 있다.[269] 17세기 이래로, 물리학은 거의 전적으로 상류 백인 남성의 전유물이 되어왔으니, 다른 문화적 집단에서 신선한 통찰력과 시각을 얻을 수 있을 것이다.

물리학계에 좀 더 문화적 다양성이 도입되면 새로운 철학적 통찰과 새로운 과학에 대한 전망이 열릴 수도 있다. 이미 여성이 비교적 더 많이 진출해 있는 물리학 분야는 천체물리학으로, 1960년대 이래로 상당수의 여성이 이 분야에 큰 기여해왔다. 특히, 우주적 암흑 물질cosmic dark matter의 최초 발견자 중 한 사람인 베라 루빈Vera Rubin(1928-2016), 은하수가 속해 있는 커다란 은하들의 덩어리가 마치 "커다란 새 떼처럼" 우주를 가로질러 비스듬히 움직이고 있음을 발견한 연구팀을 이끌었던 샌드라 페이버Sandra Faber(1944-) 등이 대표적인 예이며,[270] 그 밖에 비어트리스 틴슬리Beatrice Tinsley(1941-1981), 마거릿 겔러Margaret Geller(1947-), 네타 바콜Neta Bahcall(1942-) 등도 꼽을 수 있다. 1994년에 《사이언티픽 아메리칸》과 한 인터뷰에서, 지도급 천문학자 제러마이어 오스트라이커Jeremiah Ostriker(1937-)는 여성 천문학자들이 그렇게 중요한 발견을 한 이유는 이들이 국외자이기 때문이리라고 논평했다. 국외자이므로, 여성은 어떤 것이 불가능하다고 여겨지는 일인가를 아예 몰랐다는 것이다.[271]

여성 과학자의 비중이 높아지면 과학의 지배적인 분위기 및 그 내용에 영향을 미칠 수 있다는 생각은 단순한 가설이 아니다. 가령 생물학 분야에서 여성은 바로 그런 일을 하기 시작했다. 특히 1970년대 이래로 여성은 생물학의 많은 패러다임에 도전해왔으며, 유기 세계를 바라보는 새로운 방식을 도입하는 데 촉매 역할을 해왔다. 여기에 대해서는 이미 많은 책이 나와 있으므로 나는 그저 몇 가지 대표적인 사실만 지적하기로 한다.

생물학에서 여성이 이룩한 가장 중요한 변화로는, 세포에서 생명계 전체에 이르기까지 모든 수준에서, 여성 과학자는 유기체 간의 경쟁보다 협동에 초점을 두어왔다는 사실이다. 다윈의 『종의 기원』 이래로, 생물학자들은 경쟁을 진화 및 개별 행동의 원동력으로 강조해왔다. 그러나 여성 과학자들은 때로는 협동이 그 못지않게 중요하다는 것을 입증하기 시작했다. 세계적으로 유명한 세포생물학자인 린 마걸리스Lynn Margulis(1938-2011)는 협동 또한 진화를 일으키는 주요한 요인이 되어왔다고 믿는다. 마걸리스는 가령 동물의 신체를 구성하는 세포부터가 공생적으로 협동하는 여러 종류의 원초적 세포가 진화적으로 적응한 결과라고 지적한 바 있다.[272]

또한 여성은 유인원類人猿을 이해하는 데에서도 혁신을 일으켰다. 다이앤 포시Dian Fossey(1932-1985)를 비롯한 학자들은 진화상 인간과 가장 가까운 이 원숭이들이 남성 영장류靈長類학자들의 생각보다도 훨씬 더 협동적이고 사회적이라는 사실을 보여주었다.[273] 이 발견의 중요성은 과학자들이 유인원들에 대해 생각하는 것은 초기 인류의 모델로 사용되곤 한다는 사실에 있다. 다시 말해 오늘날의 유인원에 대한 과학적 이해는 인간의 진화에 관한 견해에 영향을 미치는바, 여성은 거기에 새로운 시각들을 가져다주었다는 것이다. 최근까지, 진화 이론가들은 여성을 "사냥하는 남성"의 공적에 따라 추진되는 과정의 수동적인 방관자로만 보는 경향이 있었다. 그러나 이제 에이드리엔 질먼 Adrienne Zihlman(1940-) 같은 인류학자는 이런 남성 중심적인 시각이 정당화될 수 없음을 보여주고 있다.[274] 어떤 인류학자는 역으로, 진화의 사슬이 여성의 공적으로 추진된다고 본다. 또한 여성 과학자들은 자신들의 신체에 관한 과학도 다시 쓰고 있다. 여성 생리학에 관한 이들의 새로운 시각은 유방암, 자궁경부암 같은 질병의 치료와 임신, 월경, 완경 등에 관한 연구에도 중대한 영향을 미치고 있다. 끝으로, 여성이 생물학에 미친 영향을 말할 때, 앞서 노벨상 여성 수상자로 언급했던 바버라 매클린톡의 업적을 빼놓을 수 없다. 매클린톡은 고전적인 유전 이론의 핵심에 맞서서, 유기체의 유전 암호란 책처럼 읽어버릴 수 있는 정태적인 청사진이 아니라 주위 환경에 반응하는 유동적이고 역동적인 암호임을 밝혀냈다. 역동적 게놈genome, "점핑 유전자 jumping genes" 등의 매클린톡이 만든 새로운 개념들은 유전학을 혁신했다.

매클린톡은 자신이 옥수수에게 "귀를 기울임"으로써, 이들의 시각에서 세계를 보려 함으로써 아이디어를 얻었다고 말했다. 에벌린 폭스 켈러는 이런 점에서 매클린톡은 자신의 주제에 관한 주관적 접근법, 전통적으로 여성적이라고 여겨온 접근법을 택할 준비가 되어 있었던 것이라고 지적했다.[275] 공식적으로 승인된 과학의 방법을 파기함으로써, 매클린톡은 중대한 돌파구를 발견했다. 매클린톡이 남자 동료들에게 외면당했던 유전자의 교향악 가운데서 사물을 "들었던" 것처럼, 여성 물리학자도 남성 물리학자가 미처 알지 못했거나 단순히 관심을 기울이지 않았던 자연의 수학적 교향악 가운데서 사물을 "들을" 수 있을 것이다. 여성이 유전학과 세포생물학에 새로운 통찰력을 가져온 이상, 우리는 여성이 물리학에도 새로운 통찰을 가져오리라는 기대를 쉽사리 버릴 수 없다.

무엇보다도, 여성이 생물학에 진출한 이래로, 여성은 생물학의 문화 자체를 바꾸어놓았으므로, 여성뿐 아니라 남성도 유기 세계를 새로운 방식으로 이해하려 한다. 지구의 가이아Gaia 이론을 구축한 제임스 러블록James Lovelock(1919-2022)은 대표적인 예이다. 마걸리스의 동료인 러블록은 생명계 전체를 단일한 전체론적 유기체(그는 이것을 가이아라고 불렀다)로 보는 시각을 발전시켰다. 가이아 이론은 모든 동식물뿐 아니라 대기와 대양과 토양도 복잡한 상호 의존성의 그물 가운데 함께 얽혀 있다고 주장한다.[276] 이런 시각은 토양과 물과 대기의 화학적 순환에 대한 과학적 이해에 중요한 발전을 가져왔다. 이러한 사례는, 여성이 과학에 대거 참여하면 학문의 분위기 자체를 바꿀 수 있고, 그 결과 모두가 새로운 시각을 가질 수 있다는 것을 보여준다.

이런 일은 생물학에서 이미 일어나고 있으며, 나는 물리학에도 여성이 좀 더 많이 참여하면 변화를 일으킬 수 있으리라고 믿는다. 물론 모든 여성 물리학자가 다 변화의 촉매라거나 그래야 한다는 말은 아니다. 물리학을 연구하는 많은 여성이, 남성 동료와 마찬가지로, 일반적 흐름에 적응하고 있다. 남성이든 여성이든, 어떤 분야에서도 대다수는 흐름에 합류하게 마련이다. 실로,

여성 물리학자가 학계의 분위기를 바꾸어야 한다는 부담에 시달려서는 안 된다는 점을 분명히 해두어야겠다. 내가 일어나리라고 생각하는 변화는 생물학이나 사회학에서 일어난 것과 같은 과정이다. 즉, 물리학에 참여하는 여성이 많아지면, 학계의 분위기가 자연히 (아무도 예측할 수 없는 방식으로) 변하리라는 것이다.

물리학에 여성이 더 많이 참여하여 생긴 혜택은 사회 전반에 돌아갈 것이므로, 어떻게 하면 더 많은 여성을 이 분야에 진출시킬지도 우리 모두 진지하게 생각해야 할 문제이다. 먼저 무엇보다도, 각급 학교 교육에서 차별을 철폐해야 한다. 새드커 부부와 같은 연구자들이 보여주었던 대로, 너무나 많은 학교에서 여학생은 수학과 과학의 이류 교육밖에 받지 못하고 있다. 교사 스스로 여학생에 대한 편견을 자각하게 하고 여남 학생을 대등하게 배려하도록 훈련하는 데 노력을 기울여야 한다. 마찬가지로, 많은 연구 결과에 따르면, 여학생과 남학생은 각각 선호하는 교육 방식이 다르며(가령, 여학생은 분단 학습을 더 좋아한다) 따라서 수학과 과학을 여학생에게도 흥미로운 방식으로 가르치는 방법을 개발해야 한다. 또한 여학생에게도 역사적·현재적 역할 본보기를 제시해줄 필요가 있다.

나아가, 이런 차별 철폐는 대학 교육까지 이어져야 한다. 이미 좋은 선례를 UCLA에서 핵물리학을 가르치는 니나 베이어 Nina Bayer의 수업에서 볼 수 있다. 베이어는 리제 마이트너, 마리아 괴페르트메이어 등 그 분야에서 활동했던 여성의 업적을 통해 핵물리학을 가르치고 있다. 무엇보다도, 젊은 여성 물리학자는 조언자로 역할을 해줄 수 있는 여성 교수들과 접촉할 필요가 있다는 점이 중요하다. 물론 모든 여성은 아니겠지만 분명 많은 여성이 그런 필요를 느끼고 있다. 과학(특히 "딱딱한hard 과학")을 연구하는 여성을 적극적으로 지원하고 격려할 필요는 널리 인식되어왔고, 어떤 학교는 이를 위한 프로그램을 개설하기 시작했다. 한 가지 유망한 모델은 1994년 펜실베이니아주에 설립된 여성 과학 및 공학 연구소WISE(Women in the Sciences and Engineering) Institute이다. 이 다목적 연구소는 펜실베이니아주에 있는 여성 과학도와 교수 들을 위한 지원을 제공할 뿐 아니라, 여성을 과학 분야로 진출하도록 이끌고 여성 과학자들이 겪는 곤란에 대해 지역적, 전국적, 국제적 인식을 높이는 여러 방안을 검토하고 있다. 또, 미국 여성 과학자 협회, 여성 과학 전공자 협회 같은 전국적 모임도 적극적 우대 운동에 참여하고 있다.

이런 운동은 실제로 변화를 가져오고 있으며, 물리학 분야에서 여성이 차지하는 비율도 조금씩 높아지고 있다. 하지만 적극적 우대 운동만으로 물리학에서 불평등 문제를 해결할 수 있을지는 의문이다. 왜냐하면 물리학을 연구하는 여성의 가장 큰 당면 과제는 현재의 물리학 문화가 너무나 현실과 동떨어져서, 설령 학계에서 여성을 환영하더라도 여성이 그런 문화에 참여하기를 원치 않을 수도 있다는 점이다. 내가 물리학을 그만둔 것도 그 지배적 문화를 견딜 수 없었기 때문이다. 그러므로 다음과 같은 딜레마가 생겨난다. 즉, 물리학 문화를 바꾸려면 더 많은 여성이 물리학에 참여해야 하는데, 여성이 참여하고 싶게 하려면 물리학 문화가 바뀌어야 한다.

이는 철학자와 사회학자 들이 비교적 근래에 이해하기 시작한 중요한 딜레마이다. 과거에는, 여성의 과학 참여를 지지하는 사람 가운데는, 여성에게 대등한 기회만 주면 불평등 문제는 곧 해결되리라는 믿음이 지배적이었다. 그러나 이제, 과학사가 론다 시빙어의 말을 빌리면, "동화同化 모델은 더는 효력이 없다"라는 인식이 확대되고 있다.[277] 쉽게 말해, 여성이 물리학 문화에 동화되도록 도와주는 것이 문제가 아니라, 물리학 문화 그 자체를 바꾸는 데 의식적으로 노력해야 한다는 것이다.

문제의 핵심은, 켈러가 간파했듯이, 지난 400여 년 동안 서구 문화는 "과학"과 "여성성"을 양극적인 개념으로 발전시켜왔다는 데 있다. 켈러는 이렇게 썼다. "과학이 객관성, 이성, 냉정, 힘 등을 의미하게 되었다면, 여성성은 과학이 아닌 모든 것, 즉 주관성, 감정, 정념, 무기력 등을 의미하게 되었다."[278] 이런 양극화는 특히 물리학이라는 "딱딱한" 과학에서 날카롭게 드러난다. 많은 여성이 물리학자가 되려면 여성적이라고 여겨지는 특성들을 버려야 하며, 성공의 대가는 여성 물리학자들의 "여성성"의 말소를 가져오리라고 느끼는 것이다. 이러한 두려움은 결코 근거 없지 않다. 한 저명한 물리학자는 "이 분야에서는 오직 무디고 머리 좋은 녀석만 성공한다"라고 선언한 적 있다.[279] 여성성의 지배적 개념은 "무디고 머리 좋은 녀석"과는 정반대라는 것이 정말로 문제이다. 과학에서의 성공이 비여성적이라고 여겨지는 자질에 기초해 있는 문화권에서 사는 한, 아무리 적극적 우대 운동을 벌인들 과학에서의 평등은 결코 얻을 수 없으리라는 켈러의 지적은 전적으로 옳다.

그렇다면 해결책은 어디 있는가? 켈러에 따르면, 먼저 우리는 과학에서의 성공에 대해 좀 더 폭넓은 개념을 가져야 한다. "무디고, 머리 좋은 녀석"만 과학을 잘 연구하는 사람이 아니며, 그 반대 사례로 패러데이나 맥스웰 같은 이를 들 수 있다. 이런 사실을 주지시키고, 좀 더 여러 부류의 사람에게 물리학을 연구하도록 권유할 수 있다. 또 다른 해결책은 여성은 선천적으로 수리 능력이 떨어진다는 개념에 부단히 맞서는 데 있다. 이런 태도가 계속되는 한, 많은 여학생은 물리학을 공부해보기도 전에 포기할 것이다. 여기서, 대중 매체는 중요한 역할을 한다. 영화 및 텔레비전 제작자 들은 수학적으로 뛰어나면서도 매력적인 여성 인물상을 창출할 수 있다.[280]

그러나 무엇보다도, 나는 우리가 물리학을 "초월적" 탐구로 보는 오랜 사고방식을 재검토해야 한다고 생각한다. 왜냐하면, 이런 시각이야말로 여성에게 중요한 문화적 장벽으로 작용하고 있기 때문이다. 이 점에서 진정한 해결책은 벽을 돌아가는 것이 아니라 아예 헐어버리는 것이다. 자그마치 2500년 동안 서구 문화는 수리과학에 대해 이런 시각을 승인해왔는데, 나는 그것이 더는 유효하지 않다고 생각한다.

그런 물리학관觀의 기반은 자연 속에서 발견되는 수학적 관계들이 자연을 넘어서는 것이라는 생각이었다. 이런 관계들은 자연의 영원불변한 핵심을 나타내는 것으로 여겨졌으므로, 초월적 우주적 계획의 일부로 여겨지기에 이르렀다. 피타고라스는 수가 물질적 형상에 앞서 존재하는 원형이라고 보았으며, 그로스테스트에서 뉴턴에 이르기까지 그리스도교 시대의 과학자들은 자신들이 신적이고 초월적인 계획을 탐구하고 있다고 믿었다. 우리 시대에는 스티븐 호킹이 『시간의 역사』의 마지막 대목에서 비슷한 개념을 표명한 바 있다. 뉴턴과 마찬가지로, 호킹도 통일이론의 방정식들은 우주 그 자체와는 독립적으로, 존재론적으로 앞서 존재한다고 시사했다.[281]

그러나 나는 우리가 자연에서 발견하는 수학적 관계들은 자연을 넘어서 있지 않으며, 자연의 또 다른 국면일 뿐이라고 보고 싶다. 이런 관계들은 자연과 별도로 또는 그에 앞서 존재하지 않으며, 다른 여느 과학적 발견처럼 여겨야 한다. 예컨대, 생물학자들이 수정란이 아기로 자라나는 과정을 발견했다고 해서, 인간의 아기를 위한 계획이 우주 창조 이전에 신의 마음속에 존재했다는 식의 결론을 내리지는 않는다. 그리스도교 근본주의자들이 그런 개념을 내세울 때면, 물리학자들은 누구보다 앞서 그런 생각에 코웃음 친다. 그렇다면 왜 통일된 힘에서 아원자입자들이 생겨나는 과정은 우주 창조 이전부터 신의 마음속에 존재했다고 믿어야 하는가? 왜 생물학 이론은 신의 마음의 계시로 받아들이지 않으면서, 물리학 이론은 그렇게 받아들이는가? 달리 말하자면, 왜 우리는 인간 존재들이 예정되어 있었다는 설은 받아들이지 않으면서, 아원자입자들이 초자연적 힘에 의해 예정되었으리라는 설은 기꺼이 받아들이는가?

나는 물리학이 우리 문화권에서 누려온 종교에 가까운 특권을 누릴 이유가 없고, 세계에 대한 수학적 지식을 더 고상하거나 초월적인 종류의 지식이 아니라 그저 특수한 종류의 지식으로 보아야 한다고 생각한다. 물리학자들이 더 고상한 형태의 지식을 추구한다는 주장을 거부함으로써, 말하자면, 그들을 땅으로 끌어 내려야 한다는 말이다. 그렇게 함으로써 얻을 수 있는 부차적 결과로, 여성이 물리학 분야에 진출하는 것을 가로막는 중대한 장벽을 제거할 수도 있을 것이다.

하지만 물리학이 "땅에 발붙이게" 하자는 내 제안은 평등에 대한 바람에서보다는 물리학에 대한 초월적 시각이 더는 유지될 수 없다는 점차적 인식에서 나온 것이다. 이런 결론에 이르기는 쉽지 않았다. 여러 해 전 내가 이 책을 쓰기 시작했을 때만 해도, 나는 고전적 피타고라스주의자였고, 물리학이란 자연을 넘어서 존재하는 계획을 드러내주는 초월적 학문이라고 여겼다. 내가 그 분야를 전공한 것도 바로 그런 생각을 하고 있었기 때문이다. 그러나 이 책을 쓰고자 자료를 조사하고, 과학사와 과학철학의 많은 책을 읽어가는 동안, 나는 물리학을 전혀 다른 견지에서 보게 되었다. 내가 깨달은 것은 앎에는 여러 방식이 있으며, 수학이란 우리 주위 세계를 아는 데 특별히 유용한(그리고 내게는 여전히 특별히 경이로운) 방식이기는 하지만, 그렇다고 해서 다른 많은 학문보다 더 근본적이거나 더 "고상한" 것은 아니라는 사실이다. 물리학을 안에서보다 바깥에서부터 연구함으로써,

나는 내 시각을 완전히 바꾸게 되었다.

그러므로 이런 문제의식이 생겼다. 우리는 오늘날 물리학의
저변을 이루는 강력한 종교적 기조에 어떻게 반응할 것인가? 다
시 말하지만, 나는 이를 거부해야 한다고 생각한다.

18세기 이전에, 수리과학자들은 자신들이 전통적으로 신의
또 다른 책으로 여겨왔던 자연의 책을 읽는 일에 참여하고 있다
고 생각했다. 그러나 그들 중에 아무도 신이란 단순히 물질계의
창조주가 아니라 인류의 영적 구속주라는 사실을 망각하지는
않았다. 그들에게 수리과학이란 그 자체가 신학이 아니라, 아우
구스티누스의 표현을 빌리면, 전통 신학의 "시녀"였다. 그들은
자신들이 직접 사제직을 맡고 있다고는 생각지 않았다. 그러나
18세기 동안 과학자 세력이 커지면서, 사람들은 과학이 신에 대
한 믿음을 지지해줄 뿐 아니라 증명해준다고 보기 시작했다. 전
에는 과학이 단순히 신앙을 보강해준다고 여겼지만, 이제 신에
대한 믿음 자체가 점점 더 과학에 근거하게 되었다는 말이다. 오
늘날 만물이론을 "신의 마음"과 동일시하는 물리학자들은 과학
에 근거한 자신들의 "신학"을 수립할 뿐 아니라, 자신들의 정당
한 권리로 일종의 사제직을 맡았다고 여긴다. 앞서 인용했던 아
인슈타인의 말을 반복하자면 "우리 시대의 누군가가 지당하게
말했듯이, 이 물질주의적인 시대에는 진지한 과학자만이 깊은
종교심을 지닌 사람들이다."[282]

그러나 예수회 신학자 마이클 버클리는 과학은 신에 대한 믿
음의 기초가 될 수 없다고 지적했다. 종교가 과학에서 그 기초를

구하게 될 때, 그것은 자신을 배반하게 되며, 버클리의 말을 빌리자면, "그 자체에 정당한 근거가 없음을 은연중에 고백하게" 된다. 오늘날도 그렇다. 버클리의 설명대로, "만일 종교 그 자체 안에 신의 존재를 드러낼 경험과 원리 들이 없다면 …… '현상의 배후에 있는 친구가 있음'을 증명하려 과학이나 예술 같은 다른 분야에 호소해보았자 역효과일 뿐이다."[283] 여기서 우리는 우리를 신의 마음에로 인도하겠다는 물리학자들의 주장이 초래하는 문제의 핵심을 볼 수 있다. 신을 믿는 자들은 신의 존재 증명을 과학에서 구해서는 안 된다. 종교는 그 자체에서, 버클리의 표현을 빌리자면 "종교적 경험의 현상학" 가운데서, 자기 정당화를 발견해야 한다. 어떤 수학 공식도, 그것이 아무리 아름답고 아무리 포괄적인 것이라도, "현상의 배후에 있는 친구"에 대한 믿음의 근거는 될 수 없다. 신은 레더먼이 말하는 것처럼 가속기 빔beam 끝에서 발견할 수 없으며, 영적인 것과 과학적인 것의 진정한 접근을 원한다면 물리학을 신앙의 기초로 삼고자 하는 유혹을 떨쳐버려야 한다.

마찬가지로, 물리학자들도 자신들의 작업을 정당화하려 종교적 논리를 사용해서는 안 된다. 이 점을 공개적으로 시인할 만큼 용감한 소수의 물리학자 중 하나로 스티븐 와인버그를 들 수 있다.[284] 종교가 자체 내에서 자기 정당화를 발견해야 하듯이, 과학도 그렇다. 과학과 종교는 모두 그 나름대로 타당하지만, 서로 혼동해서는 안 되며, 우리는 물리학자들의 설익은 신학에 미혹되지 말아야 한다. 버클리식으로 말하자면, 물리학자들이 종교에서 그 기초를 구하게 될 때, 그것은 "그 자체에 정당한 근거가 없음을 은연중에 고백"하는 것이다.[285]

하지만 버클리는 과학이 종교의 기초가 될 수 없다고 해서 과학이 종교의 적은 아니라는 점을 분명히 한다. 케플러나 뉴턴이 자연에 있는 수학적 관계들에서 자신들의 신앙을 심화시켜주는 것을 보았듯이, 오늘날의 물리학도 지고의 존재에 대한 믿음을 고양하는 역할을 할 수 있다. 물리학은 신앙의 기초는 될 수 없지만, 여전히 시녀 역할은 할 수 있다. 내가 독자에게 꼭 전하고 싶은 한 가지 메시지는 종교와 과학 사이에 양자택일할 필요가 없다는 것이다. 각기의 진정한 역할을 이해하고 어느 한 편이 다른 편을 잠식하지만 않는다면, 둘 다 받아들이지 말란 법이 없다. 그렇다고 해서, 반드시 둘 다 받아들일 필요는 없지만, 두 세계 간의 접근을 원하는 많은 사람에게 주는 역사의 교훈은 둘이 어디까지나 상호보완적이라는 것이다.

물리학과 종교를 합치기보다 더 어렵고 긴박한 문제는 어떻게 하면 물리학을 윤리적이고 사회적으로 책임 있는 기반 위에 터를 잡게 하느냐이다. 전통적으로는 종교가 이 기반 역할을 해왔으나, 오늘날 대다수 물리학자는 어떤 공식 종교와도 연관을 맺고 있지 않으며, 물리학 연구비의 상당 부분을 국가(오늘날 국가 대부분에서는 정교분리가 이루어지고 있다)에서 지원하므로, 이제 물리학에는 세속 윤리적 기반이 필요하다고 본다. 앞서 지적했듯이, 우리에게는 좀 더 인간적인 필요와 관심사에 초점을 둔 물리학, 그 종사자들이 좀 더 윤리적 사회적 책임을 지는 물리학, 한마디로 좀 더 "땅에 발붙인" 물리학이 필요하다. 이런 제안은 너무 급진적으로 들릴지도 모른다. 그러나 과학이 윤리적 책임을 져야 한다는 제안은 생명과학에서는 당연한 사실로 받아들여지고 있으며, 지난 20년간 우리는 수많은 생명-윤리 센터 설립을 보아왔다. 생명과학이 윤리적 검토의 대상이 되어야 한다면, 물리학이라고 왜 아니겠는가?

물리학자들은 항상 자신들의 과학이 윤리적으로 중립이라고 주장해왔다. 그러나 근래의 과학철학자들(특히 페미니스트 철학자들)은 이런 주장에 도전하고 있다. 그들은 지식이란 중립적일 수 없으며, 의식적이든 그렇지 않든 항상 어떤 의도의 산물이라고 말한다. 켈러는 우리가 과학의 윤리적 중립성이라는 신화를 파기해야 할 뿐 아니라, 충분한 검토와 의식적 의도에 기초하여 과학 사업을 선택해야 한다고 시사했다.[286] 물리학자들이 하고 싶은 일을 정하게 하고 그저 돈만 대주기보다는, 사회 전체가 물리학에서 얻고자 하는 바와 그것을 사용하고자 하는 목적을 결정하는 데 참여해야 한다는 것이다. 물리학을 좀 더 사회적으로 책임 있는 기반에 발 딛게 하려는 사회 전체의 의식적인 노력이 필요하다.

앞서도 말했듯이, 여성이 물리학의 문화 및 실제 작업에 어떤 차이를 이룩해낼지 예견하기는 불가능하지만, 나는 여성이 이를 좀 더 윤리적으로 만드는 데 중요한 역할을 하리라 믿는다. 이런 변화에 대한 요청을 전파하는 이들이 여성이라는 것도 그저 보아 넘길 일은 아니다. 수학적 인간(남성)의 이야기가 처음 시작되던 피타고라스 시절에, 그는 무엇보다도 윤리적인 존재였다. 그가 윤리적인 근거를 상실하게 된 이유 중 하나는 너무나 오래 "독처"해왔다는 데 있다. 여성이 많아진다고 해서 물리학이 하루아침에 이상적인 과학으로 바뀌지는 않겠지만, 여성은 다른 어떤 공동체에서나 그렇듯이 균형을 이루는 역할을 할 것이다. 어떤 사회에서도, 최선의 목표는 남성과 여성이 함께하는 꿈에서 나온다. 등장한 지 2500년 만에, 수학적 남성은 수학적 여성과의 동반 관계를 받아들일 때를 맞이하고 있다. 바야흐로, 남성과 여성이 대등하게 꿈꾸고 실현해갈 수리과학의 시대가 온 것이다.

해설: 인류 최고의 물리학은 아직 오지 않았다

임소연(과학기술학자)

『물리학이 잃어버린 여성』이라니 이 얼마나 의미심장한 제목인 가! 1995년에 나온 이 책의 원서 제목인 *Pythagoras' Trousers*를 직역한 '피타고라스의 바지'보다 한 수 위의 제목이라고 감히 말 하고 싶다. 여성이 물리학을 잃어버린 것이 아니라 물리학이 여 성을 잃어버렸다는 것은, 여성이 과학적인 무엇인가를 결핍한 것이 아니라 과학이 여성을 놓쳤거나 밀어냈다는 말이다. '여자 라서 수학을 못한다'라거나 '여자들이 원래 과학에 약하다'라는 익숙한 편견과 고정관념은 여성 과학자가 적은 원인조차 여성 의 탓으로 돌려왔다. 문제의 원인이 과학에 있다는 사실을 모른 척한 채 말이다. 과학의 피라미드에서 물리학이 가장 꼭대기에 있다는 점, 즉 물리학이야말로 과학의 정수로 여겨진다는 점에 서 이 책이 물리학을 다루고 있다는 사실은 특히 중요하다. 성

편향적인 과학 지식이나 과학계의 성차별을 아무리 설명해도 마치 그것이 물리학에도 해당한다는 것을 보여주지 않는다면 별 의미가 없다는 듯이 '흠…… 그렇군요. 그런데 물리학은요?' 라고 묻는 이들이 많다는 점에서 더욱 그러하다. 이제야 적절한 제목을 찾았다는 사실은 지금이 바로 이 책을 읽어야 할 가장 적절한 시기라는 뜻이기도 하다.

이 책은 물리학사史책이자 친근한 물리학책이다. 고대부터 현대까지, 고대 그리스의 피타고라스부터 천문학 혁명과 역학 혁명의 주역들인 코페르니쿠스, 데카르트, 갈릴레이, 뉴턴 그리고 역사상 가장 위대한 물리학자로 알려진 아인슈타인과 그 뒤를 이어 스타 물리학자로 떠오른 스티븐 호킹까지, 물리학의 기나긴 역사를 따라가며 물리학이 어떻게 지금의 물리학이 되었는지를 시간순대로 서술한다. "어떻게 하면 물리학을 친근하게 만들 수 있을까?"(12쪽)가 고민이었다는 저자는 그 어려운 일을 결국 해낸다. 과거부터 현대까지 저자가 이끄는 대로 가다 보면 지금까지 쉽게 접해보지 못했을 물리학의 면면들, 성차별적인 제도와 여성혐오적인 남성들을 만나게 되는데…… 이 얼마나 친근한가! 책을 다 읽고 나면 피라미드의 꼭대기 자리를 차지하고 있는 물리학이 예전만큼 빛나 보이지는 않을 것이다. 그와 동시에, 놀랍게도 어느새 이전까지는 관심이 없었거나 어렵다고만 생각했던 물리학 개념과 이론이 한결 가깝게 다가오고 심지어 흥미진진하게 느껴질 것이다. 이 책이 당신의 '첫 물리학(사)책'은 아닐 수 있겠지만 '재미있게 읽은 첫 물리학(사)

책'이 될 가능성은 매우 높다. 저자 말대로, 물리학이 다른 어떤 과학보다 더 강력하게 내뿜어온 신화의 빛이 오히려 많은 이들을 물리학에서 멀어지게 만들었으리라. 과학사학자나 물리학사 연구자가 보기에 지나치게 단순하게 서술한 부분도 분명 있겠지만 물리학의 역사와 여성 물리학자에 대한 종합적 시각을 제시하는 책이 거의 없다는 현실을 감안한다면 (원서가 1995년에 출간되었으나 그로부터 20년 가까이 지난 지금까지도 이 현실은 거의 변함없다) 너그러운 마음으로 읽어내려 갈 수 있을 것이다.

『물리학이 잃어버린 여성』이라는 제목이 자칫 이 책을 여성 물리학자에 관한 책처럼 보이게 할 수도 있지만, 그보다는 페미니스트 물리학(사) 책에 가깝다. 여성 과학자의 상징이 돼버린 마리 퀴리는 물론이고, 최초의 여성 과학자로 알려진 고대 알렉산드리아의 히파티아부터 17세기 독일의 뛰어난 천문학자였으나 끝내 아카데미 회원이 될 수 없었던 마리아 빙켈만, 뉴턴의 『프린키피아』를 최초로 프랑스어로 번역한 18세기 프랑스 과학자 에밀리 뒤 샤틀레, 라플라스의 천체역학을 번역한 19세기 영국 물리학자 메리 서머빌, 20세기 아인슈타인과 동시대에 살았으나 결코 비슷하게 인정받지 못한 독일 수학자 아말리에 에미 뇌터와 오스트리아 물리학자 리제 마이트너까지, 이 책에는 많은 여성이 등장한다. 그러나 이 책은 여성 과학자를 다룬 책이라고 하면 흔히 떠올리듯 역사 속의 뛰어난 여성 과학자를 뽑아서 나열하지 않는다. 이를테면 여성도 이렇게 뛰어난 과학자가 될 수 있다며 물리학, 화학, 생물학까지 서로 다른 분야의 여성 과학자들을 한 권에 담아내는 책 말이다. 그런 작업도 의미는 있지만 비판적으로 볼 필요가 있다. 각자가 기여해온 학문의 계보와 각 분야가 발전해온 유구한 역사 속에 자리매김해야 할 여성이 그 분야에서 뜯겨져 나와 여성이라는 공통점으로만 묶인 이야기가 여성 과학자에 대한 유일한 이야기여서는 곤란하다. 그렇게 되면 과학의 문제가 보이지 않기 때문이다. 왜 여성 과학자가 이렇게 적은가? 왜 여성 과학자는 능력을 제대로 인정받지 못하는가? 이 질문에 대한 답이 단지 당시 사회의 성차별주의가 돼버리면 과학이 "수동적 방관자"가 아니라 "적극적 기여자"라는 사실이 지워진다. 그렇게 되면 과학마다 다른 방식과 기제로 여성을 차별하고 배제해왔다는 점이 잊히면서 분야마다 다른 여성 과학자들의 문제를 해결할 수 있는 방법을 찾기 더욱 어려워진다. 이 책은 물리학에 집중함으로써 ""과학 교회"의 가장 정통적 교파[인] 물리학[이] 여성이 뚫고 들어가기에 가장 힘든 분야(29쪽)"가 된 과정을 오롯이 보여준다.

흥미롭게도 저자는 처음에는 페미니스트 물리학(사) 책을 쓸 생각이 전혀 없었다고 한다. 물리학에 대한 친근한 이야기를 페미니스트 물리학 이야기로 나아가도록 만든 힘은 '질문'이었다. 저자는 대다수 물리학책이 이해하기 어려운 이유를 "단지 답에만 초점을 맞추기 때문(7쪽)"으로 꼽았다. 전적으로 동의한다. 이 책은 "애초에 질문을, 왜 그런 문제가 중요한가를 확실히 이해한 다음에야 해답의 의미를 파악할 수 있(7쪽)"도록 구성되어 있다. 저자는 독자에게 물리학의 답을 이해시키려면 물리학의 질문을 이해시켜야 한다는 생각에서, 이를테면 "지구가 태양 둘레를 도는지 태양이 지구 둘레를 도는지가 도대체 왜 문제인가?"(12쪽) 같은 질문을 던진다. 그 과정에서 오히려 과학과 대척점에 있을 것만 같았던 종교가 물리학의 발전에 깊이 연루되어 있다는 것을 깨닫는다. 그리고 "왜 모든 과학 분야 중에서도 물리학이 여성이 참여하기 가장 어려운 분야였던가?"(9쪽)라는 질문에 대하여, 저자는 물리학자의 절대다수가 남성이기 때문이라는 동어반복적인 답 대신 사제와 물리학자가 공유하는 초월성과 성차별에 기반한 특정한 남성성이라는 눈이 번쩍 뜨이는 답을 찾아낸다. (지금까지도 여성은 가톨릭 신부가 될 수 없다!) 결국 문제는 여성이 아니라 과학이며, 바꾸어야 할 것은 과학의 성性이 아니라 성격이라는 것이 결론이다. 이 책에서 딱 한 문장만 골라야 한다면 바로 이 문장이다. "그(의인화된 물리학)는 성전환할 필요가 있는 것이 아니라 성격을 재정비할 필요가 있다."(38쪽)

저자의 이야기를 더 하지 않을 수 없다. 이 책을 쓴 마거릿 워트하임은 호주의 과학 저술가이자 예술가이다. 책의 서론에 쓴 저자 자신의 이야기를 읽으면 어떻게 이런 책을 쓰게 되었는지 고개가 끄덕여진다. 워트하임은 대학에서 물리학과 수학을 전공했으나 "대중에게 그들의 사변적 하늘을 점점 더 높이 찌르는 첨탑이 있는 정교한 성당을 지으라고 요구하는 퇴폐적 성직자"(36쪽)로 가득한 물리학계를 견디지 못하고 뛰쳐나왔다. 여전히 과학을 사랑하는 채로 말이다. 그의 개인 웹사이트(https://

www.margaretwertheim.com)에는 "개념적 매혹으로서의 과학을 축하하고 사회적 실천으로서의 과학에 질문을 던진다(celebrating science as conceptual enchantment, interrogating science as social practice)"라는 문구가 걸려 있다. 이 책 외에도 과학과 여성에 관해 다양한 글을 쓰고 과학과 예술을 융합한 여러 프로젝트를 수행한 이력이 돋보인다. 예를 들어, 2005년에 쌍둥이 자매인 크리스틴과 함께 시작한 "크로셰 산호초 프로젝트"에서는 크로셰 뜨개질 기법으로 산호초를 모방한 작품을 만드는 활동을 펼쳐 인류세와 기후 위기를 알려왔다. 지금까지 만 명이 넘는 여성이 산호초 뜨개질에 참여해왔다고 하니 과학과 여성 문제에 대한 그의 열정이 느껴진다.

신의 욕망에 사로잡힌 물리학이 얼마나 여성을 밀어내왔는지에 관한 이야기의 끝이 절망과 좌절이 아니라 희망과 기대감이라는 것은 이 책의 최고 미덕이다. 하늘 위의 물리학을 땅으로 끌어 내리고 나면 지금의 물리학이 절대적이지도 않고 불변하지도 않는다는 사실이 확 다가온다. 그렇다면 지금과는 다른, 새로운 물리학도 충분히 가능하지 않은가? 저자가 제안한 "종교에 가까운 너무나 추상적인 목표에 그처럼 집착하지 않는 물리학, 사회 전반의 필요와 관심사에 좀 더 적극적으로 기여하려는 물리학"(359쪽)이 구체적으로 어떤 모습일지는 모르겠지만, 그러한 '새로운 물리학'이 주류가 되는 물리학계에는 지금처럼 온통 남성만 있지는 않을 것이라는 확신이 든다. 2003년에 "페미니즘은 물리학을 바꾸었나?"라는 제목의 글을 썼던 미국 여성 물리학자 에이미 버그는 이 질문에 대한 답으로 "현재의 물리학이 인류가 만들 수 있는 최고의 물리학일까?"라는 또 다른 질문을 내놓은 바 있다. 마치 8년 후 이런 질문이 나올 것을 알고 있었기라도 한 듯 저자는 이렇게 책을 끝맺는다. "어떤 사회에서도, 최선의 목표는 남성과 여성이 함께하는 꿈에서 나온다. 등장한 지 2500년 만에, 수학적 남성은 수학적 여성과의 동반 관계를 받아들일 때를 맞이하고 있다. 바야흐로, 남성과 여성이 대등하게 꿈꾸고 실현해갈 수리과학의 시대가 온 것이다."

그렇다. 인류 최고의 물리학은 아직 오지 않았다.

미주

1 David F. Noble, *A World Without Women: The Christian Clerical Culture of Western Science,* New York: Knopf, 1992, p. 163.

2 Stephen William Hawking, *A Brief History of Time: From the Big Bang to Black Holes,* New York/London: Bantam Press, 1988. 스티븐 호킹, 『그림으로 보는 시간의 역사』, 까치, 2021.

- Paul Charles William Davies, *The Mind of God: The Scientific Basis for a Rational World. Science and the Search for Ultimate Meaning,* London/New York: Simon & Schuster, 1992. 폴 데이비스, 『현대물리학이 탐색하는 신의 마음』, 한뜻, 1994.

- Paul Davies, *God and the New Physics,* London: Dent, 1983; New York: Simon & Schuster, 1984. 폴 데이비스, 『현대물리학이 발견한 창조주』, 정신세계사, 1988.

- Ian Stewart, *Does God Play Dice?: The Mathematics of Chaos*, Oxford/Cambridge (Mass.): Blackwell, 1989, 1990. 이안 스튜어트, 『하느님은 주사위놀이를 하는가?』, 범양사, 1993.

- Martin Golubitsky, *Fearful Symmetry: Is God a Geometer?,* Oxford/Cambridge (Mass.): Blackwell, 1992.

- Leon M. Lederman/Dick Teresi, *The God Particle. If the Universe Is the Answer, What Is the Question?,* Boston: Houghton Mifflin, 1993; London: Bantam Press, 1993. 리언 레더먼·딕 테레시, 『신의 입자』, 휴머니스트, 2017.

- Robert Jastrow, *God and the Astronomers,* New York/London: Norton, 1978, 1992. R. 자스트로우, 『신과 천문학』, 전파과학사, 1985.

3 Albert Einstein, "Prinzipien der Forschung" (1914); in *Zu Max Plancks 60*

Geburtstag: Ansprachen in der Deutschen physikalischen Gesellschaft, Karls-
ruhe: Müller, 1918; later in *Mein Weltbild,* Amsterdam: Querido, 1934, p. 169.

4 Constance Jordan, *Renaissance Feminism: Literary Texts and Political Mod-
els,* Ithaca (NY): Cornell University Press, 1990.

5 Sandra Harding, *The Science Question in Feminism,* Ithaca (NY): Cornell Uni-
versity Press, 1986; Milton Keyens: Open University Press, 1986, p. 31. 샌드라
하딩, 『페미니즘과 과학』, 이화여자대학교출판부, 2002, 42-43쪽.

6 Albert Einstein, "Religion und Wissenschaft", *New York Times Magazine,*
New York: 9 November 1930, p. 4; also in *Mein Weltbild* cit., p. 42.

7 Leon M. Lederman/Dick Teresi, *op. cit.,* p. 254. 한국어판 449쪽.

8 Elizabeth Fee, "Women's nature and scientific objectivity", in Marian Lowe/
Ruth Hubbard (eds), *Women's Nature: Rationalizations of Inequality,* New
York: Pergamon Press, 1981, p. 22.

9 Pythagoras, quoted in Aristotle, *Metaphysica,* I 5.985b 23-987a 9. 아리스토
텔레스, 『형이상학』, 길, 2017, 50-54쪽.

Aristotle, *Peri tôn Pythagoréion* (fr. 192 Rose); quoted in Iamblichus, *De vita
Pythagorica liber,* VI, 31; ed. Ludwig Deubner, Leipzig: Teubner, 1937; new
edn, ed. Udalrichus Klein, Stuttgart: Teubner, 1975, p. 18.

Aristotle, quoted in *Die Fragmente der Vorsokratiker,* ed. Hermann Diels/
Walther Kranz, Berlin: Weidmann, 1903, 1966, fr. 14.7, vol. I, pp. 98-99. 『소크
라테스 이전 철학자들의 단편 선집』, 아카넷, 2005, 164-170쪽.

10 Isidore Levy, *La légende de Pythagore de Grèce en Palestine,* Paris: Cham-
pion, 1927 ("Bibliothèque de L'Ecole des Hautes Études", vol. 250), ch. V ("L'Éva
ngile"), pp. 295-340.

11 David C. Lindberg, *The Beginnings of Western Science: The European Sci-
entific Tradition in Philosophical, Religious, and Institutional Context, 600 B.C.
to A.D. 1450,* Chicago: University of Chicago Press, 1992, p. 13. 데이비드 린드
버그, 『서양과학의 기원들』, 나남, 2007, 40쪽.

12 Iamblchus, *De vita Pythagorica liber,* III, 13-14; ed. Ludwig Deubner/Udalrichus Klein cit., pp. 10-11.

13 Porphyrius, *Vita Pythagorae,* 7; ed. Édouard des Places, Paris: Les Belles Lettres, 1982, p. 39-41.

14 David C. Lindberg, *op. cit.,* p. 14. 한국어판 42쪽.

15 Iamblchus, *op. cit.,* XVII, 72; ed. Ludwig Deubner/Udalrichus Klein cit., p. 41.

16 Lynn M. Osen, *Women in Mathematics,* Cambridge (Mass.): MIT Press, 1974, 1992, pp. 16-17. 린 M. 오센, 『수학을 빛낸 여성들』, 경문사, 2007, 28-30쪽.

17 Iamblchus, *op. cit.,* XXXV, 248-251/255-257/260 passim; ed. Ludwig Deubner/Udalrichus Klein cit., pp. 133-135/137-138/139-140.

18 Gerda Lerner, *The Creation of Patriarchy,* New York: Oxford University Press, 1986, 1987, ch. VII ("The Goddesses"), pp. 141-160. 거다 러너, 『가부장제의 창조』, 당대, 2004, 253-281쪽.

19 Albert Einstein, 미주 3 참고.

20 Margaret Alic, *Hypatia's Heritage: A History of Women in Science from Antiquity to the Late Nineteenth Century,* London: The Women's Press, 1986; Boston: Beacon Press, 1986, p. 41.

21 Socrates Scholasticus, *Historia ecclesiastica,* ch. XV ("De Hypatia philosopha"); ed. Henri De Valois, in Jacques-Paul Migne (ed.), *Patrologia graeca,* Paris: 1857-1866, vol. LXVII/1864, coll. 769-770.

22 Suzanne Fonay Wemple, *Women in Frankish Society: Marriage and the Cloister 500-900,* Philadelphia: University of Pennsylvania Press, 1981, p. 177.

23 Walter Jackson Ong, "Latin language study as a Renaissance puberty rite", *Studies in Philology,* Chapel Hill (NC): vol. LVI, n. 2/April 1959, p. 107.

24 *Ibid,* p. 109.

25 Idem, *Orality and Literacy: The Technologizing of the Word,* London/New York: Methuen, 1982, p. 113. 월터 J. 옹, 『구술문화와 문자문화』, 문예출판사, 2018, 186쪽.

26 Hrotsvitha, *Legenden,* "Praefatio"; in *Opera,* ed. Helene Homeyer, Paderborn: Schöningh, 1970, pp. 38-39.

27 Idem, *Dramen,* "Epistola eiusdem ad quosdam sapientes huius libri fautores", in *Opera* cit., pp. 235-236.

28 Hildegard, *Scivias, sive Visionum ac revelationum libri tres* (1141-1151); in Jacques-Paul Migne (ed.), Patrologia latina, Paris: 1844-1864, vol CXCVII/1855 (*Sanctae Hildegardis Abbatissae Opera Omnia*), book I, pref., cols. 383-384; ed. Adelgundis Führkötter/Angela Carlevaris, Turnhout: Brepols, 1978 ("Corpus Christianorum. Continuatio Mediaevalis", vols. CCCM/XLIII/XLIIIA), "Protestificatio veracium visionum a deo flentium", pp. 3-4. 빙엔의 힐데가르트, 『빙엔의 힐데가르트 작품선집』, 키아츠, 2021, 19-20쪽.

29 David F. Noble, *op. cit.,* p. 141.

30 Gerda Lerner, *The Creation of Feminist Consciousness: From the Middle Ages to Eighteen-seventy,* New York: Oxford University Press, 1993, pp. 55-56. 거다 러너, 『역사 속의 페미니스트』, 평민사, 1999, 83-84쪽.

31 William Clark, "The misogyny of scholars", *Perspectives on Science: Historical, Philosophical, Social,* Chicago: vol. 1, n. 2/1993, p. 349.

32 Walter Map (Valerius), "Dissuasio Valerii ad Ruffinum philosophum ne uxorem ducat", in *De Nugis Curialium* (ms. 1182), f. 46v; ed. Thomas Wright, London: Camden, 1850, p. 150.

33 Episode quoted in Lynn Thorndike, *University Records and Life in the Middle Ages,* New York: Columbia University Press, 1944, p. 119.

34 Londa Schiebinger, *The Mind Has No Sex?: Women in the Origins of Modern Science,* Cambridge (Mass.): Harvard University Press, 1989, ch. III ("Scientific women in the craft tradition"), pp. 66-101. 론다 쉬빈저, 『두뇌는 평등하다』, 서해문집, 2007, 100-145쪽.

35 Thierry De Chartres, quoted in N. M. Haring, "The creation and creator of the world according to Thierry of Chartres and Clarembaldus of Arras", *Archives d'histoire doctrinale et littéraire du Moyen Age,* Paris: vol. XXII/1955, p. 196.

36 Robert Grosseteste, quoted in Alistair Cameron Crombie, *Robert Grosse-*

teste and the Origins of Experimental Science. 1100-1700, Oxford: Clarendon Press, 1953, 1962, p. 102.

37 Idem, quoted in Alistair Cameron Crombie, *op. cit.,* p. 103.

38 Matthew Paris, *Historia maior,* London: Wolf, 1571; ed. Henry Richard Luard, London: Longman, 1872-1883, vol. V/1880, p. 227.

39 Dietrich von Freiberg, *Tractatus de iride et de radialibus impressionibus* (c.1304); ed. Joseph Würschmidt, Münster: Aschendorff, 1914; ed. Maria Rita Pagnoni Sturlese/Loris Sturlese, in *Opera Omnia,* ed. K. Flasch/B. Moysisch/ R. Imbach/et alii, Hamburg: Meiner, 1977-1985, vol. IV/ 1985 (Schriften zur Naturwissenschaft. Briefe), pp. 95-268.

40 Roger Bacon, *Opus maius ad Clementem Quartum Ponteficem Romanum* (1266-1268); ed. John Henry Bridges, Oxford: Clarendon Press, 1897-1900; *opus minus* (c.1267); in *Opera quaedam hactenus inedita,* ed. J.S. Brewer, London: Longman/Green/Roberts, 1859, pp. 311-389;

 - *Opus tertium* (c. 1267); in *Opera quaedam hactenus inedita* cit., pp. 3-310.

41 Idem, *Opus maius* cit., vol. I/1897, part IV ("Mathematicae in physicis utilitas"), p. 211.

42 Samuel Y. Edgerton Jr., *The Heritage of Giotto's Geometry: Art and Science on the Eve of the Scientific Revolution,* Ithaca (NY): Cornell University Press, 1991, p. 48.

43 David C. Lindberg, *op. cit.,* p. 295. 한국어판 480쪽.

44 Étienne Tempier, quoted in Eduard J. Dijksterhuis, *The Mechanization of the World Picture: Pythagoras to Newton,* Princeton (NJ): Princeton University Press, 1986, pp. 173-176.

45 David F. Noble, *op. cit.,* p. 158.

46 Christine de Pisan, *Le Livre de la Cité des Dames* (1404-1405); trans. Bryan Anslay, London: Pepwell, 1521, ch. I ("Here beginneth the fyrste chapitre whiche telleth howe & by whome the Cyte of Ladies was fyrst begon to buylde"), f. Bbijv. 크리스틴 드 피장, 『여성들의 도시』, 아카넷, 2012, 23-24쪽.

47 *Ibid,* ch. XXVII ("Cristine demaundeth of reason yf ever god iyste to make a woman so noble to have ony understadynge of the highnesse of science"); trans. cit., f. Kkiiiijv. 한국어판 119-121쪽.

48 Eduard J. Dijksterhuis, *op. cit.,* p. 226.

49 Nicolaus Cusanus, *De docta ignorantia* (1440); ed. Ernst Hoffmann/Raymond Klibansk, Leipzig: Meiner, 1932; new edn, ed. Paul Wilpert/Hans Gerhard Senger/Raymond Klibansky, Hamburg: Meiner, 1964, 1979, book I, ch. X, p. 21.

50 Idem, *Idiota. De sapientia, de mente, de staticis experi mentis* (1450); ed. Ludwig Baur, in *Opera Omnia,* ed. Ernst Hoffmann, Leipzig: Meiner, 1932-1983, vol. V/1937.

51 Shmuel Sambursky, *The Physical World of the Greeks,* trans. Merton Dagut, London: Routledge & Kegan Paul, 1956; Princeton (NJ): Princeton University Press, 1987, p. 226.

52 Joseph Needham/Wang Ling, *Science and Civilization in China,* Cambridge: Cambridge University Press, 1956-1984, vol. III/1959 (Mathematics and the Sciences of the Heavens and the Earth), sec. 18 ("Mathematics"), K ('Mathematics and science in China and the West'), pp. 150-168. 조셉 니덤, 『중국의 과학과 문명: 수학, 하늘과 땅의 과학, 물리학』, 까치, 2000, 77-82쪽 참고.

53 Leonardo Da Vinci, ms. An C I 7r/W. 1906; in *Scritti scelti,* ed. Anna Maria Brizio, Torino: Utet, 1952, p. 614.

54 Owen Gingerich, *The Eye of Heaven: Ptolemy, Copernicus, Kepler,* New York: American Institute of Physics, 1993, p. 163.

55 Nicolaus Copernicus, *De revolutionibus orbium coelestium libri sex,* Nürnberg: Petreius, 1543; ed. Ricardus Gansiniec/Juliusz Domanski/Jerzy Dobrzycki/Alexander Birken Majer, Warsaw/Cracow: Officina Publica Libris Scientificis, 1975. 니콜라우스 코페르니쿠스, 『천구의 회전에 관하여』, 엠아이디, 2024.

56 Claudius Ptolemaeus, *Synthaxis mathematica*; ed. J. L. Heiberg, Leipzig: Teubner, 1898.

57 Nicolaus Copernicus, *op. cit.,* pref., f. IIIv; ed. Ricardus Gansiniec/et alii cit., p. 4,

7. 한국어판 58, 66쪽.

58 Fernand Hallyn, *The Poetic Structure of the World: Copernicus and Kepler,* New York: Zone Books, 1990, p. 94.

59 Marcus Vitruvius Pollio, *De architectura libri decem,* I 2.4; ed. Aa. Vv, Paris: Les Belles Lettres, 1969-..., vol. I/1990 (ed. Philippe Fleury), p. 16.

60 Nicolaus Copernicus, *op. cit.,* pref., f. IIIv; ed. Ricardus Gansiniec/et alii cit., p. 4. 한국어판 58쪽.

61 Tycho Brahe, letter to Christopher Rothmann, August 1590; in *Epistularum astronomicarum libri,* Uraniborg: 1596, p. 191; ed. G. A. Hagemann/Johann Raeder, In *Opera Omnia,* ed. John Louis Emil Dreyer, Kobenhavn: Gyldendal, 1913-1929, vol. VI, t. I/1919, pp. 221-222.

62 Owen Gingerich, *op. cit.,* p. 183.

63 Fernand Hallyn *op. cit.,* p. 136.

64 Isaac Newton, letter to Robert Hooke, 5 February 1675[1676]; in *The Correspondence,* ed. H. W. Turnbull/et alii, Cambridge: Cambridge University Press, 1959-1977, vol. I/1959 (1661-1675), letter 154, p. 416.

65 Johannes Kepler, *Prodromus dissertationum mathematicarum continens Mysterium cosmographicum, de admirabili proportione orbrium coelestium,* Tübingen: Gruppenbach, 1596, pref., p. 6; ed. Max Caspar, in *Gesammelte Werke,* Walther von Dyck/Max Caspar, München: Beck, 1937-..., vol. I/1938, p. 9.

66 Arthur Koestler, *The Sleepwalkers: A History of Man's Changing Vision of the Universe,* London: Hutchinson, 1959; New York: Macmillan, 1959, p. 234.

67 Johannes Kepler, *Harmonice mundi libri quinque,* Frankfurt Am Main/Linz: Tampach, 1619, book IV, ch. I, p. 119; ed. Max Caspar, in *Gesammelte Werke* cit., vol. VI/1940, p. 223.

68 Idem, *De fundamentis astrologiae certioribus,* Praha: Schuman, 1602, f. Bijv; ed. Max Caspar/Franz Hammer, in *Gesammelte Werke* cit., vol. IV/1941 (Kleinere Schriften 1602-1611. Dioptrice), p. 15.

69 Idem, *Mysterium cosmographicum* cit., ch. I, p. 19; ed. Max Caspar, in *Gesa-*

mmelte Werke cit., vol. I/1938, p. 23.

70 Idem, *Harmonice mundi* cit., book IV, ch. I, p. 119; in *Gesammelte Werke* cit., vol. VI/1940, p. 223.

71 Idem, *Astronomiae pars optica,* Frankfurt Am Main: Marnius/Auber, 1604, pref., f. 3; ed. Franz Hammer, in *Gesammelte Werke* cit., vol. II/1939, p. 16.

72 Idem, letter to Michael Mästlin, 3 October 1595; ed. Max Caspar, in *Gesammelte Werke* cit., vol. XIII/1945 (Briefe 1590-1599), letter 23, p. 40.

73 Idem, *Astronomia nova aitiologétos, seu Physica coelestis, tradita commentariis de motibus stellae Martis,* Praha: s.e., 1609; Heidelberg: Vögelin, 1609, part IV, ch. 58, p. 285; ed. Max Caspar, in *Gesammelte Werke* cit., vol III/1937, p. 366.

74 Idem, *Tabulae Rudolphinae,* Ulm: Saur, 1627; ed. Franz Hammer, in *Gesammelte Werke* cit., vol. 10/1696.

75 Elias von Löwen, "Maritus ad lectorem", in Maria Cunitz, *Urania propitia, sive Tabulae astronomicae mire faciles, wim hypothesium physicarum a Kepplero proditarum complexae,* Oels: Seyffert, 1650, ff. [11v-12r].

76 Elisabetha Koopman, "Epistola dedicatoria" in Johannes Hevelius, *Prodromus astronomiae, exhibens fundamenta, quibus additus est uterque catalogus stellarum fixarum,* Danzig: Stoll, 1690, ff. 1r-3v.

77 Gottfried Kirch, *Kurtze Betrachtung derer Wunder am gestirnten Himmel, welche veranlasset der itzige recht merkwürdige neue Comet,* Leipzig: Kirchner, 1677; *Neue Himmels-Zeitung darinnen von den zweien neuen großen im 1680. Jahr erschienenen Cometen,* Nürnberg: Endters, 1681.

78 Johann T. Jablonski, letter to Gottfried Wilhelm Leibniz, 1 November 1710; in Adolf Harnack, "Berichte des Secretars der brandenburgischen Societät der Wissenschaften Johann T. Jablonski an den Präsidenten Gottfried Wilhelm Leibniz (1700-1715) nebst einigen Antworten von Leibniz", *Philosophische und historische Abhandlungen der königlichen Akademie der Wissenschaften,* Berlin: vol. III/1897, pp. 79-80.

79 Nicolaus Copernicus, *op. cit.,* pref., f. IV*r*/book. I, f. 10*r*, ed. Ricardus Gansiniec/*et alii* cit., pp. 4-5/20. 한국어판 59, 114쪽.

80 *Corpus Hermeticum;* ed. Arthur Darby Nock/André Marie Jean Festugiere, Paris: Les Belles Lettres, 1946-1954. 헤르메스 호 트리스메기스토스, 『헤르메티카』, 좋은글방, 2018.

81 Frances Amelia Yates, *Giordano Bruno and the Hermetic Tradition,* London: Routledge & Kegan Paul, 1964; Chicago: University of Chicago Press, 1979, p. 6.

82 Idem, *op. cit.,* pp. 2 et seq.

83 *Picatrix* (XII sec.); Latin trans. XV cent., book II, ch. 10; quoted in Frances Amelia Yates, *op. cit.,* pp. 52-53.

84 Marsilius Ficinus, *De vita libri tres,* Firenze: Mischomino, 1489.

85 Keith Thomas, *Religion and the Decline of Magic: Studies in Popular Beliefs in Sixteenth and Seventeenth Century England,* London: Weidenfeld & Nicolson, 1971; New York: Scribner, 1971, p. 320. 키스 토마스, 『종교와 마술, 그리고 마술의 쇠퇴』 2, 나남, 2014, 191쪽.

86 Walter Raleigh, *The History of the World,* London: Burre, 1614, ch. XI ("Of Zoroaster, supposed to have beene the chiefe author of magick arts: and of the divers kinds of magicke"), II ("Of the name of magia: and that it was anciently farre divers from coniuring and witchcraft"), p. 201.

87 Petrus Garsias, *In determinationes magistrales contra conclusiones apologales Joannes Pici Mirandulani concordie comitis,* Roma: Silber, 1489.

88 David F. Noble, *op. cit.,* p. 197.

89 Carolyn Merchant, *The Death of Nature: Women, Ecology and the Scientific Revolution,* New York: Harper & Row, 1980; London: Wildwood House, 1982, ch. 5.2 ("Disorder, sexuality, and the witch"), pp. 132-140. 캐롤린 머천트, 『자연의 죽음』, 미토, 2005, 209-220쪽.

90 Frances Amelia Yates, *op. cit.,* pp. 444-445.

91 David F. Noble, *op. cit.,* p. 218.

92 Pierre Gassendi, *Epistolica exercitatio, in qua Principia philosophiae Robert Fluddi Medici reteguntur; et ad recentes illius Libros, adversus R. P. F. Marinum Mersennum Ordinis Minimorum Sancti Francisci de Paula scriptos respondetur,* Paris: Cramoisy, 1630; in *Opera Omnia,* ed. Henri Ludovic Habert De Montmor/F. Henri, Lyon: Anisson/Devenet, 1658, vol. III (Philosophica Opuscula), pp. 211-268.

93 Peter Dear, *Mersenne and the Learning of the Schools,* Ithaca (NY): Cornell University Press, 1988, pp. 3-4.

94 Pierre Gassendi, *Syntagma Philosophicum* (1658); in *Opera Omnia* cit., vol. I, p. 158.

95 William B. Ashworth Jr., "Catholicism and early modern science", in David C. Lindberg/Ronald L. Numbers (eds), *God and Nature: Historical Essays on the Encounter between Christianity and Science,* Berkeley: University of California Press, 1986, p. 141. 데이비드 린드버그 · 로널드 L. 넘버스 엮음, 『신과 자연』 상권, 이화여자대학교출판부, 1998, 200쪽.

96 Carolyn Merchant, *op. cit.,* ch. 5 ("Nature as disorder. Women and witches"), pp. 127-148. 한국어판 202-232쪽.

97 René Descartes, letter to Marin Mersenne, 15 April 1630; in *Oeuvres* cit., vol. I/1897 *(Correspondence: 1 Avril 1622-Février 1638),* letter XXI, p. 135; in *Correspondance,* ed. Charles Adam/Gérard Milhaud, Paris: Alcan/Presses Universitaires de France, 1936-1963, vol. I/1936, letter 28, p. 129.

98 Carolyn Merchant, *op. cit.,* p. 205. 한국어판 314쪽.

99 Thomas Hobbes, *Leviathan, or the Matter, Forme and Power of a Commonwealth, Ecclesiasticall and Civill,* London: Crooke, 1651; ed. Richard Tuck, Cambridge: Cambridge University Press, 1991. 토머스 홉스, 『리바이어던』, 나남출판, 2008.

 - Carolyn Merchant, *op. cit.,* p. 209. 한국어판 321쪽.

100 Edwin Arthur Burtt, *The Metaphysical Foundations of Modern Physical Science: A Historical and Critical Essay,* London: Kegan Paul, 1924, London:

Routledge & Kegan Paul, 1932; New York: Harcourt Brace, 1925, 1932; New York: Humanities Press, 1951, p. 105.

101 Adrien Baillet, *La vie de Monsieur Descartes,* Paris: Horthemels, 1691, vol. I, pp. 81/115.

102 René Descartes, *Discours de la méthode, pour bien conduire sa raison, et chercher la vérité dans les sciences,* Leiden: Maire, 1637, part IV, p. 33 [Latin trans. ed. Éstienne de Courcelle, *Specimina philosophiae, seu Dissertatio de methodo recte regendae rationis et veritatis in scientia investigandae,* Amsterdam: Elzevier, 1644]; ed. Étienne Gilson, Paris: Vrin, 1925, 1967, p. 32. 르네 데카르트, 『방법서설』, 문예출판사, 2022, 57쪽.

103 Frances Amelia Yates, *op. cit.,* pp. 454-455.

104 David F. Noble, *op. cit.,* pp. 212-215.

105 Martha Ornstein, *The Role of Scientific Societies in the Seventeenth Century,* Chicago: University of Chicago Press, 1928, p. 75.

106 Federico Cesi, *Lynceographum* (1605); quoted in Domenico Carutti, *Breve storia della Accademia dei Lincei,* Roma: Salviucci, 1883, p. 7.

107 John Evelyn, letter to Robert Boyle, 3 September 1659; in *The Works,* ed. Thomas Birch, London: Millar, 1744, vol. V, p. 398; also in *Diary and Correspondence,* ed. William Bray, London/New York: Routledge/Dutton, 1906, p. 590.

108 David F. Noble, *op. cit.,* p. 225.

109 Walter Charleton, *The Ephesian Matron,* London: Herringman, 1659, p. 112.

110 Henry(Heinrich) Oldenburg, in Robert Boyle, *Experiments and Considerations Touching Colours,* London: Herringman, 1664, "The Publisher to the Reader", f. A8*r.*

111 Londa Schiebinger, *op. cit.,* p. 26. 한국어판 44쪽.

112 René Descartes, *Principia philosophiae,* Amsterdam: Elzevier, 1644, "Serenissimae Principi Elisabethae", f. *3v.* 르네 데카르트, 『철학의 원리』, 아카넷, 2002, 4쪽.

113 Londa Schiebinger, *op. cit.,* p. 170. 한국어판 235-236쪽.

114 François Poulain de la Barre, *De l'égalité de deux sexes. Discours physique et morale, ou l'on voit l'importance de se défaire des préjugez,* Paris: Du Puis, 1673, part I ("Où l'on montre que l'opinion vulgaire est un préjugé, & qu'en comparant sans interest ce que l'on peut remarquer dans la conduite des hommes & des femmes, on est obligé de reconnoître entre les deux sexes une égalité entiere"), pp. 1-75.

115 Margaret Lucas Cavendish, *Poems and Fancies,* London: Martin/Allestrye, 1653;

- *Philosophical Fancies,* London: Martin/Allestrye, 1653;

- *The Philosophical and Physical Opinions,* London: Martin/Allestrye, 1655; London: Wilson, 1663; also Grounds of Natural Philosophy, London: Maxwell, 1668;

- *Nature's Pictures Drawn by Fancies Pencil to the Life,* London: Martin/Allestrye, 1656; London: Maxwell, 1671;

- *Philosophical Letters, or Modest Reflections upon Some Opinions in Natural Philosophy: Maintained by Several Famous and Learned Authors of This Age,* London: s.e., 1664;

- *Observations upon Experimental Philosophy, to which is added, the Description of a New Blazing World,* London: Maxwell, 1666; London: Maxwell, 1668. 마거릿 캐번디시, 『불타는 세계』, 아르테, 2020.

116 René Descartes, *Meditationes de prima philosophia, in qua Dei existentia et animae immortalitas demonstrantur,* Paris: Soly: 1641; also *Meditationes de prima philosophia, in quibus Dei existentia, et animae humanae a corpore distinctio, demonstrantur,* Amsterdam: Elzevier, 1642. 르네 데카르트, 『제일철학에 관한 성찰』, 문예출판사, 2021.

117 Arthur Koestler, *op. cit.,* p. 354.

118 Galileo Galilei, *Sidereus Nuncius,* Venezia: Baglioni, 1610; in *Opere,* ed. Franz Brunetti, Torino: Utet, 1964, 1980, vol. I, pp. 263-319. 갈릴레오 갈릴레

이, 『갈릴레오가 들려주는 별 이야기』, 승산, 2009.

119 Arthur Koestler, *op. cit.,* p. 369.

120 Mario Biagioli, *Galileo Courtier: The Practice of Science in the Culture of Absolutism,* Chicago: University of Chicago Press, 1993.

121 Galileo Galilei, *Dialoghi sopra i due massimi sistemi del mondo, tolemaico e copernicano,* Firenze: Landini, 1632; in Opere cit., vol. II, pp. 7-552.

122 Idem, *Discorsi e dimostrazioni matematiche intorno a due nuove scienze attenenti alla mecanica et i movimenti locali,* Leiden: Elzevier, 1638; ed. Enrico Giusti, Torino: Einaudi, 1990. 갈릴레오 갈릴레이, 『대화』, 사이언스북스, 2016.

123 Edwin Arthur Burtt, *op. cit.,* p. 38.

124 Richard Samuel Westfall, *Never at Rest: A Biography of Isaac Newton,* Cambridge: Cambridge University Press, 1980, p. 58. 리처드 S. 웨스트폴, 『아이작 뉴턴』 1, 알마, 2016, 120쪽.

125 *Ibid,* p. 62. 한국어판(1권) 126-127쪽.

126 *Ibid,* p. 155. 한국어판(1권) 266쪽.

127 Isaac Newton, *Philosophiae naturalis principia mathematica,* London: Streater, 1687; Cambridge: Cotes, 1713; London: Innys, 1726; ed. Alexandre Koyré/I. Bernard Cohen, Cambridge: Cambridge University Press, 1972. 아이작 뉴턴, 『프린키피아』, 승산, 2023.

128 Derek Gjertsen, "Newton's success", in John Fauvel/Raymond Flood/Michael Shortland/Robin Wilson (eds), *Let Newton Be! A New Perspective on His Life and Works,* Oxford: Oxford University Press, 1988, p. 35.

129 Charles-Louis de Montesquieu, *L'esprit des lois,* Geneve: Barrillot, 1748. 샤를 드 몽테스키외, 『법의 정신』, 나남출판, 2023.

130 Isaac Newton, *Theological Manuscripts,* ed. Herbert McLachlan, Liverpool: Liverpool University Press, 1950.

131 Idem, letter to Richard Bentley, 10 December 1692; in *The Correspondence* cit., vol. III/1961 (1688-1694), letter 398, p. 233.

132 Idem, *Philosophiae naturalis principia mathematica* cit., "Scholium generale", p. 527; ed. Alexandre Koyré/I. Bernard Cohen cit., vol. II, p. 760. 한국어판 858쪽.

133 *Ibid*, p. 529; ed. Alexandre Koyré/I. Bernard Cohen cit., vol. cit., p. 763. 한국어판 860쪽.

134 *Ibid*, p. 528; ed. Alexandre Koyré/I. Bernard Cohen cit., vol. cit., p. 761. 한국어판 859쪽.

135 Edwin Arthur Burtt, *op. cit.,* p. 284.

136 Penelope Gouk, "The harmonic roots of Newtonian science", in John Fauvel/Raymond Flood/Michael Shortland/Robin Wilson (eds), *Let Newton Be!* cit., p. 120.

137 Isaac Newton, quoted in David Gregory, *Memoranda;* in *The Correspondence of Isaac Newton* cit., vol. III cit., 5/6/7 March 1694, pp. 336-338.

138 Piyo Rattansi, "Newton and the wisdom of the ancients", in John Fauvel/Raymond Flood/Michael Shortland/Robin Wilson (eds), *Let Newton Be!* cit., p. 199.

139 Richard Samuel Westfall, *op. cit.,* pp. 407-408. 한국어판(3권) 19-21쪽.

140 John Craig, *Theologiae Christianae principia mathematica,* London: Child, 1699.

141 *Ibid*, p. 10.

142 Derek Gjertsen, *op. cit.,* in John Fauvel/Raymond Flood/Michael Shortland/Robin Wilson (eds), *Let Newton Be!* cit., p. 31.

143 *Ibid*, loc. cit.

144 Margaret C. Jacob, "Christianity and the Newtonian worldview", in David C. Lindberg/Ronald L. Numbers (eds), *God and Nature* cit., p. 243. 한국어판 334쪽.

145 Samuel Clarke, *Sixteen Sermons on the Being and Attributes of God, the Obligations of Natural Religion, and the Truth and Certainty of the Christian Revelation, preached in the Years 1704 and 1705, at the Lecture founded by the Honourable Robert Boyle,* ed. John Clarke, in *The Works,* London: Knapton, 1738, vol. II, pref., p. 517.

146 Roger Hahn, "Laplace and the mechanistic universe", in David C. Lindberg/ Ronald L. Numbers (eds), *God and Nature* cit., p. 263. 한국어판 365쪽.

147 Bernard Nieuwentijt, *Het Regt Gebruik der Werelt Beschouwingen,* Amsterdam: Wolters & Pauli, 1717.

148 Margaret C. Jacob, *op. cit.,* in David C. Lindberg/Ronald L. Numbers (eds), God and Nature cit., p. 245. 한국어판 337쪽.

149 *Ibid.,* loc. cit.

150 Mary Terrall, "Gendered spaces, gendered audiences. Inside and outside the Paris Academy of Sciences", lecture given to the Clark Library Workshop on *Gender and Science in Early Modern Europe,* Los Angeles: February 1994.

151 Bernard Le Bovier de Fontenelle, *Entretiens sur la pluralité des mondes,* Paris: Blageart, 1686; ed. A. Calame, Paris: Didier, 1966; Paris: Stfm, 1991.

152 Francesco Algarotti, *Il neutonianismo per le dame, ovvero Dialoghi sopra la luce in colori,* Napoli: Pasquali, 1737 (later *Dialoghi sopra l'ottica neutoniana*); ed. Ettore Bonora, in *Opere,* Milano/Napoli, Ricciardi, vol. XLVI/1970 (*Illuministi italiani,* vol. II. *Opere di Francesco Algarotti e di Saverio Betttinelli*), pp. 11-177; also Torino: Einaudi, 1977.

153 Mary Terrall, *op. cit.*

154 François-Marie Arouet de Voltaire, *Eléments de la philosophie de Neuton: Mis à la portée de tout le monde,* Amsterdam: Ledet, 1738.

155 Gabrielle-Émilie Le Tonnelier De Breteuil du Chatelet, *Institutions de physique,* Paris: Prault, 1740.

156 Isaac Newton, *Philosophiae naturalis principia mathematica,* French trans. Gabrielle-Émilie Le Tonnelier De Breteuil du Chatelet, *Principes mathématiques de la philosophie naturelle,* Paris: Desaint & Saillant, 1759.

157 René Descartes, *Principia philosophiae.* 르네 데카르트, 『철학의 원리』, 아카넷, 2002.

158 Stephen Hales, *Vegetable Staticks, or An Account of Some Statical Exper-*

iments on the sap in Vegetables: Also a Specimen of an Attempt to Analyse the Air, London: Innys, 1727.

159 Paula Findlen, "Translating the new science. Women and the circulation of knowledge in Enlightenment Italy", lecture given to the Clark Library Workshop on *Gender and Science in Early Modern Europe* cit.

160 Paula Findlen, "Science as a cancer in Enlightenment Italy. The strategies of Laura Bassi", *Isis: An International Review devoted to the History of Science and its Cultural Influences,* Chicago: vol. 84, no. 3/September 1993, p. 448.

161 *Ibid,* pp. 450-451.

162 *Ibid,* pp. 454, 464, 468.

163 *Ibid,* p. 467.

164 Maria Gaetana Agnesi, *Propositiones philosophicae,* Milano: Malatesta, 1738;

- *Instituzioni analitiche ad uso della gioventù italiana,* Milano: Regia Ducal Corte, 1748.

165 Pierre-Simon de Laplace, *Théorie de Jupiter et de Saturne,* Paris: Imprimerie Royale, 1787.

166 Immanuel Kant, *Allgemeine Naturgeschichte und Theorie des Himmels,* Königsberg/Leipzig: Petersen, 1755; in *Werke,* ed. Wilhelm Weischedel, Wiesbaden: Insel, 1956-1964, vol. I/1960, pp. 219-396. 임마누엘 칸트, 『비판기 이전 저작』 I, 한길사, 2021, 257-424쪽.

167 Pierre-Simon de Laplace, *Exposition du système du monde,* Paris: Cercle Social, 1796.

168 Idem, *Mémoires de mathématique et de physique presentés à l'Académie Royale des Sciences par divers savants,* Paris: L'imprimerie Royale, a. VII/1773, p. 113.

169 Edmund Halley, "In viri praestantissimi Isaaci Newtoni", in Isaac Newton, *Philosophiae naturalis principia mathematica* cit.; ed. Alexandre Koyré/I. Bernard Cohen cit, p. 14. 한국어판 373쪽.

170 Immanuel Kant, *Beobachtungen über das Gefühl des Schönen und Erhabenen,* Königsberg: Kanter, 1764, pp. 51-2 passim; in *Werke* cit., vol. cit., p. 852. 임마누엘 칸트, 『아름다움과 숭고함의 감정에 관한 고찰』, 책세상, 2019, 58-59쪽.

171 Christoph Meiners, *Geschichte des weiblichen Geschlechts,* Hannover: Helwing, 1788-1800.

172 Jean-Jacques Rousseau, *A M. d'Alembert sur son article "Genève", dans le VII vol. de l'"Encyclopédie", et particulièrement sur le project d'établir un théâtre de comédie en cette ville (20 mars 1758),* Amsterdam: Rey, 1758; ed. Bernard Gagnebin/Jean Rousset, J.-J. Rousseau citoyen de Genève à M. d'Alembert, in *Oeuvres complètes,* ed. Bernard Gagnebin/Marcel Raymond, Paris: Gallimard, 1959-1995, vol. V/1995 (*Ecrits sur la musique, la langue et le théâtre*), p. 96.

173 Denis Diderot, *Sur les femmes* (1772); in *Oeuvres complètes,* ed. J. Assezat, Paris: Garnier, 1875-1877, vol. II/1875, p. 262. 드니 디드로, 『여성에 대하여』, 문학과지성사, 2021, 35쪽.

174 Georges-Louis Leclerc de Buffon, *Histoire naturelle, générale et particulière,* Paris: Imprimerie Royale, 1749-1804.

175 Londa Schiebinger, *op. cit.,* pp. 153, 154. 한국어판 208, 212-213쪽.

176 *Ibid,* p. 236. 한국어판 318쪽.

177 Joan B. Landes, *Women and the Public Sphere in the Age of the French Revolution,* Ithaca (NY): Cornell University Press, 1988, ch. 4 ("Women and the Revolution") pp. 93-151.

178 Francis Bacon, *Essayes. Religious Meditations. Places of Perswasion and Disswasion,* London: Hooper, 1597; also *Essayes,* London: Beale, 1612; also *The Essayes or Counsels Civill and Morall,* London: Barrett (/Whitaker), 1625; ed. Mario Melchionda, *Gli "Essayes" di Francis Bacon: Studio introduttivo, testo critico e commento,* Firenze: Olschki, 1979.

179 Idem, *Valerius Terminus: Of the Interpretation of Nature* (ms. 1603); in

Letters and Remains of the Lord Chancellor, ed. Robert Stephens, London: Bowyer, 1734, ch. I ("Of the ends and limits of knowledge"), pp. 406-407.

180 Idem, *Temporis partus masculus* (ms. 1602-1603); in *Scripta in naturali et universali philosophia,* ed. Isaac Gruter, Amsterdam: Elzevier, 1653.

181 Idem, *New Atlantis: A Worke Unfinished* (ms. 1614-1617); ed. William Rawley in *Sylva Sylvarum: Or a Naturall Historie in Ten Centuries,* London: Lee, 1627; ed. Alfred B. Gough, Oxford: Clarendon Press, 1915. 프랜시스 베이컨, 『새로운 아틀란티스』, 에코리브르, 2002.

182 Albert Einstein, *Autobiographisches - Autobiographical Notes,* in *The Library of Living Philosophers,* ed. Paul Arthur Schilpp, Evanston (Ill.): s.e., 1939-1967, vol. VII/1949 (*Albert Einstein: Philosopher-Scientist*), pp. 32-35.

183 Alfred Russel Wallace, *The Wonderful Century: Its Successes and Its Failures,* London: Swan Sonnenschein, 1898; New York: Dodd/Mead, 1898.

184 *Ibid,* pref., p. VII.

185 John Burdon Sanderson Haldane, *Possible Worlds and Other Papers,* London: Chatto and Windus, 1927; New York: Harper, 1928, p. 302.

186 Ann Braude, *Radical Spirits: Spiritualism and Women's Rights in Nineteenth-Century America,* Boston: Beacon Press, 1989, pp. 4-5.

187 Charles Robert Darwin, *On the Origin of Species by Means of Natural Selection, or the Preservation of Favoured Races in the Struggle for Life,* London: Murray, 1859.

188 John William Draper, *History of the Conflict between Religion and Science,* New York: Appleton, 1872; London: King, 1875, pp. x-xi, 168, 172, 364.

189 Andrew Dickson White, *The Warfare of Science,* New York: Appleton 1896, p. 7.

190 Jeffrey Burton Russell, *Inventing the Flat Earth: Columbus and Modern Historians,* Westport (Conn.): Praeger, 1991, pp. xiii/2. 제프리 버튼 러셀, 『날조된 역사』, 모티브, 2004, 21쪽.

191 John William Draper, *op. cit,* p. 364.

192 Mary Midgley, *Science as Salvation: A Modern Myth and Its Meaning,* London: Routledge, 1992.

193 Pierre-Simon de Laplace, *Mécanique céleste,* trans. Mary Fairfax Somerville, Mechanism of the Heavens, London: Murray, 1831.

194 Margaret Walsh Rossiter, *Women Scientists in America: Struggles and Strategies to 1940,* Baltimore: Johns Hopkins University Press, 1982, p. 9.

195 *Ibid,* p. xvi.

196 Harriet Brooks, letter to the Principal, Laura Gill, 18 July 1906; in *Departmental Correspondence 1906-1908,* file 41 (Barnard College Archives).

197 Laura Gill, letter to Harriet Brooks, 23 July 1906; in *Departmental Correspondence 1906-1908* cit., loc. cit.

198 Mary W. Whitney, "Scientific study and work for women", *Education,* Mobile (AL): a. III/1882, p. 67.

199 Helena M. Pycior, "Marie Curie's 'anti-natural path': time only for science and family", in Pnina G. Abir-Am/Dorinda Outram (eds), *Uneasy Careers and Intimate Lives. Women in Science 1789-1978,* New Brunswick (NJ): Rutgers University Press, 1987, p. 199.

200 Marie Curie, *Pierre Curie,* trans. Charlotte and Vernon Kellogg, New York: The MacMillan Company, 1923, p. 179.

201 *The Washington Post,* Washington: 18 April 1955.

202 Albert Einstein, *Autobiographisches* cit., pp. 8-9.

203 Idem, "Folgerungen aus den Kapillaritätserscheinungen", *Annalen der Physik,* Leipzig: ser. 4, vol. IV/1901, pp. 513-523;

- "Thermodynamische Theorie der Potentialdifferenz zwischen Metallen und vollständig dissozierten Lösungen ihrer Salze, und eine elektrische Metode zur Erforschung der Molekular kräfte", *Annalen der Physik,* Leipzig: ser. cit., vol. VIII/1902, pp. 798-814;

- "Kinetische Theorie des Wärmegleichgewichtes und des zweiten Hauptsatzes der Thermodynamik", *Annalen der Physik,* Leipzig: ser. cit., vol.

IX/1902, pp. 417-433.

204 Idem, letter to Michele Besso, 12 December 1919; in Idem/Michele Besso, *Correspondance 1903-1955,* ed. Pierre Speziali, Paris: Hermann, 1972, letter 51 (E. 41), pp. 147-149.

205 Idem, letter to Arnold Sommerfield, 29 October 1912; in Idem/Arnold Sommerfield, *Briefwechsel: Sechzig Briefe aus dem goldenen Zeitalterer der modernen Physik,* ed. Arnim Hermann, Basel: Schwabe, 1968, letter [1], p. 26.

206 Plato, quoted in Plutarch, *Quaestiones conviviales,* VII 2; ed. C. Hubert, in *Moralia,* ed. Aa. Vv, Leipzig: Teubner, 1938, vol. IV, p. 261.

207 Albert Einstein, quoted in Ilse Rosenthal-Schneider, *Reality and Scientific Truth,* Detroit: Wayne State University Press, 1980, p. 74; Idem, quoted in Abraham Pais, *"Subtle Is The Lord ..." The Science and the Life of Albert Einstein,* Oxford: Clarendon Press, 1982, pp. 30/113.

208 Idem, letter to Max Born, 4 December 1926; in Idem/Hedwig Born/Max Born, *Briefwechsel 1916-1955,* München: Nymphenburger, 1969, letter no. 52, pp. 129-130. 구스타프 보른, 『아인슈타인 보른 서한집』, 범양사, 2007, 198쪽.

209 Idem, "Science and Religion", *Nature,* London: vol. 146, no. 605, 1940, p. 605; also in *Out of My Later Years,* London: Thames and Hudson, 1950; New York: Philosophical Library, 1950, p. 26.

210 Idem, "Religion und Wissenschaft" cit., p. 3; also in *Mein Weltbild* cit., p. 40.

211 Idem, "Prinzipien der Forschung" cit., in *Zu Max Plancks sechzigstem Geburtstag: Ansprachen, gehalten am 26. April 1918 in der Deutschen physikalischen Gesellschaft* cit.; also in *Mein Weltbild* cit., pp. 168-169 *passim.*

212 Abraham Pais, *"Subtle Is the Lord ..."* cit.

213 Banesh Hoffmann/Helen Dukas, *Albert Einstein: Creator and Rebel,* New York: Viking, 1972; London: Hart-Davis, MacGibbon, 1973.

214 Carl Seelig, *Albert Einstein: Eine dokumentarische Biographie,* Zürich: Europa, 1960.

215 Albert Einstein, quoted in Hedwig Born, letter to Albert Einstein, 9 October 1944; in Idem/Hedwig Born/Max Born, *Briefwechsel 1916-1955* cit., letter no. 82, p. 209. 한국어판 297쪽.

216 Idem, quoted in Alexander Moszkowski, *Einstein: Einblicke in seine Gedankenwelt,* Hamburg/Berlin: Hoffmann und Campe/Fontane, 1921, p. 87.

217 Sharon Bertsch McGrayne, *Nobel Prize Women in Science: Their Lives, Struggles, and Momentous Discoveries,* New York: Birch Lane Press, 1993, p. 64. 섀런 버트시 맥그레인, 『두뇌, 살아 있는 생각』, 룩스미아, 2007, 109쪽.

218 Sharon Bertsch McGrayne, *op. cit.,* p. 68. 한국어판 111쪽.

219 Hermann Weyl, "Obituary of Emmy Noether", in Auguste Dick, *Emmy Noether, 1882-1935,* Basel: Birkhäuser, 1970.

220 Sharon Bertsch McGrayne, *op. cit.,* p. 72. 한국어판 116쪽.

221 Hermann Weyl, *op. cit.,* p. 112.

222 Sharon Bertsch McGrayne, *op. cit.,* p. 38. 한국어판 69-71쪽.

223 Sharon Bertsch McGrayne, *op. cit.,* p. 43. 한국어판 73-74쪽.

224 Max Planck, quoted in Sharon Bertsch McGrayne, *op. cit.,* pp. 42-43. 한국어판 74쪽.

225 Albert Einstein, quoted in Sharon Bertsch McGrayne, *op. cit.,* p. 48. 한국어판 83쪽.

226 Lise Meitner/Otto Robert Frisch, "On the products of the fission of uranium and thorium under neutron bombardment", Det Kgl. Danske Videnskabernes Selskab, *Mathematisk-fysiske Meddelelser,* vol. 17, no. 5/1939.

227 Albert Einstein, "Einheitliche Feldtheorie und Hamiltonsches Prinzip", *Sitzungsberichte der Preussischen Akademie der Wissenschaften zu Berlin,* Physische-Mathematische Klasse, Berlin: 1929, pp. 2-7/156-159.

228 Leon M. Lederman/Dick Teresi, *op. cit.,* p. 21. 한국어판 53쪽.

229 Paul Charles William Davies, *Superforce: The Search for a Grand Unified Theory of Nature,* London: Heinemann, 1984; New York: Simon & Schuster, 1984, p. 168. 폴 데이비스, 『초힘』, 범양사출판부, 1994, 205쪽.

230 Ruđer Josip Bošković, *Les éclipses,* French trans. Augustin De Barruel, *De solis ac lunae defectibus* cit., Paris: Valade/Laporte, 1779, p. XXIX; Idem, *De solis ac lunae defectibus,* London: Millar & Dodsleios, 1760.

231 Ruđer Josip Bošković, *Philosophiae naturalis theoria redacta ad unicam legem virium in natura existentium,* Vienna: In officina Libraria Kaliwodiana, 1758.

232 Albert Einstein, 미주 211 참고.

233 Paul Charles William Davies, *Superforce* cit., p. 89. 한국어판 114쪽.

234 Steven Weinberg, *Dreams of a Final Theory: The Search for the Fundamental Laws of Nature,* New York: Pantheon, 1993, p. 18; London: Hutchinson Radius, 1993, p. 13. 스티븐 와인버그, 『최종 이론의 꿈』, 사이언스북스, 2007, 33쪽.

235 Carl Sagan, in Stephen William Hawking, *op. cit.,* "Introduction", p. x. 스티븐 호킹, 『시간의 역사』, 삼성출판사, 1990, 19쪽.

236 Stephen William Hawking, *op. cit.,* pp. 174, 175. 한국어판 232, 233쪽.

237 James Jeans, *The Mysterious Universe,* Cambridge: Cambridge University Press, 1930; New York: Macmillan, 1930, p. 134. 제임스 진스, 『과학이 우주를 만났을 때』, 돌을새김, 2023, 182쪽.

238 George Smoot, *Time,* New York: 28 December 1992.

239 Leon M. Lederman/Dick Teresi, *op. cit.,* p. 24. 한국어판 59쪽.

240 *Ibid,* Interlude C ("How we violated parity in a weekend... and discovered God"), pp. 256-273. 한국어판 454-480쪽.

241 *Ibid,* p. 254. 한국어판 449-450쪽.

242 Paul Charles William Davies, *God and the New Physics,* cit.;
   - Idem, *The Mind of God* cit. 미주 2 참고.

243 Frank J. Tipler, *The Physics of Immortality: Modern Cosmology, God, and the Resurrection of the Dead,* New York: Doubleday, 1994; London: Macmillan, 1995, p. 1.

244 John C. Polkinghorne, *The Faith of a Physicist,* Princeton (NJ): Princeton

University Press, 1994.

245 Robert John Russell/W. R. Stoeger/G. V. Coyne (eds), *Physics, Philosophy, and Theology: A Common Quest for Understanding,* Citta Del Vaticano/Notre Dame (Ind.): Vatican Observatory/University of Notre Dame Press, 1988;

- Idem/Nancey Murphy/C. J. Isham (eds), *Quantum Cosmology and the Laws of Nature: Scientific Perspectives on Divine Action,* Citta Del Vaticano: Vatican Observatory and the Center for Theology and the Natural Sciences, 1991. 로버트 존 러셀, 윌리엄 스테거, 조지 코인, 『물리학, 철학, 그리고 신학』, 가톨릭대학출판부, 2023.

246 Fay Ajzenberg-Selove, *A Matter of Choices: Memoirs of a Female Physicist,* New Brunswick (NJ): Rutgers University Press, 1994, p. 91.

247 *Ibid,* loc. cit.

248 Robert Oppenheimer, quoted in Sharon Bertsch McGrayne, *op. cit.,* p. 264. 한국어판 349쪽.

249 Sharon Bertsch McGrayne, *op. cit.,* p. 277. 한국어판 366쪽.

250 Harriet Zuckerman/Jonathan R. Cole/John T. Bruer (eds), *The Outer Circle: Women in the Scientific Community,* New Haven (Conn.): Yale University Press, 1992, p. 13.

251 Myra Sadker/David Sadker, *Failing and Fairness: How America's Schools Cheat Girls,* New York: Scribner, 1994.

252 *Ibid,* pp. 1-2.

253 "This is what you thought: were any of your teachers biased against females?", *Glamour,* New York: August 1992, p. 157.

254 Mary Frank Fox, "Gender, environmental milieu and productivity in science", in Harriet Zuckerman/Jonathan R. Cole/John T. Bruer (eds), *The Outer Circle* cit., pp. 191-192, 195-196.

255 Sharon Traweek, *Beamtimes and Lifetimes: The World of High Energy Physicists,* Cambridge (Mass.): Harvard University Press, 1988, p. 116.

256 Fay Ajzenberg-Selove, *op. cit.,* p. 209.

257 Mary Frank Fox, *op. cit.,* in Harriet Zuckerman/Jonathan R. Cole/John T. Bruer (eds), *The Outer Circle* cit., p. 196.

258 *Ibid,* pp. 191-192.

259 Doreen Kimura, "Sex differences in the brain", *Scientific American,* New York: vol. 267, no. 9/September 1992, pp. 118-125.

260 National Science Foundation, *Women, Minorities, and Persons with Disabilities in Science and Engineering 1994,* Washington (DC): National Science Foundation, 1994.

261 Myra Sadker/David Sadker, *op. cit.,* pp. 93-98.

262 Anne Fausto-Sterling, *Myths of Gender: Biological Theories About Women and Men,* New York: Basic Books, 1985, 1992.

263 *Ibid,* pp. 54-59.

264 J. Mck. Cattell/D. R. Brimhall (eds), *American Men of Science: A Biographical Dictionary,* Lancaster (PA): Science Press, 1921.

265 Sharon Traweek, *op. cit.,* pp. 29, 83.

266 Leon M. Lederman, "Science and the bottom line", *The New York Times,* New York: 16 September 1993.

267 Robert Rathbun Wilson, conversation with Senator John Pastore, quoted in Leon M. Lederman/Dick Teresi, *op. cit.,* p. 199. 한국어판 362쪽.

268 Evelyn Fox Keller, *Reflections on Gender and Science,* New Haven (Conn.): Yale University Press, 1985. 이블린 폭스 켈러, 『과학과 젠더』, 동문선, 1996.

269 Karen Barad, "A feminist approach to aching quantum physics", in Sue Vilhauer Rosser, *Teaching the Majority: Breaking the Gender Barrier in Science, Mathematics, and Engineering,* New York: Teachers College Press, 1995, pp. 43-75.

270 Margaret Wertheim, "Falling for the Stars", interview with Sandra Faber, *Vogue Australia,* Greenwich: March 1993, p. 90.

271 Corey S. Powell, "Profile: Jeremiah and Alicia Ostriker", *Scientific American,* New York: vol. 271, no. 9/September 1994, pp. 28-31.

272 Lynn Margulis, *Symbiosis in Cell Evolution: Life and Its Environment on the Early Earth,* New York/Oxford: Freeman, 1981; also *Symbiosis in Cell Evolution: Microbial Evolution in the Archean and Proterozoic Eons,* New York: Freeman, 1992, 1993.

273 Dian Fossey, *Gorillas in the Mist: A Remarkable Woman's Thirteen Year Adventure in Remote African Rain Forests with the Greatest of the Great Apes,* Boston: Houghton Mifflin, 1983; London: Hodder and Stoughton, 1983. 다이앤 포시, 『안개 속의 고릴라』, 승산, 2007.

274 Adrienne Zihlman, "Women an evolution", *Signs: Journal of Women in Culture and Society,* Chicago: IV/1978, pp. 4-20;
- "Pygmie chimpanzee morphology and the interpretation of early hominids", *South African Journal of Science,* Pretoria: vol. 75.4/1979, pp. 165-168.

275 Evelyn Fox Keller, *A Feeling for the Organism: The Life and Work of Barbara McClintock,* San Francisco: Freeman, 1983, ch. XII ("A feeling for the organism"), pp. 197-207. 이블린 폭스 켈러, 『유기체와의 교감』, 서연비람, 2018, 387-414쪽.

276 James E. Lovelock, *Gaia: A New Look at Life on Earth,* Oxford: Oxford University Press, 1979. 제임스 러브록, 『가이아』, 갈라파고스, 2023.
- *The Ages of Gaia: A Biography of Our Living Earth,* Oxford: Oxford University Press, 1988.

277 Londa Schiebinger, interviewed by Margaret Wertheim.

278 Evelyn Fox Keller, "The wo/man scientist", in Harriet Zuckerman/Jonathan R. Cole/John T. Bruer (eds), *The Outer Circle* cit., p. 235.

279 Sharon Traweek, "High energy physics: a male preserve", *Technology Review,* Cambridge (Mass.): vol. 42/November-December 1984.

280 Evelyn Fox Keller, "The wo/man scientist", cit., in Harriet Zuckerman/Jonathan R. Cole/John T. Bruer (eds), *The Outer Circle* cit., pp. 234-235.

281 Stephen William Hawking, *op. cit.,* pp. 174-175. 한국어판 232-233쪽.

282 Albert Einstein, "Religion und Wissenschaft", *New York Times Magazine,* New York: 9 November 1930, p. 4 ; also in *Mein Weltbild* cit., p. 42.

283 Michael J. Buckley, "The newtonian settlement and the origins of atheism", in Robert John Russell/William R. Stoeger/George V. Coyne (eds), *Physics, Philosophy, and Theology: A Common Quest for Understanding* cit., p. 99. 한국어판 194쪽.

284 Steven Weinberg, *op. cit.,* pp. 244-245. 한국어판 314-316쪽.

285 Michael J. Buckley, *op. cit.,* p. 98. 한국어판 193쪽.

286 Evelyn Fox Keller, *Secrets of Life, Secrets of Death: Essays on Language, Gender and Science,* New York/London: Routledge, 1992, p. 5.

찾아보기

물리학이 잃어버린 여성

펴낸날 2024년 12월 10일 1판 1쇄

지은이 마거릿 워트하임

옮긴이 최애리

펴낸이 김동석

펴낸곳 신사책방

제2019-000062호   2019년 7월 5일

서울시 은평구 은평터널로7길 15   B01호

010-7671-5175   0504-238-5175

sinsabooks@gmail.com   sinsabooks.com

ISBN 979-11-978954-2-5   03400